普通高等教育"十三五"应用型人才培养规划教材——土建类

工程招投标实务与案例

主　编　向　铮　郭凤双

副主编　田　野　董凌伯　贾天涯　马　相　陈　科

编　委　唐小强　何雨繁　刘　强　范　超

主　审　赵艳华　郑　敏　刘虹贻

西南交通大学出版社
·成　都·

图书在版编目（CIP）数据

工程招投标实务与案例 / 向铮，郭凤双主编. —成都：西南交通大学出版社，2019.8（2022.8 重印）
普通高等教育"十三五"应用型人才培养规划教材.土建类
ISBN 978-7-5643-7114-2

Ⅰ. ①工… Ⅱ. ①向… ②郭… Ⅲ. ①建筑工程 – 招标 – 高等学校 – 教材②建筑工程 – 投标 – 高等学校 – 教材 Ⅳ. ①TU723

中国版本图书馆 CIP 数据核字（2019）第 186076 号

普通高等教育"十三五"应用型人才培养规划教材——土建类

Gongcheng Zhaotoubiao Shiwu yu Anli

工程招投标实务与案例

	责任编辑／杨　勇
主　编／向　铮　郭凤双	助理编辑／王同晓
	封面设计／原谋书装

西南交通大学出版社出版发行

（四川省成都市金牛区二环路北一段 111 号西南交通大学创新大厦 21 楼　610031）
发行部电话：028-87600564　　028-87600533
网址：http：//www.xnjdcbs.com
印刷：成都中永印务有限责任公司

成品尺寸　185 mm×260 mm
印张　16.75　字数　417 千
版次　2019 年 8 月第 1 版　印次　2022 年 8 月第 2 次

书号　ISBN 978-7-5643-7114-2
定价　48.00 元

前　言

为规范建筑市场、推动建筑行业健康发展，并与国际建筑市场接轨，我国相继出台了一系列关于招标投标的规章制度。本教材主要针对高职学校建筑相关专业学生编制，通过大量的案例，系统而全面的介绍了建筑工程招标投标的办法、理论、程序和操作实务。本书主要内容包括：建筑工程招标方式和招标范围，建筑工程招标投标的程序，建筑工程评标办法，建筑工程招标文件，建筑工程投标策略，建筑工程投标程序，建筑工程投标文件，建筑工程开标、评标与定标，建筑工程合同，建筑工程招标投标的监督、投诉与处理，建筑工程招标的代理机构和代理机构等。

本书内容丰富、信息量大、可读性强，既可以作为高职学校土建类、工程管理类专业教学用书，又可以供企业中高层管理者、项目招标和投标负责人阅读，还可以供相关行业主管部门参考使用。

全书分为 12 章节，由四川航天职业技术学院管理工程系教师向铮、郭凤双主编，副主编是四川航天职业技术学院田野老师、达州职业技术学院董凌伯老师、贾天涯老师、宜宾职业技术学院马相、泸州职业技术学院陈科，本书编委是四川航天职业技术学院管理工程系教师唐小强、第五冶金建设公司职工大学何雨繁、刘强、范超，最后由四川交通运输职业学校赵艳华老师、四川航天职业技术学院教师郑敏、刘虹贻主审。感谢老师们的辛勤付出。

在本书的编写过程中，参考了大量的文献资料，在此向这些文献资料的作者表示衷心的感谢。

由于编者水平和时间有限，本书在内容取舍、章节安排和文字表达方面还存在不尽如人意的地方，恳请读者批评指正，并提出宝贵意见和建议，可发送至邮箱408770083@qq.com。对您的建议和意见，我们深表感谢。

编　者
2019 年 4 月

目　录

1 绪 论

本章将介绍招标投标的起源和发展历史，论述招标投标的特征、意义和作用，重点介绍我国建筑工程招标投标的相关法规和最新规定，并且阐述我国建筑工程招标投标市场的交易情况和制度建设情况。

1.1 招标投标的起源与作用

招标投标制度自起源以来，已有超过两百年的历史了。经过世界各国及国际组织的理论探索和实践总结，现在招标投标制度已非常成熟，形成了一整套行之有效并被国际组织通用的操作规程，在国际工程交易和货物、服务采购中被广泛使用。招标投标制度最被人称道之处就是所谓的"公开、公平、公正"三公原则及择优原则。正因如此，招标投标被看作市场经济中高级的、规范的、有组织的交易方式，而招标投标制度也被世界各国推崇为符合市场经济原则的规范和有效的竞争机制，成为实现社会资源优化配置的有力推手。

1.1.1 招标投标的含义与起源

招标投标是国际上普遍应用的、有组织的一种市场交易行为，是贸易中工程、货物或服务的一种买卖方式。

招标是指在一定范围内公开货物、工程或服务采购的条件和要求，邀请众多投标人参加投标，并按照规定程序从参与投标人中选择交易对象的一种市场交易行为。

招标投标是商品经济的产物，出现于资本主义发展的早期阶段。招标投标起源于1782年的英国。当时的英国政府首先从政府采购入手，在世界上第一个进行货物和服务类别的招标采购。由于招标投标制度具有其他交易方式所不具备的公开性、公平性、公正性、组织性和一次性等特点，以及符合社会通行的、规范的操作程序，招标投标从诞生之日起就具备了旺盛的生命力，并被世界各国沿用至今。

1.1.2 招标投标的特征、意义与作用

1.1.2.1 招标投标的主要特征

概括地说，招标投标的主要特征是所谓的"两明、三公和一锤子买卖"。所谓的"两明"，

就是用户、业主明确，招标的要求明确；所谓的"三公"，就是指招标的全过程做到公开、公平、公正；所谓的"一锤子买卖"，就是招标过程是一次性的。

1. 用户或者业主明确

必须是某一特定的用户（也可几家用户联合）或者业主，提出需要购买重要的物品或者建设某项工程，也就是说招标人必须明确。

2. 招标的要求明确

招标时，必须以文字方式（招标文件），明确提出招标方的具体要求。对投标人的资格要求、招标内容的技术要求、交货或者完成工程的时间和地点、付款方式等细节都必须明确提出。

3. 招标必须公开竞争

就是说招标过程必须有高度的透明度，依据相关法律、法规必须将招标信息、招标程序、开标过程、中标结果都公开，使每一个投标人都获得同等的信息。

4. 评标必须公平、公正

所谓的公平，就是要求给所有投标人同等的机会，不得设置限制来排除某些潜在的投标人。所谓的公正，就是要按照事先确定的评标原则和方法进行，不得随意指定中标人。

5. "一锤子买卖"

在招标投标过程中、投标报价与成交签订合同的过程不允许反复地讨价还价，这是"一锤子买卖"的第一层意思；第二，同一个项目的招标，每个投标人只允许递交一份投标文件，不允许提交多份投标文件，即所谓的"一标一投"；第三，就是通过评标委员会确定中标人后，招标人和中标人应及时签订合同，不允许反悔或者放弃、剥夺中标权利。

1.1.2.2 招标投标的意义

招标投标对保证市场经济健康运行具有重要意义。市场经济是法治的经济，其基本要求是市场公正、机会均等、自由开放、公平竞争。只有资本要素在社会上自由、畅通地运行，资源才能在全社会范围内实现优化配置。招标投标的"三公"原则，契合了市场经济的发展要求，也保证了市场经济的顺利发展。同时，对建筑工程的招标投标来说，工程项目招标投标是培育和发展建筑市场的重要环节，能够促进我国建筑业与国际接轨。招标投标不仅对提高资金的使用效益和质量、适应经济结构战略性调整的要求、发挥市场配置资源的基础性作用具有重要意义，而且对致力于营造公开、公平、公正竞争的市场秩序，提高工程质量具有重要意义。

1.1.2.3 招标投标的作用

1. 促进有效竞争和市场公平

招标投标制度实行"三公"原则，特别是招标过程的程序公开，每个环节都进行信息公示。因此，招标投标能促进市场各方的有效竞争，促进市场的公平交易。市场经济中最有效的机制是通过市场配置资源的机制，而市场机制中最为关键的、起主导作用的就是自由竞争机制。市场经济中的竞争机制能否顺利地发挥作用，很大程度上取决于竞争方式的优劣和竞争是否充分、是否有效，而竞争机制发挥的程度，最终会对资源配置的优化产生作用。

招标投标方式下的交易是一种有效竞争，并且是一种"有用的""健康的""规范的"竞争。由于招标投标实行"三公"原则，因此各行为主体很难开展"寻租"活动。招标投标机制属于公平有效的竞争机制，因此能激发人们正常的积极性、创造性及牺牲精神和冒险精神，从而使交易中的竞争有效。所谓的有效，就是真正做到存优汰劣。之所以如此，其根本的原因是招标投标保障了竞争机制的充分发挥。在这种竞争动力的作用之下，投标人不能心存侥幸，寄希望于"寻租"行为，而是要凭实力参与竞争。招标方式下的竞争结果，必然对所有参与竞争的投标人（卖方）起到积极的促进作用。赢者要考虑如何保持竞争优势；输者则有必要进行反思，从自身寻找差距。各家企业可能各有其招，但是总的来说，只能靠不断地改善经营管理方式，加强经济核算，不断地进行技术革新，积极开发新产品，努力提高员工素质，提高劳动生产率，降低成本，节约开支，以最小的投入取得最大的产出。事实上，这就是一个资源优化配置的过程。企业只有在公平、规范的市场竞争中注重"练内功"，才会有直接的回报。

招标投标的"三公"原则，能强化各种监督制约机制，深化体制改革。当前，一些地方的招标工程就引入纪检、监察、政协、公证等社会力量，这是在推广招标投标制度过程中的创新。招标投标过程中所贯彻实施的《中华人民共和国政府信息公开条例》，使招标投标过程中的信息资源公开，有利于促进社会公平，从而实现社会经济的良性发展。

2. 规范市场竞争，促进规范交易

招标投标机制有助于解决建设交易市场无序竞争、过度竞争或缺乏竞争的问题，促进建立统一、开放、竞争、有序的建设市场体系。招标投标制度规范了竞争行为，对鼓励人们勤劳致富，摒弃投机取巧、力戒浮躁，以及净化社会环境，促进精神文明建设，都将起到积极的作用。

市场经济本质上是一种自由竞争性经济。作为市场主体的企业，在参与市场竞争的过程中，往往动用一切可能的手段来获取更多的利润或更高的市场占有率。这些手段中，有价格方面的（如搞价格协定、指导价格、默契价格等），也有非价格方面的（如广告宣传、促销活动），甚至还包括一些非法行为。在市场发育并不完全、法律体系尚不完善、信息传递相对落后的初级市场经济发展阶段，市场竞争行为经常处于无序的状态。招标投标制度恰好能破解这些非正常竞争行为，促进规范交易的进行。招标投标制度每一个步骤都公开，规则透明，交易结果公示，评审过程实行专家打分制度，业主、代理机构、评标专家、监督方各自独立。招标投标的特点是交易标的物和交易条件的公开性和事先约定性。因此，招标投标能有效地规范市场交易行为，对净化行业风气，促使企业诚实经营、信守诚信具有重要的意义。

3. 降低交易费用和社会成本

市场经济体系成熟完善的标志，不仅包括市场主体的行为规范，而且包括交易双方可以通过最便捷的方式平等地获取市场交易的信息。任何交易行为都存在买卖双方。所谓的交易费用，就是交易双方为完成交易行为所需付出的经济代价。新古典经济学理论往往假设经济活动中不存在"阻力"，亦即将交易费用假设为零。而事实上交易费用（交易对方的搜索费用、谈判费用、运输费用等）不但存在，不可忽略，而且往往起着决定性作用。由于采购信息的公开，竞争的充分程度大为提高。我们知道，交易费用是和竞争的充分程度相关的。竞争得越充分，交易费用越低。这是因为，充分竞争使得买卖双方都节约了大量的有关价格形成、避免欺诈、讨价还价及保证信用等方面的费用。

招标投标是市场经济条件下一种有组织的、规范的交易行为。其第一个特点就是公开，而公开的第一个内容就是交易机会的所在。按照招标投标的惯例，采购人如果以招标的方式选择交易对方，就必须首先以公告的方式公开采购内容，同时辅以招标文件，详细说明交易的标的物及交易条件。在买方市场的条件下公开交易机会，可以极大地缩短对交易对方的搜索过程，从而节约搜索成本；同时也使得市场主体可通过平等和最便捷的方式获取市场信息。目前，为规范建筑工程交易行为，招标投标信息往往都在网上公布，各地方政府、工程交易中心、招标代理机构、政府采购网站也都发布招标信息，公布招标结果。信息公开已成为常态。由于信息发布快捷、经济、方便，搜索招标信息变得非常容易。

公开招标的全面实施还在节约国有资金、保障国有资金有效使用方面起到了积极作用。招标投标还能降低其他无谓的"攻关费用"和市场开拓费用，从而降低社会的总运行成本。例如，据广东省佛山市统计，2008 年佛山市、区建设工程交易中心办理各类招标项目 1 290 项，工程预算总额 120.41 亿元，中标交易额 113.19 亿元，节省投资 7.22 亿元。

4. 完善价格机制，真实反映市场传导

经济学常识告诉我们，市场机制通过供求的相互作用，把与交易有关的必要信息集中反映到价格之中。由于市场价格包含全部必要的信息，因此市场主体根据价格变动而做的调节，不仅对自身有益，而且对整个社会有利。但是，我们还知道，市场机制作为一个理想的模型，其前提是完全竞争。市场的均衡价格是供求双方抗衡的结果。为使这种抗衡有意义，买卖双方必须"势均力敌"。假若一方对另一方占有压倒性优势，抗衡便名存实亡了，所产生的价格不可能正确反映社会供求状况，因而也就不可能最优地配置有限的社会资源。

交易双方信息的不完整和不对称常常导致不公平交易，而不公平交易势必造成资源浪费或资源配置失误。当卖方有较完全的信息，而买方有不完全的信息时，竞争就不对称，市场价格不能将有关信息全部反映出来。例如，如果买方对商品质量无法进行检验区别，那么质量下降这一变动就不能通过竞争反映到价格中去，即价格并不因质量下降而下跌。这种一方掌握着另一方所没有的信息的情况，被称为信息不对称。在信息不对称的条件下，价格机制就不能有效率地配置资源，因为价格已经不能作为一个有效的信号工具，市场机制也因此而失效。

当某一机制在特定的信息条件下无法胜任协调经济活动的使命时，其他更有效的机制便应运而生，并取而代之。在信息不对称的条件下，市场机制有着严重缺陷，于是其他非价格机制便应运而生，其中之一便是招标投标机制。

招标投标机制是市场经济的产物，同时也是信息时代的产物。在市场经济的条件下，社会资源的优化配置与组合大多是在市场交易过程中实现的。潜在交易对方的搜索，只是交易行为最初始的信息交流，交易结果是否符合社会资源优化配置的原则，还取决于交易双方是否是在信息相对对称的条件下成交的。

招标投标机制可以促使交易双方沟通信息并有效缩短沟通的过程。招标投标过程实际上是一个有效解决交易双方信息不对称矛盾的过程。机电产品采购实行招标的实践充分说明了这一点。自从招标这一采购方式被采用至今，国际上已形成了一套相对固定的操作模式。多年来，机电产品招标代理机构借鉴这套做法，并在招标的具体操作过程中结合实际进行了积极的探索，逐步摸索出了投标前进行技术交流的方法，以此来解决交易双方信息不对称的矛盾。招标前的技术交流，使买方有机会比较全面地并且低成本地收集世界先进的技术信息并加以利用。

招标投标方式有助于解决交易双方信息不对称矛盾的另一个原因是：相对于单独商务谈判来说，投标人在投标过程中所承受的竞争压力要大得多，对整个竞争的态势更是有切肤之感，在这种重压之下，投标人为了在竞争中保持优势，以期最后赢得合同，就不得不主动提供有关自己产品的各种信息。因此，在信息对称的条件下，买方才能做出正确的选择，交易才能公平，资源才能得到优化配置。

5. 优选中标方案，提高社会效益

传统交易方式最明显的不足是采购信息未能在最广泛的范围传播，买方只能与有限的几家卖方进行谈判，完成所谓的"货比三家"这一过程后就拍板成交。相比之下，采用招标方式进行采购，业主或受委托的专职招标代理机构必须按惯例公开采购信息及标的物，一项招标活动，可能有数十家投标人从事竞争，业主单位或用户单位能够从数十家单位中选择报价低的、方案优的、售后服务好的单位，从而形成最广泛、最充分、最彻底的竞争。尽管招标投标制度不能保证每次都能选择方案最好、报价最低的方案，但是并不能因此而否定招标投标制度就不是好的制度。运用招标投标交易方式进行采购，其结果不仅使特定的采购决策能够符合资源优化配置的原则，而且使采购到的标的物物美价廉。事实上每一次招标投标的结果都传递了比较真实的价格信息，竞争越是充分、完全，价格信息越趋于真实、准确，最终促进社会资源的优化配置。

招标投标在不同领域的应用，其作用或目的也是不完全相同的。有关招标的研究资料表明，最初的招标是在买方市场的条件下，是买家所采取的一种交易方式，其基本目的只是降低购买成本，用现在的话来说就是追求的只是经济效益。社会效益也许是客观存在的，但当时的人们并没有去发现它，因此也未去计较或追求它。

招标投标产生于商品经济体制下，并在市场经济体制下日趋完善。通过考查招标投标的起源不难发现，最早采用招标方式进行采购的目的是降低成本，其具体的手段是营造规范公平的竞争局面。这时候招标的目的和手段都是比较单一的，人们对招标投标的认识，也同样比较简单。即使到了今天，许多人谈及招标投标，也只是了解或认为其只可以降低价格。虽然这样的看法并不全面，但是却也道出了招标投标最为基本的目的和作用。在招标投标日趋完善的过程中，人们发现，运用招标投标所带来的结果不仅是降低一次特定采购的成本，而且产生了对买方甚至整个社会都有益的综合效益——资源得到优化配置。这一发现使得人们更为积极主动地运用招标投标机制。所谓的主动，就是将社会所需要的综合效益，如规范市场竞争行为、优化社会资源配置等，作为招标投标的目标去追求。

市场机制作为一个理想的模型，其前提是完全竞争。完全竞争市场的条件之一是完全信息，即买卖双方都完全明了所交换的商品的各种特性。但是，在现实生活中，完全竞争市场所假设的前提条件是不会充分存在的，它只是一种理论抽象。任何经济机制都是在不完全信息条件下运转的，市场机制也不例外。

上述常识告诉我们两个简单的道理：一是自由竞争具有定价功能；二是导致价格准确反

映社会供求状况的竞争有助于社会资源的优化配置。

在招标方式下的采购，尤其是在专职招标代理机构介入的情况下，竞争相对更加完全。专职招标机构的信息发布渠道，以及由于自身工作需要所积累的信息和驾轻就熟的信息搜集网络，远比单一买方对交易对方"临时抱佛脚"式的搜寻要来得充分、彻底，由此就有可能营造出充分竞争的氛围。因为，卖方的增多，对竞争起到一种"自乘"作用，使竞争加剧；再者，招标机构的介入使单一的买方成为整个买方群体中的一员，也使卖方对潜在的需求有了更为清晰的了解，尤其是对潜在的利润有了更多的企盼，这一企盼同样对竞争也起到催化剂的作用。相对买方自行比价谈判采购而言，此时的竞争要激烈得多，造成的价格下降幅度也要大得多。招标代理机构的介入还使买方不再形单影只，使其和卖方在力量对比上发生根本性变化，在整个招标过程中始终处于主动地位。在这种竞争态势之下，作为竞争结果的价格就比较准确地反映供求状况，从而为社会资源流动提供正确的导向信息。

总之，招标投标制度在维护市场秩序，促进公平竞争，保障工程质量，提高投资效益，遏制腐败和不正之风等方面发挥了积极的作用。

1.2 国际招标投标发展概述

1.2.1 国际招标投标的发展变化

众所周知，招标投标最早不是起源于我国，而是起源于英国。因此，招标投标文件也是先有英文后有中文的。招标投标制度是商品经济的产物，它出现于资本主义发展的早期阶段。早在 1782 年，当时的英国政府从政府采购入手，在世界上首次进行了招标采购。这种制度奉行"公开、公平、公正"的原则，因此它一出现就具备了强大的生命力，为各国所采用并沿用至今。随着招标投标制度在实践中不断改进和革新，今天国际上通行招标投标制度已相当完善，已成为世界银行等国际援助项目普遍使用的制度。

在市场经济高度发展的西方国家，采购招标形成最初的原因是政府、公共部门或政府指定的有关机构的采购开支主要来源于法人和公民的税赋和捐赠，而这些资金的用途必须以种特别的采购方式来促进采购尽量节省开支，并最大限度地透明和公开，另外还与提高采购效率这一目标有关。继英国 18 世纪 80 年代首次设立文具公用局后，许多西方国家通过了专门规范政府和公共部门招标采购的法律，形成了西方国家具有惯例色彩的公共采购市场。

进入 20 世纪后，世界各国的招标制度得到了很大的发展。西方国家大都立法规定，政府公共财政资金的采购必须实行公开招标。这既是为了优化社会的资源配置，又是为了预防腐败。在国际贸易中，西方发达国家采用招标投标机制，主要是希望消除国家间的贸易壁垒，促进货物、资本、人员流动。国际金融组织采用招标投标机制，则是为了减少或降低贷款或投资风险。例如，世界贸易组织（WTO）在东京回合谈判通过的《政府采购协议》就要求成员对政府采购合同的招标程序做出规定，以保证供应商在一个平等的水平上进行公平竞争。发展中国家运用招标投标机制，则主要是为了改善本国进口的质量，减少和防止国有资产流失。

20 世纪 70 年代以来，招标采购在国际贸易中的比例迅速上升，招标投标制度也成为一项国际惯例，形成了一整套系统、完善的并为各国政府和企业所共同遵循的国际规则。目前，各国政府加强和完善了与本国法律制度和规范体系相应的招标投标制度，这对促进国际间经济合作和贸易往来发挥了重大作用。

进入 21 世纪以来，随着世界经济一体化的加速推进，加之互联网的广泛使用，招标投标形势发生了很大变化。当前，世界上的主要国际组织和发达国家都在积极探索、规划和大力推行政府采购电子化。虽然各国的发展很不平衡，但是采购的电子化已是大势所趋。更重要的是，由于国际组织不仅注重采购电子化方面的立法，而且普遍在其采购实践中实现了电子化。新兴工业化国家和一些中等发达国家也都在采取积极措施，推动政府采购及其电子化的发展，如韩国、新加坡、马来西亚等国家，以及中国台湾、中国香港等地区，政府采购电子化的应用都比较普遍。此外，招标投标在合同签订的规范性方面也发生了一些新的变化。最典型的是国际咨询工程师协会（FIDIC）编制的合同条款、格式等已被世界银行和世界各国所接受和应用，成为招标投标合同的范本。我国原建设部、国家工商行政管理局所颁发的《建设工程施工合同（示范文本）》对此都有相应的规定。

1.2.2　国际招标投标术语的变化

经过 100 多年的发展，招标投标也发生了很大的变化。表 1-1 说明了世界银行关于招标投标的一些定义在 1992 年前后的变化情况。

表 1-1　世界银行关于招标投标的一些定义在 1992 年前后的变化情况

序号	项目	1992 年前	1992 年开始
1	招标	Tendering	Bidding
2	投标或投标文件	Tender	Bid
3	投标人	Tenderer	Bidder
4	投标邀请	Invitation to Tenders	Invitation for Bids
5	投标人须知	Instruction to Tenderers	Invitation to Bidders
6	合格的投标人	Eligible Tenderers	Eligible Bidders
7	招标文件	Tendering Documents	Bidding Documents
8	投标文件正本	Original Tender	Original Bid
9	投标文件副本	Copy of Tender	Copy of Bid
10	投标价格	Tender Prices	Bid Prices
11	投标保证金	Tender Security	Bid Security
12	开标	Tender Opening	Bid Opening
13	招标公司	Tendering Co.	Tendering Co.

注：标准翻译来自世界银行的《采购指南》和《招标文件》等范本。

从表 1-1 可以看到，招标、投标、投标人的英文单词有两组，即首字母为 T 的 Tendering、Tender、Tenderer（T 字母组）和首字母为 B 的 Bidding、Bid、Bidder（B 字母组）。在 1992 年以前，世界银行《采购指南》和《招标文件》范本用的是 T 字母组，从 1992 年起则用 B 字母组。我们没有必要去研究从 T 字母组演变到 B 字母组的原因和历史背景，但我们要知道曾经有过这种演变，现在世界银行用的是 B 字母组。

总的说来，1992 年以后的定义更加规范、严格。由于世界银行对有关招标投标的文字使用是权威性的，我国的招标投标制度在招标程序、招标文件、评标办法等方面基本上都是学习和借鉴世界银行的。因此，这些变化的说明对我们有指导意义。关于招标投标英文单词的这些使用变化，我们也应该学习和借鉴世界银行。值得说明的是，由于中国机电设备招标中心和一部分招标机构在 1992 年前就成立了，所以在英文名称和刊物名称中，"招标"一词的英文使用的是 Tendering，如招标中心的英文名称用的是 Tendering Center，《中国招标》的英文名称为 *China Tendering*。至于 1992 年后成立的其他一些招标机构，其英文名称本来应该用 Bidding，但实际上大都用 Tendering，其原因是便于与中国机电设备招标中心的英文名称保持一致。目前，已有相当多的招标机构使用 Bidding 作为"招标"的英文名称。

尽管招标投标的某些方面发生了变化，但是可以发现，它有两个方面不会变，即最基本的作用和目的：一是按市场原则实现资源优化配置，二是以廉政为原则防止腐败。前者可以称为招标投标的自然属性，后者则是其社会属性。这也就是我们常说的经济效益和社会效益。这两个基本目的能否"万变不离其宗"地得以实现，则取决于招标投标固有的"公开、公平、公正"特性能否得以顺利发挥。

1.3　我国招标投标发展概述

1.3.1　我国招标投标制度的演变

我国招标投标制度的发展大致经历了探索与建立、发展与规范和完善与推广三个阶段。

1.3.1.1　招标投标制度的探索与建立阶段

由于种种历史原因，招标投标制度在我国起步较晚。从中华人民共和国成立初期到 1978 年中国共产党第十一届三中全会，由于我国一直实行的是高度集中的计划经济体制，在这一体制下，政府部门、国有企业及其有关公共部门的基础建设和采购任务都由主管部门用指令性计划下达，企业的一切经营活动也大部分由主管部门安排，因此招标投标也曾一度被中止。

十一届三中全会以后，我国开始实行改革开放政策，计划经济体制有所松动，相应的招标投标制度开始获得发展。1980 年 10 月 17 日，国务院在《关于开展和保护社会主义竞争的暂行规定》中首次提出："为了改革现行经济管理体制，进一步开展社会主义竞争，对一些适于承包的生产建设项目和经营项目，可以试行招标投标的方法。"1981 年，吉林省吉林市和深圳特区率先试行了工程招标投标制度，并取得了良好效果。这个尝试在全国起到了示范作用，并揭开了我国招标投标的新篇章。

但是，20 世纪 80 年代，我国的招标投标主要侧重在宣传和实践方面，还处于社会主义计划经济体制下的一种探索阶段。

1.3.1.2　招标投标制度的发展与规范阶段

20 世纪 80 年代中期到 20 世纪 90 年代末，我国的招标投标制度经历了试行→推广→兴起的发展过程。1984 年 9 月 18 日，国务院颁发了《关于改革建筑业和基本建设管理体制若干问题的暂行规定》，提出"大力推行工程招标承包制"，"要改变单纯用行政手段分配建设任务的老办法，实行招标投标"。就此，我国的招标投标制度迎来了发展的春天。1984 年 1 月，当时的国家计划经济委员会和城乡建设环境保护部联合制定了《建设工程招标投标暂行规定》，从此我国全面拉开了招标投标制度的序幕。1985 年，为了改革进口设备层层行政审批的弊端，我国推行"以招代审"的方式，对进口机电设备推行国内招标。经国务院国发〔1985〕13 号文件批准，中国机电设备招标中心于 1985 年 6 月 29 日在北京成立，其职责是统一组织、协调、监管全国机电设备招标工作。时任国家经济贸易委员会副主任的朱镕基同志主持召开了第一届招标中心理事会，我国的机电设备招标工作由此起步。随后，北京、天津、上海、广州、武汉、重庆、西安、沈阳 8 个城市组建起各自的机电设备招标公司，这些公司成为我国第一批从事招标业务的专职招标机构。1985 年起，全国各个省、自治区、直辖市以及国务院有关部门，以国家有关规定为依据，相继出台了一系列地方、部门性的招标投标管理办法，极大地推动了我国招标投标行业的发展。1985 年至 1987 年的两年间，我国的机电设备招标系统借鉴世界银行等国际组织的经验和采购程序，并结合我国国情开展试点招标，积累了初步的经验。1987 年，我国的机电设备招标工作迎来了一个新的发展高潮，招标机构获得了一次难得的发展机遇。国家开始全面推行进口机电设备国内招标，要求凡国内建设项目需要进口的机电设备，必须先委托中国机电设备招标中心或下属招标机构在境内进行公开招标；凡国内制造企业能够中标制造供货的，就不再批准进口，国内不能中标的，可以批准进口。在招标工作快速发展的同时，专职招标队伍也不断壮大，全系统一起迈开步伐、齐心协力，不断探索招标理论、业务程序，明确行业技术规范，为我国招标投标行业的发展打下了坚实基础。

1992 年，国家在进口管理方面采取了一系列重大举措，倡导招标要遵照国际通行规则按国际惯例行事。从 1992 年开始，我国的机电设备招标逐步转向公开的国际招标。1993 年后，国家对机电设备招标系统的管理由为进口审查服务转为面向政府、金融机构和企业，为国民经济运行、优化采购和企业技术进步服务。

20 世纪 90 年代初期到中后期，全国各地普遍加强了对招标投标的管理和规范工作，也相继出台了一系列法规和规章，招标方式已经从以议标为主转变为以邀请招标为主。这一阶段是我国招标投标发展史上最重要的阶段，招标投标制度得到了长足的发展，全国的招标投标管理体系基本形成，为完善我国的招标投标制度打下了坚实的基础。此后，随着改革开放形势的发展和市场机制的不断完善，我国在基本建设项目、机械成套设备、进口机电设备、科技项目、项目融资、土地承包、城镇土地使用权出让、政府采购等许多政府投资及公共采购领域，都逐步推行了招标投标制度。

1994 年，我国进口体制实行了重大改革，国家将进口机电产品分为三大类：第一类是实行配额管理的机电产品，第二类是实行招标的特定机电产品，第三类是自动登记的进口机电产品。对第二类特定机电产品，国家指定了 28 家招标专职机构进行招标，由中国机电设备招标中心对这 28 家机构实行管理。从此，专职招标机构开始逐步向市场化的自由竞争转型，进一步强化了对政府和企业的招标服务职责。至此，我国的招标投标制度已开始与国际接轨。

1.3.1.3 招标投标制度的完善与推广阶段

2000 年 1 月 1 日，《中华人民共和国招标投标法》正式颁布实施。《中华人民共和国招标投标法》明确规定了我国的招标方式分为公开招标和邀请招标两种，不再包括议标。这个重大的转变标志着我国招标投标制度的发展进入了全新的历史阶段，我国的招标投标制度从此走上了完善的轨道。《中华人民共和国招标投标法》的制定与颁布为我国公共采购市场、工程交易市场的规范管理并因此逐步走上法制化轨道提供了基本的保证。2001 年，我国又颁布了《中华人民共和国政府采购法》，使我国的招标事业和招标系统迎来了一个大的发展时期。从此，我国的招标投标开始多元发展，进入高速增长的态势。

《中华人民共和国招标投标法》通过法律手段推行招标投标制度，要求基础设施、公用事业以及使用国有资金投资和国家融资的工程建设项目，包括项目的勘察、设计、施工、监理，以及与工程建设有关的重要设备、材料等的采购，应达到国家规定的规模标准。目前各地方政府已基本建立了工程交易中心、政府采购中心和各种评标专家库，基本上能做到公共财政支出实行招标形式。

与此同时，各高校开设了很多与招标投标有关的专业和课程，各种招标投标的书籍不断出版，各种关于招标投标的理论和论文不断发表。

2009 年，我国首次对招标师实行了资格考试，标志着我国招标投标持证上岗时代的来临。2011 年 11 月 30 日，国务院第 183 次常务会议通过了《中华人民共和国招标投标法实施条例》，认真总结了我国招投标实践过程中的各种问题，对工程建设项目的概念、招标投标监管、具体操作等方面的问题进行了细化，更具备可操作性。

1.3.2 我国政府各部门在招标投标职能上的变化

1.3.2.1 招标投标主管机构和监管分工

2011 年颁布施行的《中华人民共和国招标投标法实施条例》第四条规定："国务院发展改革部门指导和协调全国招标投标工作，对国家重大建设项目的工程招标投标活动实施监督检查。国务院工业和信息化、住房城乡建设、交通运输、铁道、水利、商务等部门，按照规定的职责分工对有关招标投标活动实施监督。县级以上地方人民政府发展改革部门指导和协调本行政区域的招标投标工作。县级以上地方人民政府有关部门按照规定的职责分工，对招标投标活动实施监督，依法查处招标投标活动中的违法行为。县级以上地方人民政府对其所属部门有关招标投标活动的监督职责分工另有规定的，从其规定。财政部门依法对实行招标投标的政府采购工程建设项目的预算执行情况和政府采购政策执行情况实施监督。监察机关依法对与招标投标活动有关的监察对象实施监察。"

由此可见，我国招标投标的指导和协调部门为国家发展改革部门和地方人民政府发展改革部门。

1.3.2.2 各部门在招标投标以及采购方面的职能变化

根据中国共产党第十八次全国代表大会会议精神和 2013 年全国两会以后旨在落实中央的改革精神和国务院机构改革方案的要求，我国将提高政府整体工作效能，推动建设服务政府、责任政府、法治政府和廉洁政府。其中一些部门在负责国内外招标投标以及采购方面的职能上也发生了转变。

1. 国家发展和改革委员会

国家发展和改革委员会新增的一项职责是指导和协调全国招标投标工作。根据上述职责，国家发展和改革委员会设法规司，按规定指导协调招标投标工作。

2. 商务部

商务部在招标管理方面，将下放援外项目招标权，具体招标投标管理工作由对外贸易司和机电司承担。对外贸易司拟订和执行进出口商品配额招标政策，机电和科技产业司（国家机电产品进出口办公室）拟订进口机电产品招标办法并组织实施。

3. 工业和信息化部

国家发展和改革委员会的中小企业对外合作协调中心、中国机电设备招标中心、中国机电设备成套服务中心由工业和信息化部管理。

由上所述我们不难看出，对招标投标工作，中央有关部门本着"指导和协调"的原则，将具体权责交给了地方政府和事业单位。

1.3.3 我国招标投标制度的发展趋势

21 世纪是世界经济日益一体化的世纪，是我国社会主义市场经济体制完善的关键时期，也是充满挑战和机遇的世纪。产业全球化和贸易一体化将成为国际经济的主要特点，我国已成为国际社会中的重要一员。国际贸易组织的规则和通行的国际惯例将成为国际经济交往的手段，招标投标事业有着光明的前景。可以预见，21 世纪，我国招标投标制度的发展趋势将是：

1.3.3.1 招标投标将全面国际化

我国招标投标制度发展过程中所经历过的国内招标、国内外一起招标、国际招标都将成为其前进道路上的一个脚印。我国的招标投标市场将进一步对外开放，我国将以世界经济中的一员参与真正意义上的国际招标投标，在工程、货物和服务的各个领域以招标投标的方式进行角逐。

1.3.3.2 招标投标将完善法制化

我国的《中华人民共和国招标投标法》和《中华人民共和国政府采购法》施行以来，对招标投标事业的发展起到了极大的推动作用。但由于目前配套办法还不完善，管理体制没有统一，在运行中的矛盾和摩擦很多，因此必须不断完善相关法律制度，奠定招标市场、招标管理、招标代理、招标体系的法律基础。

1.3.3.3 招标代理服务将更加专业和系统化

专职招标机构的发展是我国招标投标事业发展的一个特有标志，是对国际招标投标事业的积极贡献。面对世界经济的新趋势和招标投标发展的新方向，招标机构必须在人才、机构和标准等方面向国际标准看齐，将单一的招标代理扩展到采购的"一条龙"服务。代建制招标和项目管理也将成为招标的一个新亮点。

1.3.3.4 招标投标系统将更加行业自律化

招标代理的进一步发展必将要求行业自律化。招标投标中心系统既要保持自身的特点，又要融入国内外招标投标的大系统。行业自律、行业规范、行业标准、行业竞争与合作是行业工作的一个大课题。

1.3.3.5 招标投标将更加信息化

21世纪是经济全球化、信息化的世纪，招标投标也将更加信息化。信息化包括以下三面的内容：一是建立潜在供应商数据库，供采购方方便地选择合格的供应商；二是建立采购网站，用来发布采购指南和最新的招标信息，向供应商提供注册表格和表达意向的表格的下载以及网上注册等服务；三是采购过程中的信息发布、沟通交流、谈判协商都充分利用电子邮件和其他现代通信技术。

1.4 我国建筑工程招标投标的发展与变化

我国的建筑工程与机电设备交易市场发展迅速。虽然市场经济已在整个社会生活中占主导地位，但是长期计划经济作用的结果及传统文化影响，再加上现行体制、社会环境以及建筑市场产品的生产特点、招标投标活动运作机制等，使得我国的建筑工程和建筑设备市场还不太规范，建筑工程招标投标领域仍然存在一些亟待解决的问题。2001年以来，我国把建筑市场作为规范和整顿市场经济秩序的重点，各地也投入了大量人力物力展开了声势浩大的整顿活动，也查处了一些典型案件。

1.4.1 我国建筑工程招标投标市场

1.4.1.1 我国建筑工程招标投标市场概述

从招标投标的角度讲，建筑市场是由政府、建设单位（或业主单位）、施工企业和中介机构、监理单位等组成的。建筑工程招标投标工作是以这几方面为主相互配合共同进行的，所以培育合格的市场主体是搞好建筑工程招标投标的首要条件。

招标投标法是调整招标投标活动中产生的社会关系的法律规范的总称，有狭义和广义之分。狭义的招标投标法是指《中华人民共和国招标投标法》。广义的招标投标活动的所有法律法规与规章，即除《中华人民共和国招标投标法》外，还包括《中华人民共和国合同法》和《中华人民共和国反不正当竞争法》等法律中有关招标投标事项的规定，以及《工程建设项目施工招标投标办法》《工程建设项目招标范围和规模标准规定》《评标委员会和评标方法暂行规定》等部门规章。这些法律法规对促进我国建筑工程、设备交易市场的发展发挥了重要作用。国家发展和改革委员会主任张平同志在 2009 年 10 月 10 日召开的第二届中国招标投标高层论坛上表示，我国将用两年左右的时间，集中开展工程建设领域突出问题专项治理工作，并以统一完善的法规政策为基础，以体制改革和制度创新为动力，以开展工程建设领域突出问题专项治理为契机，深入贯彻《中华人民共和国招标投标法》，将从推进体制改革、健全法规制度、构筑公共平台、加强监督执法 4 个方面入手，努力构建统一、开放、竞争有序的招标投标市场。

建筑工程招标投标是在市场经济条件下，在国内外的工程承包市场上为买卖特殊商品进行的由一系列特定环节组成的特殊交易活动。这里的"特殊商品"指的是建筑工程，包括建筑工程的咨询，也包括建筑工程的实施。招标投标只是实现要约、承诺方式中的一种方式而已。它的特点可归纳为："充分竞争，程序公开，机会均等，公平、公正地对待所有投标人，并按事先公布的标准，将合同授予最符合授标条件的投标人。"

1.4.1.2　我国建筑工程实行招标投标制度的发展历程

我国的建筑工程招标投标工作，与整个社会的招标投标工作一样，经历了从无到有，从不规范到相对规范，从起步到完善的发展过程。

1. 建筑工程招标投标的起步与议标阶段

20 世纪 80 年代，我国实行改革开放政策，逐步实行政企分开政策，引进市场机制，工程招标投标开始进入我国建筑行业。到 20 世纪 80 年代中期，全国各地陆续成立招标管理机构。但当时的招标方式基本以议标为主，在纳入的招标管理项目当中约 90%是采用议标方式发包的，工程交易活动比较分散，没有固定场所。这种招标方式很大程度上违背了招标投标的宗旨，不能充分体现竞争机制。因此，建筑工程招标投标很大程度上还流于形式，招标的公正性得不到有效监督，不能充分体现竞争机制。

2. 建筑工程招标投标的规范发展阶段

这一阶段是我国招标投标发展史上最重要的阶段。20 世纪 90 年代初期到中后期，全国各地普遍加强对招标投标的管理和规范工作，也相继出台了一系列法规和规章，招标方式已经从以议标为主转变到以邀请招标为主，招标投标制度得到了长足的发展，全国的招标投标管理体系基本形成，为完善我国的招标投标制度打下了坚实的基础。1992 年，原建设部第 23 号令颁布《中华人民共和国建筑法》，部分省、市、自治区颁布并实施《建筑市场管理条例》和《工程建设招标投标管理条例》等的细则。1995 年起，全国各地陆续开始建立建筑工程交易中心，把管理和服务有效地结合起来，初步形成以招标投标为龙头，相关职能部门相互作用的具有"一站式"管理和"一条龙"服务特点的建筑市场监督管理新模式。同时，工程招标投标专职管理人员队伍不断壮大，全国已初步形成招标投标监督管理网络，招标投标监督管理水平正在不断地提高，为招标投标制度的进一步发展和完善开辟了新的道路。工程交易活动已由无形转为有形，由隐蔽转为公开。招标工作的信息化、公开化和招标程序的规范化，对遏制工程建设领域的违法行为，为在全国推行公开招标创造了有利条件。

3. 建筑工程招标投标制度的不断完善阶段

随着建筑工程交易中心的有序运行和健康发展，全国各地开始推行建筑工程项目的公开招标。在 2000 年《中华人民共和国招标投标法》实施以后，招标投标活动步入法制化轨道，全社会依法招标意识显著增强，招标采购制度逐渐深入人心，配套法规逐步完备，招标投标活动的主要方面和重点环节基本实现了有法可依、有章可循，标志着我国招标投标制度的发展进入了全新的历史阶段。《中华人民共和国招标投标法》使我国的招标投标法律法规和规章不断完善和细化，招标程序不断规范，必须招标和必须公开招标范围得到了明确，招标覆盖面进一步扩大和延伸，工程招标已从单一的土建安装延伸到道桥、装潢、建筑设备和工程监理等。根据我国投资主体的特点，《中华人民共和国招标投标法》已明确规定我国的招标方式不再包括议标方式。这是一个重大的转变，标志着我国的招标投标制度进入了全新的发展阶段。

1.4.2 我国建筑工程交易市场的规则

一个成熟的、规范的建筑工程交易市场，必须遵守以下几个规则。

1.4.2.1 市场准入规则

市场的进入需遵循一定的法规和具备相应的条件，对不再具备条件或采取挂靠、出借证书、制造假证书等欺诈行为的责任方应采取清出制度，逐步完善资质和资格管理，特别应加强工程项目经理的动态管理。

1.4.2.2 市场竞争规则

这是保证各种市场主体在平等的条件下开展竞争的行为准则。为保证平等竞争的实现，政府必须制定相应的保护公平竞争的规则。《中华人民共和国招标投标法》《中华人民共和国建筑法》《中华人民共和国反不正当竞争法》等以及与之配套的法规和规章都制定了市场公平竞争的规则，并且通过不断的实施将更加具体和细化。

1.4.2.3 市场交易规则

简单地说，市场交易规则就是交易必须公开（涉及保密和特殊要求的工程除外），交易必须公平，交易必须公正。所有该公开交易的建筑工程项目，必须通过招标市场进行招标投标，不得私下进行交易和指定承包。

1.4.3 建筑工程招标投标相关法规

目前，我国建筑工程招标投标工作涉及的法律法规有 10 多项，其中最重要的法律法规有

《中华人民共和国招标投标法》《中华人民共和国政府采购法》《中华人民共和国建筑法》和《中华人民共和国招标投标法实施条例》等专门的法律法规，此外还有国家部委一些规定和各省的一些实施办法、监管办法等，如《工程建设项目招标代理机构资格认定办法》《建筑工程设计招标投标管理办法》《工程建设项目招标范围和规模标准规定》《工程建设项目自行招标试行办法》《房屋建筑和市政基础设施工程施工招标投标管理办法》《工程建设项目施工招标投标办法》和《评标专家和评标专家库管理暂行办法》等部门规章和规范性文件。

1.4.4 《中华人民共和国招标投标法实施条例》对建筑工程招标投标规定的新变化

目前，关于建设工程领域，最重要、最可行的招标投标法规是《中华人民共和国招投标法实施条例》。2011年12月20日，国务院令第613号公布了《中华人民共和国招标投标法实施条例》。该条例于2012年2月1日开始正式实施。这是因为《中华人民共和国招标投标法》自2000年1月1日起施行，已有12年的时间。当时我国尚未加入世界贸易组织，很多法律条文并不合理，尤其是没有实施细则，一直缺乏可操作性。另外，《中华人民共和国政府采购法》中也有关于工程项目和设备采购的内容，这两部法律的衔接也出现了一些问题。

因此，认真总结《中华人民共和国招标投标法》实施以来的实践经验，制定并出台配套的行政法规，将法律规定进一步具体化，增强可操作性，并针对新情况、新问题充实完善有关规定，进一步筑牢工程建设和其他公共采购领域预防和惩治犯罪的制度屏障，维护招标投标活动的正常秩序，具有非常重要的意义。

那么，为什么不直接修改《中华人民共和国招标投标法》？这是因为修改法律周期长、程序复杂。《中华人民共和国招标投标法实施条例》有以下亮点：

第一，《中华人民共和国招标投标法实施条例》在制度设计上进一步显现了科学性。《中华人民共和国招标投标法实施条例》展现了开放的心态，在制度设计上做到了兼收并蓄。《中华人民共和国招标投标法实施条例》多处借鉴了政府采购的一些先进制度。例如借鉴《中华人民共和国政府采购法》建立了质疑、投诉机制；在邀请招标和不招标的适用情形上借鉴了《中华人民共和国政府采购法》关于邀请招标和单一来源采购的相关规定；在资格预审制度上借鉴了《政府采购货物和服务招标投标管理办法》的相关规定等。

第二，《中华人民共和国招标投标法实施条例》总结吸收招标投标实践中的成熟做法，增强了可操作性。《中华人民共和国招标投标法实施条例》对《招标投标法》中的一些重要概念和原则性规定进行了明确和细化，如明确了建筑工程的定义和范围界定，细化了招标投标工作的监督主体和职责分工，补充规定了可以不进行招标的5种法定情形，建立招标职业资格制度，对招标投标的具体程序和环节进行了明确和细化，使招标投标过程中各环节的时间节点更加清晰，缩小了招标人、招标代理机构、评标专家等不同主体在操作过程中的自由裁量空间。

第三，《中华人民共和国招标投标法实施条例》突显了直面招标投标违法行为的针对性。针对当前建筑工程招标投标领域招标人规避招标、限制和排斥投标人、搞"明招暗定"的虚假招标、少数领导干部利用权力干预招标投标、当事人相互串通围标串标等突出问题，《中华人民共和国招标投标法实施条例》细化并补充完善了许多关于预防和惩治腐败，维护招标投标公开、公平、公正性的规定。例如，对招标人利用划分标段规避招标做出了禁止性规定；增加了关于招标代理机构执业纪律的规定；细化了对评标委员会成员的法律约束；对于原先法律规定比较笼统、实践中难以认定和处罚的几类典型招标投标违法行为，包括以不合理条件限制排斥潜在投标人、投标人相互串通投标、招标人与投标人串通投标、以他人名义投标、弄虚作假投标、国家工作人员非法干涉招标投标活动等，都分别列举了各自的认定情形，并且进一步强化了这些违法行为的法律责任。

《中华人民共和国招标投标法实施条例》第二条规定："招标投标法第三条所称工程建设项目，是指工程以及与工程建设有关的货物、服务。"《中华人民共和国招标投标法实施条例》所称的工程，是指建筑工程，包括建筑物和构筑物的新建、改建、扩建及其相关的装修、拆除、修缮等；所称与工程建设有关的货物，是指构成工程不可分割的组成部分，且为实现工程基本功能所必需的设备、材料等；所称与工程建设有关的服务，是指为完成工程所需的勘察、设计、监理等服务。《中华人民共和国招标投标法实施条例》第八十四条规定："政府采购的法律、行政法规对政府采购货物、服务的招标投标另有规定的，从其规定。"可见，只要是建筑工程类招标，都归此条例管，以前《中华人民共和国政府采购法》里有关工程招标的规定，转到《中华人民共和国招标投标法实施条例》中来约束。

1.5 本章案例分析

拍卖属于招标投标吗？

依照《中华人民共和国拍卖法》第三条的规定，拍卖是指以公开竞价的形式，将特定的物品或者财产权利转让给最高应价者的买卖方式。拍卖以公开竞价的形式买卖物品或者财产权利。

拍卖和招标都是公开进行的竞价方式，都由代理机构进行，任何公民、法人和其他组织都可以参加，都需要交保证金和服务费，都是实行的一次性买卖行为，都是按规定程序选择特定对象（均不设置限制来排除某些潜在的对象）的行为，均不得随意指定中标人。看起来，拍卖和招标投标有很多相似之处。那么，拍卖是否就属于招标投标呢？下面我们来进行分析。

1. 公开竞价的方式不同

拍卖是以公开竞价的方式买卖物品或者财产权利。所谓的公开竞价，是指买卖活动公开进行，任何公民、法人和其他组织自愿参加，参加竞购拍卖标的物的人在拍卖现场根据拍卖师的叫价决定是否应价，其他竞买人应价时，可以高于其他人的应价再次出价，更高的应价自然取代较低的应价，当某人的应价经拍卖师三次叫价再无人竞价时，拍卖师以落槌或者以其他公开表示买定的方式确定拍卖成立。在拍卖活动中，所有的竞争总是围绕着价格进行的。虽然招标投标也是围绕公开竞价的形式买卖物品或服务，但是招标投标时所报的价格必须唯一，开标后不允许再次或多次叫价，而拍卖则可以多次叫价。所以，从这一点上讲，拍卖并不属于招标投标范畴。

2. 确定中标的方式不同

拍卖是将特定物品或者财产权利转让给最高应价者的买卖方式。在拍卖这种买卖活动中，委托人和拍卖人都希望以可能达到的最高价格卖出一件物品或者一项财产权利，因此只要竞买人具备法律规定的条件，哪个竞买人出价最高，拍卖的物品或者财产权利就卖给这位应价者。虽然拍卖和招标行为始终都围绕价格的竞争，但是在拍卖活动中，拍卖行为完全是价高者得，价格成为唯一的竞争武器。在招标投标中尽管价格占有非常重要的地位，甚至是决定性的因素，但是招标投标中并不完全是价格的竞争，也并非就是价格低者可以中标，还有技术、服务、性能等各种指标。另外，招标投标还有多种评价方法。所以，从这一点上讲，拍卖并不属于招标投标范畴。

3. 拍卖和招标投标的本质和程序不同

拍卖活动由拍卖师主持，所有竞价者公开进行价格竞争，而招标投标需由评标委员会根据国家法律法规和招标文件，客观、独立地进行评审打分。因此，它们的本质和程序都不同，从这一点上讲，拍卖也不属于招标范畴。

4. 拍卖和招标投标的主体不同

拍卖一般由拍卖行或律师事务所进行，而招标投标则由招标代理机构或业主单位进行。它们的主体不同，参与对象也不同。

所以，无论从形式、内容、主体还是程序，拍卖都不属于招标投标行为。不过，值得注意的是，世界上法语地区的招标有所谓的拍卖式招标。拍卖式招标的最大特点是以报价作为判标的唯一标准，其基本原则是自动判标，即在投标人的报价低于招标人规定的标底价的条件下，报价最低者得标。当然，得标人必须具备前提条件，即在开标前已取得投标资格。这种做法与商品销售中的减价拍卖颇为相似，即招标人以最低价向投标人买取工程，只是工程拍卖比商品拍卖要复杂得多。在这种情况下，拍卖与招标相结合，已很难分出是招标还是拍卖了。

思考与练习

1. 单项选择题

（1）招标投标最早起源于（　　　　）。

  A. 美国   B. 英国

  C. 德国   D. 日本

（2）《中华人民共和国招标投标法实施条例》于（　　　　）开始施行。

  A. 2011 年 11 月 30 日   B. 2011 年 12 月 1 日

  C. 2012 年 1 月 1 日   D. 2012 年 2 月 1 日

（3）我国指导和协调全国招标投标工作的部门是（　　　　）。

  A. 国家发展和改革委员会   B. 住房和城乡建设部

  C. 财政部   D. 监察部

（4）招标投标交易场所不得与（　　　）存在隶属关系。

    A. 行政监督部门   B. 建设部门

    C. 纪检监察部门   D. 发展和改革部门

（5）我国禁止（　　　）以任何方式非法干涉招标投标活动。

    A. 招标人领导和工作人员   B. 监管部门的工作人员

    C. 国家工作人员   D. 纪委工作人员

2. 多项选择题

（1）招标投标的主要特征是（　　　）。

    A. 公平   B. 公开

    C. 公正   D. 一次性

（2）建筑工程的招标包括（　　　）。

    A. 建筑物和构筑物的新建、改建、扩建及其相关的装修、拆除、修缮等

    B. 与工程建设有关的货物，如电梯、照明设备、中央空调等

    C. 与工程建设有关的服务，如勘察、设计、监理等服务

    D. 办公计算机的招标

（3）下列属于建设工程招标投标法规的是（　　　）。

    A.《工程建设项目招标代理机构资格认定办法》

    B.《建筑工程设计招标投标管理办法》

    C.《工程建设项目招标范围和规模标准规定》

    D.《工程建设项目施工招标投标办法》

（4）下列属于国务院通过的关于招标投标的法规是（　　　）。

    A.《中华人民共和国招标投标法》   B.《中华人民共和国政府采购法》

    C.《中华人民共和国建筑法》   D.《中华人民共和国招标投标法实施条例》

（5）招标投标工作信息化的内容包括（　　　）。

    A. 在网上建立潜在供应商数据库   B. 在网上发布采购指南和最新的招标信息

    C. 电子化评标   D. 在网上发布招标投标的监管和处分信息

3. 问答题

（1）招标投标的意义和作用是什么？

（2）我国招标投标的发展阶段是什么？

（3）最新法律法规对招标投标部门监管的职责是怎么划分的？

（4）我国目前现行的有关建筑工程招标投标的法律法规有哪些？

（5）我国建筑招标投标市场要坚持的原则有哪些？

（6）招标投标活动与拍卖活动有哪些异同？

4. 案例分析题

2013年3月，某市建设一段防洪大堤，采用财政资金802万。业主为××江水利管理委员会。该业主按照以前的惯例，到财政局申请资金和进行招标投标审批。当地发展和改革部门认为不应该去财政局审批，而应该来发展和改革局下属的招标投标办公室进行审批。认为谁的理由充分？应当如何处理？该案例反映了什么样的现实？

2 建筑工程招标方式和招标范围

本章将介绍招标方式的分类和国际上通行的招标方法，重点介绍公开招标和邀请招标的区别与操作要点，分析建筑工程公开招标的范围与法律规定，并对自行招标的操作要点进行阐述。

2.1 概　述

2.1.1 招标方式的分类

2.1.1.1 国际上采用的招标方式

目前，国际上采用的招标方式归纳起来有三大类别、四种方式。

1. 国际竞争性招标

国际竞争性招标是指招标人在国内外主要报纸、刊物、网站等公共媒体上发布招标广告，邀请几个乃至几十个投标人参加投标，通过多数投标人竞争，选择其中对招标人最有利的投标人完成交易。国际竞争性招标，通常有两种做法：

（1）公开招标。公开招标是一种无限竞争性招标。采用这种做法时，招标人要在国内外主要报刊上刊登招标广告，凡对该招标项目感兴趣的投标人均有机会购买招标文件并进行投标。这种方式可以为所有有能力的投标人提供一个平等竞争的机会，招标人有较大的选择余地挑选一个比较理想的投标人。就工程领域来说，建筑工程、工程咨询、建筑设备等大都选择这种招标方式。

（2）选择性招标。选择性招标又称为邀请招标，是有限竞争性招标。采用这种做法时，招标人不必在公共媒体上刊登广告，而是根据自己积累的经验和资料或根据工程咨询公司提供的投标人情况，选择若干家合适的投标人，邀请其来参加投标。招标人一般邀请 5 ~ 10 家投标人前来进行资格审查，然后由合格投标人进行投标。

2. 谈判招标

谈判招标又叫议标或指定招标。它是非公开进行的，是一种非竞争性招标。这种招标方式是由招标人直接指定的一家或几家投标人进行协商谈判，确定中标条件及其中标价。这种招标方式直接进行合同谈判，若谈判成功，则交易达成。该方式节约时间，容易达成协议，但无法获得有竞争力的报价。对建筑工程及建筑设备招标来说，这种方式适合造价较低、工期紧、专业性强或有特殊要求的军事保密工程等。

3. 两段招标

两段招标是指无限竞争招标和有限竞争招标的综合方式。这种方式也可以称为两阶段竞争性招标。第一阶段按公开的方式进行招标，先进行商务标评审，可以根据投标人的资产规模、企业资信、企业组织规模、同类工程经历、人员素质、施工机械拥有量等来选定入围的竞争方，经过开标评标后，再邀请其中报价较低或最有资格的3家或4家进行第二次报价，确定最后中标人。

从世界各国的情况来看，招标主要有公开招标和邀请招标两种方式。政府采购货物与服务以及建筑工程的招标，大部分采用竞争性的公开招标方式。

2.1.1.2　我国采用的招标方式

《中华人民共和国招标投标法》第十条规定：招标分为公开招标和邀请招标。根据我国法律规定：公开招标是指招标人以招标公告的方式邀请不特定的法人或者其他组织投标；邀请招标是指招标人以投标邀请书的方式邀请特定的法人或者其他组织投标。

公开招标是一种无限竞争性的招标方式，即由招标人（或招标代理机构）在公共媒体上刊登招标广告，吸引众多投标人参加投标，招标人从中择优选择中标人的招标方式。前文已经详细介绍过，公开招标是招标最主要的形式。一般情况下，如果不特别说明，一提到招标，则默认为公开招标。公开招标的本质在于"公开"，即招标全过程的公开，从信息发布开始，到招标澄清、回答质疑、评标办法、招标结果发布等，都必须通过公开的形式进行，也正是因为招标过程公开，招标人选择范围大，这种方式才受到社会的欢迎。

2.1.2　公开招标与邀请招标的区别

1. 发布信息的方式不同

公开招标采用公告的形式发布，邀请招标采用投标邀请书的形式发布。

2. 选择的范围不同

公开招标因使用招标公告的形式，针对的是一切潜在的对招标项目感兴趣的法人或其他组织，招标人事先不知道投标人的数量。邀请招标针对的是已经了解的法人或其他组织，并且事先已经知道投标人的数量。

3. 竞争的范围不同

由于公开招标使所有符合条件的法人或其他组织都有机会参加投标，因此竞争的范围较广，竞争性体现得也比较充分，招标人拥有绝对的选择余地，容易获得最佳的招标效果。邀请招标中投标人的数量有限，竞争的范围也有限，招标人拥有的选择余地相对较小，既有可能提高中标的合同价，也有可能将某些在技术上或报价上更有竞争力的供应商或承包商遗漏。

4. 公开的程度不同

公开招标中，所有的活动都必须严格按照预先指定并为大家所知的程序标准公开进行，大大减少了作弊的可能。相比而言，邀请招标的公开程度逊色一些，产生不法行为的机会也就多一些。

5. 时间和费用不同

由于邀请招标不发公告，招标文件只送几家，使整个招标投标的时间大大缩短，招标费用也相应减少。公开招标的程序比较多，从发布公告，投标人作出反应，评标，到签订合同，有许多时间上的要求，要准备许多文件，因而耗时较长，费用也比较高。

由此可见，两种招标方式各有千秋，从不同的角度比较，会得出不同的结论。在实际操作中，各国或国际组织的做法也不完全一致。有的未给出倾向性的意见，而是把自由裁量权交给了招标人，由招标人根据项目的特点，自主采用公开招标或邀请招标方式，只要不违反法律规定，最大限度地实现"公开、公平、公正"即可。例如，《欧盟采购指令》规定，如果采购金额达到法定招标限额，采购单位有权在公开招标和邀请招标两种方式中自由选择。实际上，邀请招标在欧盟各国运用得非常广。世界贸易组织《政府采购协议》也对这两种方式孰优孰劣采取了未置可否的态度。但是，《世行采购指南》却把公开招标作为最能充分实现资金经济和效率要求的招标方式，并要求借款时以此作为最基本的采购方式，只有在公开招标不是最经济和有效的情况下，才可采用其他方式。

2.1.3 法律对规定的招标方式的要求

2003 年 3 月 8 日，国家发展计划委员会与建设部、铁道部、交通部、信息产业部、水利部、民航总局共同颁布了《工程建设项目施工招标投标办法》。2005 年 7 月 14 日，由国家发展和改革委员会再一次牵头，与财政部、建设部、铁道部、交通部、信息产业部、水利部、商务部、民航总局等 11 个部门联合颁发了《招标投标部际协调机制暂行办法》（以下简称《办法》）。《办法》规定，国家发展和改革委员会为招标投标部际协调机制牵头单位。2012 年 2 月 1 日起施行的《中华人民共和国招标投标法实施条例》第四条规定：国务院发展改革部门指导和协调全国招标投标工作，对国家重大建设项目的工程招标投标活动实施监督检查；县级以上地方人民政府发展改革部门指导和协调本行政区域的招标投标工作。2013 年 3 月 11 日，国家发展改革委员会、工业和信息化部、财政部、住房和城乡建设部、交通运输部、铁道部、水利部、广电总局、民用航空局等九部委第 23 号令修改《工程建设项目施工招标投标办法》。

《中华人民共和国招标投标实施条例》还规定：按照国家有关规定需要履行项目审批、核准手续的依法必须进行招标的项目，其招标范围、招标方式、招标组织形式应当报项目审批、核准部门审批、核准。项目审批、核准部门应当及时将审批、核准确定的招标范围、招标方式、招标组织形式通报有关行政监督部门。

2.2 建筑工程公开招标的操作实务

2.2.1 工程建设项目的概念

《中华人民共和国招标投标法实施条例》对工程建设项目有明确的定义，就是指工程建设以及与工程建设有关的货物、服务。

招标的工程建设项目是指建筑工程，包括建筑物和构筑物的新建、改建、扩建及其相关的装修、拆除、修缮等。与工程建设有关的货物是指构成工程不可分割的组成部分，且为实现工程基本功能所必需的设备、材料等。与工程建设有关的服务是指为完成工程所需的勘察、设计、监理等服务。

2.2.2 工程建设项目公开招标的范围

《中华人民共和国招标投标法》第三条规定，在中华人民共和国境内进行下列工程建设项目，包括项目的勘察、设计、施工、监理以及与工程建设有关的重要设备、材料等的采购，必须进行招标：

（1）大型基础设施、公用事业等关系社会公共利益、公众安全的项目。

（2）全部或者部分使用国有资金投资或者国家融资的项目。

（3）使用国际组织或者外国政府贷款、援助资金的项目。

招标项目的具体范围和规模标准，由国务院发展和改革部门会同国务院有关部门制订，报国务院批准。法律或者国务院对必须进行招标的其他项目的范围有规定的，依照其规定。可见，只要是大型的、公用的、国际组织或政府投资的、公共财政资金投资的建筑工程项目，必须进行招标。

值得注意的是，这些法律和规章制度只提到了上述的建筑工程必须进行招标，但是在各地政府和部门的实践中，绝大多数招标就是按公开招标的程序进行操作的。与《中华人民共和国招标投标法》配套的《工程建设项目招标范围和规模标准规定》明确了公开招标的数额标准，即各类工程建设项目，包括项目的勘察、设计、施工、监理以及与工程建设有关的重要设备、材料等的采购，达到下列标准之一的，必须进行招标：

（1）施工单项合同估算价在200万元人民币以上的。

（2）重要设备、材料等货物的采购，单项合同估算价在100万元人民币以上的。

（3）勘察、设计、监理等服务的采购，单项合同估算价在50万元人民币以上的。

（4）单项合同估算价低于上述第（1）~（3）项规定的标准，但项目总投资额在3 000万元人民币以上的。

需特别提示的是：第一，上述（1）~（4）条标准中，是否满足任何一条，工程建设所有项目都必须进行招标？即假如施工单项合同估算价在200万元人民币以上，而勘察、设计、监理等服务的采购单项合同估算价在50万元人民币以下，那么勘察、设计、监理等服务的采购是否也要进行招标投标？答案是否定的，即如果施工单项合同估算价在200万元以上，则施工就要招标；如果设计或监理单项合同估算价不到50万元，设计与监理就可以不进行招标。第二，针对第（4）条标准，新建项目中，项目总投资额所指的"项目"是指建筑工程而不是指单项工程。第三，"项目的勘察、设计、施工、监理以及与工程建设相关服务采购"中的"工程建设相关"主要是指建设单位的服务采购，如建设方的安全保卫服务、信息规划咨询服务、办公场所物业管理服务等，并不包括管理用固定资产，如汽车、办公家具等（这属于《中华人民共和国政府采购法》的范畴，依据《中华人民共和国政府采购法》和当地政府的规定，不属于建筑工程的范围）。第四，重要设备以及重要材料如何界定？是否超过100万元合同估算价的设备、材料都属于重要范畴？笔者认为，100万元是硬指标，重要设备或重要材料的范畴就要看当地政府或主管部门的规定了。国家发展和改革委员会发布的标准格式的招标基本情况表见表2-1。

表 2-1　国家发展和改革委员会发布的招标基本情况表（标准格式）

项目	招标范围		招标组织形式		招标方式		不采取招标方式	招标估算金额/万元	备注
	全部招标	部分招标	自行招标	委托招标	公开招标	邀请招标			
勘察									
设计									
建筑工程									
安装工程									
监理									
设备									
重要材料									
其他									
情况说明						审批部门盖章××年××月××日			

注：情况说明在表内填写不下的，可另附页

2.2.3　工程建设项目招标方式的核准

一项建筑工程要顺利实现招标，必须要通过行业主管部门的核难。建筑工程，从规划、报建到招标，有很多需要审批的程序和手续。建筑工程招标方式的核准依据，主要是《中华人民共和国行政许可法》《中华人民共和国招标投标法》以及各省、市、区通过的《招标投标法实施办法》或《招标投标管理条例》等。《中华人民共和国招标投标法》规定：招标项目按照国家有关规定需要履行项目审批手续的，应当先履行审批手续，取得批准；招标人应当有进行招标项目的相应资金或者资金来源已经落实，并应当在招标文件中如实载明。

按照《工程建设项目申报材料增加招标内容和核准招标事项暂行规定》的要求，依法必须进行招标且按照国家有关规定需要履行项目审批、核准手续的各类工程建设项目，必须在报送的项目可行性研究报告或者资金申请报告、项目申请报告中增加有关招标的内容，项目审批部门应依据法律、法规规定的权限，对项目建设单位拟定的招标范围、招标组织形式、招标方式等内容提出是否予以审批、核准的意见。项目审批、核准部门对招标事项的审批、核准意见格式见表 2-2。审批、核准招标事项，按以下分工办理：

（1）应报送国家发展和改革委员会审批和国家发展和改革委员会核报国务院审批的建设项目，由国家发展和改革委员会审批。

（2）应报送国务院行业主管部门审批的建设项目，由国务院行业主管部门审批。

（3）应报送地方人民政府发展和改革部门审批和地方人民政府发展和改革部门核报地方人民政府审批的建设项目，由地方人民政府发展和改革部门审批。

（4）按照规定应报送国家发展和改革委员会核准的建设项目，由国家发展和改革委员会核准。

（5）按照规定应报送地方人民政府发展和改革部门核准的建设项目，由地方人民政府发展和改革部门核准。

使用国际金融组织或者外国政府资金的建设项目，资金提供方对建设项目报送招标内容有规定的，从其规定。项目审批、核准部门应将审批、核准建设项目招标内容的意见抄送有关行政监督部门。

表 2-2　项目审批、核准部门对招标事项的审批、核准意见格式

项目	招标范围		招标组织形式		招标方式		不采取招标方式
	全部招标	部分招标	自行招标	委托招标	公开招标	邀请招标	
勘察							
设计							
建筑工程							
安装工程							
监理							
设备							
重要材料							
其他							
审批部门核准意见说明：　　　　　　　　　　　　　　审批部门盖章××年××月××日							

注：审批部门在空格注明"核准"或者"不予核准"。

核准招标的条件，各地方政府并不一样，不过各省、市大同小异，一般建设项目只要已依法履行审批或核准、备案手续，依法办理建筑工程规划许可手续，依法取得国土使用权，资金已基本落实，就可以申请招标核准。在核准过程中，各地的要求也不一样。一旦核准通过，即发建筑工程公开招标核准书。表 2-3 列出了广东省建筑工程招标核准应提交的资料。

表 2-3　广东省建筑工程招标核准应提交的资料

序号	材料名称	材料形式
1	建设单位申请报告	原件
2	设计招标需提交建设用地规划许可证，施工招标需提交建设工程规划许可证	原件
3	土地使用权出让合同、建设用地批准书或土地使用证（用地单位发生变化的，须提交变更用地单位的批复）	复印件需核对原件
4	提交建设单位及其所有法人股东的营业执照、验资报告、经工商部门备案的公司章程、股东登记手册，其中变更股东、股份的企业应提交股权转让协议或工商部门发出的核准书	
5	属于房地产项目开发的，需提交建设单位房地产开发资质证书	
6	外资投资项目须提交外经贸部门对公司章程、合作合同所作的批复和外资、台港澳侨投资企业的批准证书	—
7	合作开发合同中不能明确各股东或合作方投入及利润分配比例的，应提交所有股东或合作方签章的投入和利润分配比例的证明材料	—

2.2.4 工程建设项目招标方式的变更

公开招标因竞争充分、程序严谨且规范而被业内专家广为推崇。一般来说，建筑工程公开招标方式一旦确定就不应该更改。但是，某些情况下，如果公开招标失败，不能满足招标人的愿望，就需要变更招标方式。在目前的操作实践中，各地关于招标方式有比较严格的规定。例如，有的地方就严格规定，只有在公开招标失败两次以后，才能改变招标方式（由公开招标改为其他方式）；如果要招标进口货物或设备，则需要严格的调研材料和部门审批。国家各部委、各级地方人民政府鼓励自主创新产品和节能产品，鼓励使用国产设备和货物，在制度上对招标方式的变更进行了一些尝试，效果还是非常明显的。

对于因公开招标采购失败或废标而需要变更采购方式的，应审查采购过程，投标人质疑、投诉的证明材料，招标文件没有歧视性、排他性等不合理条款的证明材料，已开标的提供项目开标、评标记录及其他相关证明材料。其中，专家意见中应当载明专家姓名、工作单位、职称、职务、联系电话和身份证号码。专家原则上不能是本单位、本系统的工作人员。专家意见应当具备明确性和确定性。意见不明确或者含混不清的，属于无效意见，不作为审批依据。项目建设单位在招标活动中对审批、核准的招标范围、招标组织形式、招标方式等做出改变的，应向原审批、核准部门重新办理有关审批、核准手续。

2.2.5 公开招标方式的信息公开要求

《中华人民共和国招标投标法》第十六条规定："招标人采用公开招标方式的，应当发布招标公告。依法必须进行招标项目的招标公告，应当通过国家指定的报刊、信息网络或者其他媒介发布。招标公告应当载明招标人的名称和地址，招标项目的性质、数量，实施地点和时间以及获取招标文件的办法等事项。"因此，公开招标方式的基本要求是信息公开，公开的内容包括招标方式、时间、地点、数量、程序、办法、信息公布媒介等。在招标实践中，招标公告一般要在当地的工程交易中心网站、政府网站和中国招标投标网站同时发布，而招标结果一般只在当地的工程交易中心网站或政府网站上进行公布。

2.3 邀请招标

2.3.1 邀请招标的概念

所谓的邀请招标，是指采购人根据供应商的资信和业绩，选择若干供应商向其发出投标邀请书，由被邀请的供应商投标竞争，从中选定中标者的招标方式。

2.3.2 邀请招标的特点

这种采购方式一般具有的特点为：一是采购人在一定范围内邀请特定的供应商投标；二

是邀请招标无须发布公告，采购人只要向特定的潜在投标人发出投标邀请书即可；三是竞争的范围有限，采购人拥有的选择余地相对较小；四是招标时间大大缩短，招标费用也相应降低。邀请招标方式由于在一定程度上能够弥补公开招标的缺陷，同时又能相对较充分地发挥招标的优势，因此也是一种使用较普遍的政府采购方式。为防止采购人过度限制供应商数量从而限制有效的竞争，使这一采购方式既适用于真正需要的情况，又保证适当程度的竞争性，法律应当对其适用条件作出明确规定。

2.3.3　邀请招标的范围

《中华人民共和国招标投标法》第十一条规定："国务院发展计划部门确定的国家重点项目和省、自治区、直辖市人民政府确定的地方重点项目不适宜公开招标的，经国务院发展计划部门或者省、自治区、直辖市人民政府批准，可以进行邀请招标。"所谓不适宜公开招标的，一般是指有保密要求或有特殊技术要求的招标。《中华人民共和国招标投标法实施条例》第八条规定，有下列情形之一的，可以邀请招标：

（1）技术复杂、有特殊要求或者受自然环境限制，只有少量潜在投标人可供选择。

（2）采用公开招标方式的费用占项目合同金额的比例过大。

那么具体情况还是要由项目审批、核准部门在审批、核准项目时作出认定，或由招标人申请有关行政监督部门作出认定。

所谓具有特殊性是指建筑工程的货物、设备招标或者服务由于技术复杂或专门性质而具有特殊性，只能从有限范围的投标人处获得的情况。采用公开招标方式的费用占招标项目总价值的比例过大，主要是指招标的货物、设备或者服务的价值较低，如采用公开招标方式所需时间和费用与拟采购项目的价值不成比例，即采用公开招标方式的费用占建筑工程项目总价值的比例过大的情况，招标人只能通过限制投标人数来达到经济和效益的目的。由此可见，采用邀请招标方式招标的适用条件，其一为潜在投标人数量不多，其二为公开招标的经济效益和成本支出合算。

2.3.4　邀请招标方式的基本要求

《中华人民共和国招标投标法》的第十七条规定"招标人采用邀请招标方式的，应当向三个以上具备承担招标项目的能力、资信良好的特定法人或者其他组织发出投标邀请书。"投标邀请书应当载明《中华人民共和国招标投标法》第十六条第二款规定的事项。

邀请招标是投标人以投标邀请书邀请法人或者其他组织参加投标的一种招标方式。这种招标方式与公开招标方式的不同之处在于：它允许招标人向有限数目的特定法人或其他组织（承包商）发出投标邀请书，而不必发布招标公告。因此，邀请招标可以节约招标投标费用，提高效率。按照国内外的通常做法，采用邀请招标方式的前提条件是对市场供给情况比较了解，对承包商的情况比较了解。在此基础上，还要考虑招标项目的具体情况：一是招标项目的技术新而且复杂或专业性很强，只能从有限范围的承包商中选择；二是招标项目本身的价值低，招标人只能通过限制投标人数来达到节约和提高效率的目的。因此，邀请招标是允许采用的，而且在实际中有其较大的适用性。

但是，在邀请招标时，招标人有可能故意邀请一些不符合条件的法人或其他组织作为其内定中标人的陪衬，搞虚假招标。为了防止这种现象的发生，应当对邀请招标的对象所具备的条件作出限定，即向其发出投标邀请书的法人或其他组织应不少于多少家，而且这些法人或其他组织资信良好，具备承担招标项目的能力。前者是对邀请投标范围最低限度的要求，以保证适当程度的竞争性；后者是对投标人资格和能力的要求，招标人对此还可以进行资格审查，以确定投标人是否达到这方面的要求，为了保证邀请招标有适当程度的竞争性，除潜在投标人有限外，招标人应邀请尽量多的法人或其他组织，向其发出投标邀请书，以确保有效的竞争。

投标邀请书与招标公告一样，是向作为供应商、承包法人或其他组织发出的关于招标事宜的初步基本文件。为了提高效率和透明度，投标邀请书必须载明必要的招标信息，使供应商或承包商了解招标的条件是否为他们所接受，并了解如何参与投标。招标人的名称和地址，招标项目的性质、数量、实施地点和时间以及获取招标文件的办法等内容，只是对投标邀请书最起码的规定，并不排除招标人增补他认为适宜的其他资料，如招标人对招标文件收取的任何收费，支付招标文件费用的货币方式，招标文件所用的语言，希望或要求供应货物的时间、工程竣工的时间或提供服务的时间表等。

2.4 建筑工程自行招标

2.4.1 建筑工程自行招标的概念

所谓自行招标，是指建筑工程项目不委托招标机构招标，招标人自己进行招标的情况。自行招标不是招标方式的一种，是招标行为不进行代理的意思。根据 2013 年 4 月修订的《工程建设项目自行招标试行办法》，为了规范工程建设项目招标人自行招标行为，加强对招标投标活动的监督，国家对自行招标活动进行了新的规定。

2.4.2 建筑工程自行招标的条件

招标人自行办理招标事宜，应当具有编制招标文件和组织评标的能力，具体包括：

（1）具有项目法人资格（或者法人资格）。

（2）具有与招标项目规模和复杂程度相适应的工程技术、概预算、财务和工程管理等方面的专业技术力量。

（3）有从事同类工程建设项目招标的经验。

（4）拥有 3 名以上取得招标职业资格的专职招标业务人员。

（5）熟悉和掌握招标投标法及有关法规规章。

因此，若不能满足以上条件，则需要将项目交给招标代理机构，代表招标人进行招标。

2.4.3 建筑工程自行招标的审核

招标人自行招标的，项目法人或者组建中的项目法人应当在向国家发展和改革委员会上报项目可行性研究报告或者资金申请报告、项目申请报告时，一并报送符合要求的相关书面材料。

书面材料应当至少包括：

（1）项目法人营业执照、法人证书或者项目法人组建文件。

（2）与招标项目相适应的专业技术力量情况。

（3）取得招标职业资格的专职招标业务人员的基本情况。

（4）拟使用的专家库情况。

（5）以往编制的同类工程建设项目招标文件和评标报告，以及招标业绩的证明材料。

（6）其他材料。

国家发展和改革委员会审查招标人报送的书面材料，核准招标人符合《工程建设项目自行招标试行办法》规定的自行招标条件，招标人可以自行办理招标事宜。一次核准手续仅适用于一个工程建设项目。即使招标人不具备自行招标条件，也不影响国家发展和改革委员会对项目的审批或者核准，任何单位和个人不得限制其自行办理招标事宜，也不得拒绝办理工程建设有关手续。

招标人自行招标的，应当自确定中标人之日起十五日内，向国家发展和改革委员会提交招标投标情况的书面报告。书面报告至少应包括下列内容：

（1）招标方式和发布资格预审公告、招标公告的媒介。

（2）招标文件中投标人须知、技术规格、评标标准和方法、合同主要条款等内容。

（3）评标委员会的组成和评标报告。

（4）中标结果。

招标人不按规定要求履行自行招标核准手续的或者报送的书面材料有遗漏的，国家发展和改革委员会要求其补正；不及时补正的，视同不具备自行招标条件。招标人履行核准手续中有弄虚作假情况的，视同不具备自行招标条件。

国家发展和改革委员会审查招标人报送的书面材料，认定招标人不符合《工程建设项目自行招标试行办法》规定的自行招标条件的，在批复、核准可行性研究报告或者资金申请报告、项目申请报告时，要求招标人委托招标代理机构办理招标事宜。

2.5 建筑工程可以不招标的情形

2.5.1 法律法规对不招标情形的规定

《中华人民共和国招标投标法》第六十六条规定："涉及国家安全、国家秘密、抢险救灾或者属于利用扶贫资金实行以工代赈、需要使用农民工等特殊情况，不适宜进行招标的项目，按照国家有关规定可以不进行招标。"《中华人民共和国招标投标法实施条例》根据实际情况，对可以不进行招标的情况进行了补充和细化，除《中华人民共和国招标投标法》第六十六条规定的可以不进行招标的特殊情况外，有下列情形之一的，也可以不进行招标：

（1）需要采用不可替代的专利或者专有技术。

（2）采购人依法能够自行建设、生产或者提供。

（3）已通过招标方式选定的特许经营项目，投资人依法能够自行建设、生产或者提供。

（4）需要向原中标人采购工程、货物或者服务，否则将影响施工或者功能配套要求。

（5）国家规定的其他特殊情形。

《中华人民共和国招标投标法实施条例》的可操作性很强，既坚持了原则性，又兼顾了灵活性。

2.5.2 规避招标

2.5.2.1 规避招标的概念

所谓规避招标，是指招标人以各种手段和方法，来达到逃避按国家法律法规定要公开招标或邀请招标的行为，《中年人民共和国招标投标法》第四条规定："任何单位和个人不得将依法必须进行招标的项目化整为零或者以其他任何方式规避招标。"招标人违反《中华人民共和国招标投标法》和《中华人民共和国招标投标法实施条例》的规定弄虚作假的，属于规避招标。

2.5.2.2 容易发生规避招标的项目

容易发生规避招标的项目，一是建筑的附属工程，因为附属工程一般比较小，建设单位容易忽视，有些单位还认为只要建筑的主体工程进行招标就行了，附属工程就不需要招标，这是认识的误区；二是在工程项目计划外的工程，计划外的工程从一开始就没有按规定履行立项手续，所以招标投标也就无从谈起；三是施工过程中矛盾比较大的工程，建设单位为了平息矛盾，违规将工程直接发包给当地村民或当地的黑恶势力，为以后的工程质量和交付使用留下巨大隐患。

2.5.2.3 常见的规避招标的行为

规避招标的行为，有的比较明显，有的比较隐秘，常见的规避招标手段有：

1. 肢解工程进行规避招标

建设单位将依法必须公开招标的工程项目化整为零或分阶段实施，使之达不到法定的公开招标规模；或者将造价大的单项工程肢解为各种子项工程，各子项工程的造价低于招标限额，从而规避招标，这是最常见的情况。例如，在笔者的调研中发现，某个不大的公园建筑工程招标时，供电一个包，绿化一个包，给排水一个包，道路一个包……整个公园的造价不菲，但分解到很细的一个包就不需要招标了，况且，这种肢解分包看起来还很有理由，面对监管部门的审查时说是按专业分工，可加强对建设项目专业性管理。再如，在审计过程中发现，某单位将办公楼装修工程肢解为楼地面装修、吊顶等项目对外单独发包。

2. 以"大吨小标"的方式进行招标

这种做法比较隐蔽，主要是想方设法先将工程造价降低到招标限额以下，在确定施工单位后，再进行项目调整，最后按实结算。笔者在审计过程中就曾经发现，某单位开始连设计过程都没有进行，直接以一张"草图"进行议标，确定施工单位后再重新进行设计，最后工程结算造价也大大超过投标限额。再如，某地的一些招商引资项目，没有图样、没有设计，先确定施工单位，没有进行招标，后来通过"技术手段"完成工程手续。

3. 通过打项目的时间差来规避招标

笔者曾经发现某单位先将操场跑道拿出来议标（实际上议标也是不允许的），在确定施工单位后，再明确工作内容不仅仅是操场跑道，还有篮球场工程，当然造价也就相应地提高了。这也是比较隐秘的规避招标。

4. 改变招标方式规避招标

如采取以邀代招或直接委托承包人，特别是在工程前期选择勘察、设计单位时，想方设法找借口搞邀请招标，或降低招标公告的广泛性，缩小投标参与人的范围。

5. 以集体决策为幌子，规避招标

如以形象工程、庆典工程等理由为借口，以行政会议或联席会议的形式确定承包人。

6. 以招商代替招标

这一新动向主要是在招商引资中，借口采取 BOT 形式，招标人直接将工程项目交给熟悉的客商，而不按规定开展公开招标投标。

7. 在信息发布上做文章

主要体现在：要么限制信息发布范围；要么不公开发布信息；要么信息发布时间很短。

2.5.3 规避招标与可以不进行招标的区别

规避招标扰乱了正常的建设市场的秩序，使工程质量得不到保证，容易诱发腐败。但在某些情况下，确实可能是对法律法规规定的可以不进行招标的情况有误解而客观上造成了规避招标。那么，在实践中如何正确认识可以不进行招标的情况呢？应该坚持以下几条原则：涉及国家安全、国家秘密、抢险救灾或者属于利用扶贫资金实行以工代赈、需要使用农民工等特殊情况，均为不适宜进行招标的项目。但一些建设单位随意定义"应急工程"，规避招标。有的业主以时间紧迫、任务重大为借口，将正常工程定义为"应急工程"，只在小范围发布招标公告，甚至直接确定承包人。

在招标实践中，笔者发现有招标人故意滥用《中华人民共和国招标投标法实施条例》关于"需要向原中标人采购工程、货物或者服务，否则将影响施工或者功能配套要求"的规定，例如，某工程，第一期是某公司中标，过几年后第二期启动建设也直接指定这家公司施工，说是第二期和第一期有连续性，需要向原中标人采购工程或货物，这就是典型的用法律法规规定的可以不进行招标的条款来打擦边球，故意歪曲法规。正常的招标项目都是在"阳光"

下进行的，而所谓的不招标项目，往往是在工程承揽过程中，某个或某些关键人物就成了施工单位攻关的对象，容易导致钱权交易，产生腐败。

当然最常见的是个别单位或个别领导招标意识淡薄，多以时间紧，任务重，抢进度等为由进行规避招标。有些单位对政府工程"要招标"的认识已普遍趋于一致，但对"怎么招"的认识却比较模糊。

2.6　建筑工程标段的划分

2.6.1　相关法律法规对标段划分的规定

所谓标段，是指一个建设项目，为招标和建设施工的方案，分为几个更小的子包或项目来进行招标或建设。国家相关法律法规对标段的划分，主要是《工程建设项目施工招标投标办法》有一个比较宏观的规定，即施工招标项目需要划分标段、确定工期的，招标人应该合理划分标段、确定工期，并在招标文件中载明，对工程技术上紧密相连、不可分割的单位工程不得分割标段。

此外，一些部委和地方政府建设行政主管部门，对标段的划分也做了一些具体的规定。

2.6.2　标段的划分原则

对需要划分标段的招标项目，招标人应当合理划分标段。一般情况下，一个项目应当作一个整体进行招标。但是，对于大型的项目，作为一个整体进行招标将大大降低招标的竞争性，甚至可能流标，延长建设周期，也不利于建设单位对中标人的管理，因为符合招标条件的潜在投标人数量太少。这样就应当将招标项目划分成若干个标段分别进行招标。但也不能将标段划分的太小，太小的标段将失去对实力雄厚的潜在投标人的吸引力。例如，建筑项目一般可以分解为单位工程及特殊专业工程分别招标，但不允许将单位工程肢解为分部、分项工程进行招标。标段的划分是招标活动中较为复杂的一项工作，应当综合考虑以下因素：

1. 招标项目的专业要求

如果招标项目几部分内容的专业要求接近，则该项目可以考虑作为一个整体进行招标；如果该项目几部分内容的专业要求相距甚远，则应当考虑划分为不同的标段分别招标。例如，对于一个项目中的土建和设备安装两部分内容就应当分别招标。

2. 招标项目的管理要求

有时一个项目的各部分内容相互之间干扰不大，方便招标人进行统一管理。这时就可以考虑对各部分内容分别进行招标。反之，如果各个独立的承包商之间的协调管理十分困难，则应当考虑将整个项目发包给一个承包商，由该承包商分包后统一进行协调管理。

3. 对工程投资的影响

标段划分对工程投资也有一定的影响。这种影响由多方面因素造成，但直接影响是有管理费的变化引起的。一个项目作为一个整体招标，承包商需要进行分包，分包的价格在一般情况下没有直接发包的价格低。但一个项目作为一个整体招标，有利于承包商进行统一的管理、人工、机械设备、临时设施等可以统一使用，又可能降低费用。因此，应当具体情况具体分析。

4. 工程各项工作的衔接

在划分标段时还应当考虑项目在建设过程中的时间和空间的衔接，应当避免产生平面或者立面的交接，工作责任的不清。如果建设项目各项工作的衔接、交叉和配合少，责任清楚，则可考虑分别发包；反之，则应考虑项目作为一个整体发包给一个承包商，因为，此时由一个承包商进行协调管理容易做好衔接工作。

在招标实践中，笔者经过调研发现，既有被动地细分标段的情况，主要体现为各方利益不好平衡，多做几个标段或子包，采取"兼投不兼中"的方式，各方都能中标，也有捆绑各标段制成一个大标的，因为标段划分不合理而引起投诉或流标的情况也不少见。

2.7 本章案例分析

规避招标为哪般？

1. 案例背景

2013 年，中部某省 N 县拟利用财政资金建设一批中小学，以达到该县实现省教育厅"教育强县"的验收目标。N 县成立了以常务副县长为组长的"教育强县"建设工程领导小组，由该县的发展和改革局局长任领导小组办公室主任，各乡镇政府为建设单位（业主）。该县发展和改革局特事特办，联合教育局、财政局等下达了各乡镇的建设目标。

某乡镇的合格学校建设项目是该"教育强县"的建设内容之一。该中学属于新建项目，投资 800 多万元。建设内容由 1 栋 200 万多元的主体教学楼、1 栋 130 多万元的教师公寓、2 栋 100 万的学生宿舍、1 栋 80 多万元的食堂、1 个 48 万多元的操场、3 栋 20 多万元的厕所、1 条 20 多万元的围墙、1 座 20 多万元的牌坊、1 座 15 万元的电动门等组成。该建设项目开始后，建设单位对主体教学楼、教师公寓、学生宿舍、食堂等进行了公开招标，但对厕所围墙、牌坊、电动门等建设内容没有进行招标，直接发包给乡党委书记的亲戚或学校附近的村民。

2. 案例分析

这是一起比较典型的规避招标的行为。该县规定，单项建筑工程合同估算价在 50 万元以上要进行公开招标。建设单位以单座主体教学楼、教师公寓、学生宿舍、食堂等的合同估算价超过了 50 万元为由，进行了公开招标，而对单个厕所、围墙、牌坊、电动门等的合同估算价没有超过 50 万元为由进行规避招标。实际上，单项建筑工程的合同估算价在 50 万元以上不是指一座楼、一个厕所的合同估算价是否超过 50 万元，而是指本次招标项目（或标段、子包）的建设总额是否超过 50 万。建设单位这是在狡辩，因为按该建设单位的说法，一栋楼还可以继续分解为一面墙甚至一块砖，是否该块砖没有超过 50 万就不要招标了呢？再大的项目都可以肢解为细微的项目，按这种说法所有的项目最终都不需要招标了。

在本案例中，单个建设内容的合同估算价没有超过 50 万元的厕所、围墙、牌坊、电动门等，既可以跟主体建设工程捆绑招标，也可以单独组成一个子包招标，该子包的合同估算价已远远超过 50 万元了。事情发生后，当地的工程交易中心主任进行了坚决的纠正，有力地维护了《中华人民共和国招标投标法》的尊严。

规避招标还是肢解招标？

1. 案例背景

2012 年，中部某省 C 县拟利用财政资金在城市郊区建设一个公园，总投资 600 多万元，分两期建设。其中，材料费用 450 多万元，工程施工费用 150 万元。2012 年，当地财政部门下达 60 多万元投资，主要是针对工程三通一平和拆迁部分。由于 60 万元低于该省招标投标办规定的 100 万元投资必须进入公共资源交易中心进行公开招标的规定，因此该单位通过内部议标的形式，将工程以 60 万元发包给当地一家具备资质的施工企业。该县住建局和监察局（和纪委合署办公）认为该建设单位肢解工程，并违反该县规定的 50 万元的建筑项目应公开招标的要求，属于规避招标，依据《中华人民共和国招标投标法》，认定此属于违法行为，要进行处罚，同时书面通知暂时中止该建设单位其他工程项目的招标投标工作。2013 年 3 月，在该县主要领导的过问下，认为城市郊区公园是民生工程，必须尽快推进。该县财政局把欠拨的工程款下达给该建设单位，该建设单位进行第二次招标。其中石材 30 多万、灯具照明 100 多万、苗木绿化 40 多万、木料、塑胶健身器材 100 多万元、管材、线缆等 40 多万元；喷水池 60 多万、道路 80 多万。该建设单位这次心有余悸，害怕再被查处，把所有的工程和材料一起招标，资质和要求又严，结果在中部小县城这样的地方，因为达到要求的投标人不多，该工程又流标了，延误了工期，受到该县主要领导的批评。那么，请分析能否将材料与施工分开招标？如果分开招标，算不算肢解工程？

2. 案例分析

该建设单位第一次 60 多万元的工程三通一平和拆迁部分没有公开招标。国家在《工程建设项目招标范围和规模标准规定》中有明确规定，200 万元的施工项目应公开招标，而该省规定 100 万元应公开招标，该县规定 50 万元应公开招标。这都是根据本省、本县的经济发展程度和项目大小等实际情况，在本行政区域内，对单项建设内容（施工）招标规模的规定，这是为避免建设单位化整为零规避招标的举措。那么是执行国家的、省的，还是执行该县的规定呢？国家给出的 200 万元是一般规定，一些省份有自己的实施细则，例如该中部省份，给出的是 100 万元。这是国家授权给该省颁布自己的实施细则的权力，这是允许的。省级人民政府确定本地区必须招标项目的具体规模标准，一般不得缩小国家确定的必须招标范围，同时要防止规模标准过低而影响招标活动效率和效益。除国务院和省级人民政府依法确定外，任何地方和部门不得再制定必须招标工程建设项目的招标范围和规模标准。

强制招标的范围只有省级人民政府可以制定。所以 C 县政府的有关规定其实是违反行政许可法的。那么，对该县建设单位的第一次招标处罚是有点冤枉。不过，建设单位可以提请上级部门行政复议，修改该县对公开招标规模的确定。但该单位通过内部议标的形式，实际上就是建设单位负责人说了算，当地住建局和监察局进行处罚，纠正了不正之风，也是值肯定的。

本案例中，建设单位第二次招标，道路、绿化、喷水池、照明灯并不是一个专业，也不一定是一个施工单位可以承包的，分别发包并不违法，而如果一定要打包招标，则应允许联合体来投标，因为没有综合资质的投标人是没有能力和资质可以完成几个专业的建设和施工的。

思考与练习

1. 单项选择题

（1）按照最新的《工程建设项目自行招标试行办法》的规定，招标人自行招标的，应当自确定中标人之日起 15 日内，向（　　　　）提交招标投标情况的书面报告。

    A. 国务院   B. 省级人民政府

    C. 国家发展和改革委员会   D. 建设行政主管部门

（2）邀请招标需向（　　　　）个以上具备资质的特定法人或其他组织发出投标邀请书。

    A. 3   B. 4

    C. 5   D. 6

（3）招标人自行办理招标事宜时，应当有（　　　　）名以上取得招标职业资格的专职招标业务人员。

    A. 2   B. 3

    C. 5   D. 10

2. 多项选择题

（1）按照《工程建设项目施工招标投标办法》的规定，标段的划分是招标活动中较复杂的一项工作，应当综合考虑的因素有（　　　　）。

    A. 招标项目的专业要求   B. 招标项目的管理要求

    C. 对工程总承包的影响   D. 对工程投资的影响

    E. 工程各项工作的衔接

（2）必须进行公开招标的项目有（　　　　）。

    A. 大型基础设施、公用事业等关系社会公共利益和公众安全的项目

    B. 全部或部分使用国有资金投资或者国家融资的项目

    C. 使用国际组织或者外国政府贷款、援助资金的项目

    D. 涉及国家重大军事机密的项目

（3）《工程建设项目招标范围和规模标准规定》明确了公开招标的数额标准，达到（　　）标准之一的，必须进行招标。

  A. 施工单项合同估算价在 200 万元人民币以上的

  B. 重要设备、材料等货物的采购，单项合同估算价在 100 万元人民币以上的

  C. 勘察、设计、监理等服务的采购，单项合同估算价在 50 万人民币以上的

  D. 单项目总投资额在 3 000 万元人民币以上的

（4）招标人自行招标的，需要向国家发展和改革委员会提交招标投标书面报告。书面报告应包括（　　）。

  A. 招标方式和发布资格预审公告、招标公告的媒介

  B. 招标文件中投标人须知、技术规格、评标标准和方法、合同主要条款等内容

  C. 评标委员会的组成和评标报告

  D. 中标结果

3. 问答题

（1）公开招标和邀请招标有哪些区别？

（2）规避招标的主要表现形式有哪些？

（3）自行招标需招标人具备什么条件？

（4）建筑工程招标方式的变更要办理哪些手续？

（5）对于建筑工程，划分标段时应注意哪些原则？

4. 案例分析题

某市第一中学科教楼工程为该市重点教育工程。2012 年 10 月由市发改委批准立项，建筑面积为 7 800 m²，投资 780 万元。该项目于 2013 年 3 月 12 日开工。此项目中，施工单位由业主经市政府和主管部门批准不招标，奖励给某建设集团承建，双方直接就签订了施工合同。请回答：该项目有哪些不符合《中华人民共和国招标投标法》和《中华人民共和国招标投标实施条例》之处？

3 建筑工程招标程序

本章将介绍建筑工程招标的特点和基本原则，阐述建筑工程招标的条件和建筑工程招标无效的几种情形，并重点介绍建筑工程招标程序，说明建筑工程招标要注意的问题。

3.1 概 述

3.1.1 建筑工程招标的特点

建筑工程招标的目的是在工程建设各阶段、各环节引入竞争机制，择优选定咨询、勘察、设计、监理、建筑施工、装饰装修、设备安装、材料设备供应或工程总承包等单位，以提供优质高效的服务、控制和降低工程造价、节约建设投资、确保工程质量和施工安全、缩短建设周期。因此，建筑工程招标有以下特点：

1. 遵章行事、有法可依

为了适应社会主义市场经济体制的需要，更好地与世界经济接轨，保护国家、社会和招标投标活动当事人的合法权益，提高经济效益，保证项目质量，我国于 1999 年 8 月 30 日通过和颁布了《中华人民共和国招标投标法》。随着工程项目建设的不断发展，结合各地的实际情况，中央政府、各部委、地方政府相继出台了各项工程招标投标管理办法，建立了招标投标交易的有形市场并设立了监督管理机构和相应的监督管理办法。2012 年 2 月 1 日施行的《中华人民共和国招标投标法实施条例》更是总结了各地的招标投标管理经验，具有更强的可操作性。

2. 公开、公平、公正

各级政府为建立规范有形的建筑市场，设立了非营利性的服务、监督、管理的建筑工程交易中心（有的地方叫作公共资源交易中心），统一发布建筑工程招标信息，打破地域垄断，具备相应资质的潜在投标企业均可备案报名投标。这样就监督了招标程序严格合法，开标公开，中标公示，评委在交易中心专家库随机抽取专家，评标过程封闭保密。

3. 平等交易

长期以来，我国建筑市场的施工单位为承揽工程业务而处于被动地位。在实施《中华人民共和国招标投标法》和《中华人民共和国招标投标法实施条例》以后，通过有形建筑市场交易，在招标公告和招标文件中将规则事先订立，让发包、承包双方可双向选择，使招标投标在平等前提下公开进行，符合合同法中合同主体平等自愿原则。

3.1.2 建筑工程招标的分类

建筑工程招标，依不同的分类方法有各自不同的种类。

3.1.2.1 按建筑工程建设程序分类

按建筑工程建设的程序分类，建筑工程招标可以分为建设项目可行性研究招标、工程勘察设计招标、施工招标、工程监理招标、材料设备采购招标。

3.1.2.2 按照产品性质分类

按照产品性质分类，建筑工程招标可以分为服务招标、施工招标和采购招标。

1. 服务招标

如建设项目可行性研究招标、环境影响招标、工程勘察设计招标、工程造价咨询招标、工程监理招标、维护管理招标、代建管理招标。

2. 施工招标

如土建施工招标、装饰工程招标、设备安装招标、修缮工程招标。

3. 货物或设备招标

如材料采购招标、设备采购招标等。

3.1.2.3 按建设项目组成分类

按建设项目的组成分类，建筑工程招标可分为建设项目招标、单项工程招标、单位工程招标、分部工程或分项工程招标。

3.1.2.4 按建筑工程承包模式分类

按建筑工程承包模式分类，建筑工程招标分为总承包招标、专项工程承包招标。

3.1.2.5 按建筑工程的招标范围分类

按建筑工程的招标范围分类，建筑工程招标可以分为国内工程招标、境内国际工程招标、国际工程招标。

3.1.3 建筑工程招标的基本原则

《中华人民共和国招标投标法》第五条规定："招标投标活动应当遵循公开、公平、公正和诚实信用的原则。"可见，建筑工程招标应遵守以下基本原则。

3.1.3.1 公开原则

公开原则就是招标活动要具有较高的透明度，在招标过程中要将招标信息、招标程序、评标办法、中标结果等按相关规定公开。

1. 招标信息公开

招标活动的公开原则首要的就是将工程项目的招标信息公开。依法必须公开招标的工程项目，应当在国家或者地方指定的报刊、信息网络或者其他媒介上发布招标公告，并同时在中国工程建设和建筑业信息网站上发布招标公告。现阶段各级地方人民政府网站或指定的建筑工程交易中心网站发布工程项目招标公告。招标公告应当载明招标人的名称和地址，招标工程的性质、规模、地点及获取招标文件的办法等事项。如果要进行资格预审，则要求将资格预审所需提交的材料和资格预审条件载明于公告中。

采用邀请招标方式的。应当向 3 个以上符合资质条件的施工企业发出投标邀请书、并将公开招标公告所要求告之的内容在邀请书中予以载明。招标公告（或投标邀请书）内容要能让潜在投标人知道参加投标竞争所需要的信息。

2. 招标投标条件公开

招标人必须将建筑工程项目的资金来源、资金准备情况、项目前期工作进展情况、项目实施进度计划、招标组织机构、设计及监理单位、对投标单位的资格要求向社会公开，以便潜在的投标人决定是否参加投标和接受社会监督。

3. 招标程序公开

招标人应在招标文件中将招标投标程序和招标活动的具体时间、地点、安排清楚，以便投标人准时参加各项招标投标活动，并对招标投标活动加以监督。开标应当公开进行，开标的时间和地点应当与招标文件中预先确定的相一致。开标由招标人主持，邀请所有投标人和监督管理的相关单位代表参加。招标人在招标文件中要求的提交投标文件的截止时间前收到的所有密封完好的投标文件，开标时都应当众予以拆封、宣读，并做好记录以便存档备查。

4. 评标办法和标准公开

评标办法和标准应当在招标文件中载明，评标应严格按照招标文件确定的办法和标准进行，不得将招标文件未列明的其他任何标准和办法作为评标依据。招标人不得与投标人对投标价格、投标方案等实质性内容进行谈判。

5. 中标结果公开

评标委员会根据评标结果推荐 1~3 个中标候选人并进行排序，招标人应当确定排名第一的中标候选人为中标人。原建设部建市〔2005〕208 号文第六条规定，在中标通知书发出前，要将预中标人的情况在该工程项目招标公告发布的同一信息网络和建设工程交易中心予以公示。

确定中标人必须以评标委员会出具的评标报告为依据，严格按照法定的程序，在规定的时间内完成，并向中标人发出中标通知书。

3.1.3.2 公平原则

公平原则就是招标投标过程中，所有的潜在投标人和正式投标人享有同等的权利，履行同等的义务，采用统一的资格审查条件和标准、评标办法和评标标准来进行评审。对于招标人来说，就是要严格按照《中华人民共和国招标投标法》和《中华人民共和国招标投标管理条例》规定的招标条件、程序要求办事，给所有的潜在投标人或正式投标人平等的机会，不得以不合理的条件限制或者排斥潜在投标人，不得对潜在投标人实行歧视待遇，应当根据招标项目的特点和需要编制招标文件，不得提出与项目特点和需要不相符或过高的要求来排斥潜在投标人。招标文件中规定的各项技术标准均不得要求或标明某一特定的专利、商标、名称、设计、原产地或生产供应者，不得含有倾向或者排斥潜在投标人的其他内容。招标人应将招标文件答疑和现场踏勘答疑或招标文件的补充说明等以书面形式通知所有的购买招标文件的潜在投标人。

招标人不得向他人透露已获取招标文件的潜在投标人的名称、数量以及可能影响公平竞争的有关招标投标的其他情况。招标人不得限制投标人之间的竞争。所有投标人都有权参加开标会议并对会议过程和结果进行监督。

对于投标人，不得相互串通投标报价，不得组织排斥其他投标人的公平竞争，损害招标人或者其他投标人的合法权益；投标人不得与招标人串通投标，损害国家利益、社会公共利益或者他人的合法权益。

3.1.3.3 公正原则

招标过程中招标人的行为应当公正，对所有的投标竞争者都应平等对待，不能有特殊倾向。建设行政主管部门要依法对工程招标投标活动实施监督，严格执法、秉公办事，不得对建筑市场违法设障，实行地区封锁和部门保护等行为，不得以任何方式限制或者排斥本地区、本系统以外的企业参加投标。评标时评标标准和评标办法应当严格执行招标文件规定，不得在评标时修改、补充。对所有在投标截止时间后送到的投标书及密封不完好的投标书都应拒收。投标人或者投标人主要负责人的近亲属、项目主管部门或者行政监督部门的人员以及与投标人有经济利益或者其他社会关系等可能影响对投标文件公正评审的人员不得作为评标委员会成员。评标委员会成员不得发表任何具有倾向性、诱导性的见解，不得对评标委员会其他成员的评审意见施加任何影响，任何单位和个人不得非法干预、影响评标的过程和结果。

3.1.3.4 诚实信用原则

遵循诚实信用原则，就是要求招标投标当事人在招标投标活动中应当以诚实守信的态度行使权利、履行义务，不得通过弄虚作假、欺骗他人来争取不正当利益，不得损害对方、第三者或者社会利益。在招标投标活动中，招标人应当将工程项目实际情况和招标投标活动程序安排准确并及时通知投标人，不得暗箱操作，应将合同条款在招标文件中明确并应按事先明确的合同条款与中标人签订合同，不得搞"阴阳合同"，应实事求是答复投标人对招标文件或踏勘现场提出的疑问。投标人不得相互串通投标报价，不得排挤其他投标人的公平竞争，不得以低于成本的报价竞标；中标后应按投标承诺中的项目管理方法组织机构人员到位，组织机械设备、劳动力及时到位，确保工程质量、安全、进度达到招标文件或投标承诺要求。

投标人不得违反法律规定将中标项目转包、分包。2005 年 8 月，原建设部颁发的《关于加快推进建筑市场信用体系建设工作的意见》中规定，要对建筑市场各主体在执行法定程序、招标投标交易、合同签订履行、业主工程款支付、农民工工资支付、质量安全管理等方面，提出应达到的最基本诚信要求，并要求地方建设行政部门制定相应的诚信管理办法和失信惩戒办法，招标人和投标人必须遵循。

3.1.4　建筑工程招标的主体

建筑工程招标的主体即招标人，是指依照《中华人民共和国招标投标法》规定提出招标项目进行招标的法人或者其他组织。

1．法　人

招标投标活动中的招标主体主要是法人。法人是指具有民事权利能力和民事行为能力，依法独立享有民事权利和承担民事义务的组织。法人包括企业法人、事业单位法人、机关法人和社会团体法人。法人应当具备以下条件：

（1）依法成立。

（2）有必要的财产或者经费。

（3）有自己的名称，组织机构和场所。

（4）能独立承担民事责任。

2．其他组织

其他组织是指法人以外的其他组织，包括法人的分支机构、不具备法人资格的联营体、合伙企业、个人独资企业。这些组织应当是合法成立的，并且有一定的组织机构和财产，但不具备法人资格的组织。在某些招标活动中，招标人也允许这类组织进行投标。

3．对招标人的其他要求

原国家发展计划委员会（现国家发展和改革委员会）颁布的《工程建设项目自行招标试行办法》（2013 年 4 月进行了修订）为规范工程项目招标人自行招标，对招标人作出了相应的要求，具体包括：

（1）具有项目法人资格（或者法人资格）。

（2）具有与招标项目规模和复杂程序相适应的工程技术、概预算、财务和工程管理等方面专业技术力量等。

（3）有从事同类工程建设项目招标的经验。

（4）设有专门的招标机构或者拥有 3 名以上专职招标业务人员。

（5）熟悉和掌握招标投标法及有关法规规章，并要将相关资料报国家计划部门审查核准。不具备自行招标条件时，招标人应当委托具有相应资格的工程招标代理机构代理招标。

3.1.5　建筑工程招标的条件

《中华人民共和国招标投标法》第九条规定："招标项目按照国家有关规定需要履行项目

审批手续的，应当先履行审批手续，取得批准。招标人应当有进行招标项目的相应资金或者资金来源已经落实，并应当在招标文件中如实载明。"对于建筑工程项目不同性质和不同阶段的招标，招标条件有所侧重。

3.1.5.1 公路工程施工招标的条件

对于公路工程，可以进行施工招标的条件是：

（1）初步设计和概算文件已经审批。

（2）项目法人已经确定，并符合项目法人资格标准要求。

（3）建设资金已经落实。

（4）已正式列入国家或地方公路基本建设计划。

（5）征地拆迁工作基本完成或落实，能保证分段连续施工。

3.1.5.2 房屋建筑工程施工招标的条件

对于房屋建筑工程，可以进行施工招标的条件是：

（1）建设项目已经正式列入国家、部门或地方的年度固定资产投资计划。

（2）建设用地的征地工作已经完成，并取得用地批准通知书或土地使用证。

（3）建筑方案和初步设计通过部门审批，取得建设工程规划许可证。

（4）设计概算已经批准。

（5）有已经审查通过并满足施工需要的施工图样及技术资料。

（6）建设资金和主要材料、设备的来源已经落实。

（7）施工现场"三通一平"已经完成或列入施工招标范围时具备交付施工场地条件。

3.1.5.3 勘察、设计项目招标的条件

（1）按照国家有关规定需要履行项目审批手续的，已履行审批手续，取得批准。

（2）勘察设计所需资金已经落实。

（3）所必需的勘察设计基础资料已经收集完成。

（4）法律、法规规定的其他条件。

3.1.5.4 建筑工程设备或货物招标的条件

（1）招标人已经依法成立。

（2）按照国家有关规定应当履行项目审批、核准或者备案手续的，已经审批、核准或者备案。

（3）有相应资金或者资金来源已经落实。

（4）能够提出货物的使用与技术要求。

3.1.6 建筑工程施工项目招标无效的情形

按照相关规定，在下列情况下，建筑工程施工项目招标无效：

（1）未在指定的媒介发布招标公告的。

（2）邀请招标不依法发出投标邀请书的。

（3）自招标文件或资格预审文件出售之日起至停止出售之日止，少于5日的。

（4）依法必须招标的项目，自招标文件开始发出之日起至提交投标文件截止之日止，少于20日的。

（5）应当公开招标而不公开招标的。

（6）不具备招标条件而进行招标的。

（7）应当履行核准手续而未履行的。

（8）不按项目审批部门核准内容进行招标的。

（9）在提交投标文件截止时间后接收投标文件的。

（10）投标人数量不符合法定要求而不重新招标的。

被认定为招标无效的建筑工程施工项目，应依法重新招标。

3.2　公开招标的程序

招标是招标人和投标人为签订合同而实施的要约邀请、要约和承诺等系列经济活动的过程。政府有关管理机关对该经济活动过程作了具体的要求，并对有形建筑市场集中办理有关手续，依法实施监督。

建筑工程公开招标的程序如图3-1所示。

3.2.1　发布招标公告

公开招标时，必须发布招标公告（邀请招标时发布投标邀请函）。不过很多招标人或招标代理机构往往并没有注意学术上的严谨性，本来是公开招标，却在发布招标公告时写成了投标邀请书。实际上，在邀请招标时，可以直接向潜在的投标对象发投标邀请函即可。

1. 招标公告发布的要求

按招标投标相关法律法规的规定，依法必须进行公开招标的工程项目，必须在主管部门指定的报刊、网站或者其他媒介，上发布招标公告，并同时在建筑信息网、建筑工程交易中心网上发布招标公告。招标公告的内容主要包括：

（1）招标人的名称、地址，联系人的姓名、电话。委托代理机构进行招标的，应注明代理机构名称、地址、联系人姓名及电话。

（2）招标工程的基本情况，如工程项目名称、建设规模、工程地点、结构类型、计划工期、质量标准要求、标段的划分、本次招标范围。

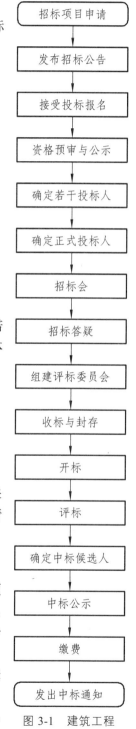

图 3-1　建筑工程
公开招标的程序

（3）招标工程项目条件，包括工程项目计划立项审批情况、概预算审批情况、规划情况、国土审批情况、资金来源和筹备情况。

（4）对投标人的资质（资格）要求及应提供的其他有关文件。招标人采用资格预审办法对潜在投标人进行资格审查的，应当发布资格预审公告。

（5）获取招标文件或者资格预审文件的地点和时间。

（6）招标公告格式样板可参考国家或地方招标投标管理部门统一的招标公告范本。

2. 招标公告发布的注意事项

（1）对招标公告的监管要求。依法必须进行公开招标的项目，招标公告应在指定的报纸、信息网络等媒介上发布，行政职能部门对招标公告发布活动进行监督。

招标人或其委托的招标代理机构发布招标公告时，应当向指定媒体提供公告文本、招标方式核准文件和招标人委托招标代理机构的委托书等证明材料，并将公告文本同时报项目招标方式核准部门备案。

拟发布的招标公告文件应当由招标人或其委托的招标代理机构的主要负责人或其委托人签名并加盖公章。公告文本及有关证明材料必须在招标文件或招标资格预审文件开始发出之日的 15 日前送达指定媒体和项目招标方式核准部门。

（2）对指定媒介的要求。指定媒介必须在收到招标公告文本之日起 7 日内发布招标公告。指定的媒介不得对依法必须招标的工程项目的招标公告收取费用，但发布国际招标公告的除外。

在两家以上媒介发布的同一招标项目的招标公告的内容应当相同，若出现不一致情况，则有关媒介可以要求招标人或其委托的招标代理机构及时予以改正、补充或调整。

指定媒介发布的招标公告的内容与招标人或其委托的招标代理机构提供的招标公告文本不一致时，应当及时纠正，重新发布。

（3）对招标人或招标代理机构的要求。招标人必须在指定媒介发布招标公告，并且至少在一家指定的媒介发布招标公告，不得在两家以上的媒介就同一招标项目发布内容不一致的招标公告。招标公告中不得以不合理的条件限制或排斥潜在的投标人。

招标人应当按招标公告或投标邀请书规定的时间、地点出售招标文件或资格预审文件。自招标文件或者资格预审文件出售之日起至停止出售之日止，最短不得少于 5 日。

对招标文件或者资格预审文件的收费应当合理，不得以营利为目的。对于所附的设计文件的押金，招标人应当向投标人退还。

招标文件或者资格预审文件售出后，不予退还。招标人在发布招标公告后，以及在售出招标文件或资格预审文件后，均不得擅自终止招标。

3.2.2 资格预审

资格预审是指招标人根据招标项目本身的特点和需求，要求潜在投标人提供其资格条件、业绩、信誉、技术、设备、人力、财务状况等方面的情况，审查其是否满足招标项目所需，进而决定投标申请人是否有资格参加投标的一系列工作。

1. 资格预审的意义

招标人通过资格预审，能够了解潜在投标人的资质等级情况，掌握其业务承包的范围和规模，了解其技术力量以及近几年来的工程业绩情况、财务状况、履约能力、信誉情况，可以排除不具备相应资质和技术力量，没有相应的业务经营范围、财务状况和企业信誉很差，不具备履约能力的投标人参与竞争，以降低招标成本、提高招标效率。

2. 资格预审的管理和程序

建筑工程项目招标的资格预审按下列程序进行：

（1）招标人或招标代理机构准备资格预审文件。资格预审文件的主要内容为资格预审公告、资格预审申请人须知、资格预审申请表、工程概况。

（2）公开发布资格预审公告。资格预审公告可随招标公告在指定媒介同时发布（或合并发布）。资格预审公告应包括的内容为：招标人的名称和地址，联系人与联系方式，招标条件，招标项目概况与招标范围，申请人资格要求，资格预审方法，资格预审文件的获取方式，资格预审申请文件的递交方式，发布公告的媒体。

（3）发售资格预审文件。资格预审文件应包括资格预审须知和资格预审表两部分。资格预审文件应将资格预审公告中招标项目的情况进行更加详细的说明，对投标申请人所提交的资料作出具体要求，对资格审查方法和审查结果公布的媒介和时间作出详尽准确的说明。

《中华人民共和国招标投标法实施条例》第十五条规定："招标人采用资格预审办法对潜在投标人进行资格审查的，应当发布资格预审公告、编制资格预审文件。"资格预审文件格式样板可参考国家或地方招标投标管理部门统一的资格预审文件范本。

（4）投标申请人编写资格预审申请书，递交资格预审申请书。

（5）国有资金占控股或者主导地位的依法必须进行招标的项目，招标人应当组建资格审查委员会审查资格预审申请文件。《中华人民共和国招标投标法实施条例》第十八条规定："资格预审应当按照资格预审文件载明的标准和方法进行。"审查的主要内容有：

（1）是否具有独立订立建设合同的资格。

（2）是否具有履行合同的能力，包括专业技术能力、资金、设备和其他物质设施状况、管理能力、经验、信誉和相应的从业人员。

（3）有没有处于停业、投标资格被取消、财产被接管或冻结、破产状态。

（4）在最近三年内有没有骗取中标和严重违约及重大工程质量问题。

（5）法律、行政法规规定的其他资格条件。

（6）编写资格预审评审报告，报当地招标主管部门审定备案，并在发布公告的媒介上进行公示。

（7）在资格预审结束后，招标人应当及时向资格预审申请人发出资格预审结果通知书。未通过资格预审的申请人不具有投标资格。通过资格预审的申请人少于 3 个的，应当重新招标。

值得注意的是，招标人采用资格后审办法对投标人进行资格审查的，应当在开标后由评标委员会按照招标文件规定的标准和方法对投标人的资格进行审查。

3.2.3　发售招标文件

招标人应根据招标工程项目的特点和需要编制招标文件。其编制方法和具体内容参考本书第 5 章相关内容。

招标人应按招标公告或者投标邀请书载明的时间、地点、联系方式发售招标文件。招标文件发售时间要根据工程项目实际情况和投标人的分布范围确定，要确保招标人有合理、足够的时间获得招标文件。

发售招标文件时，招标人或招标代理机构应做好购买招标书的记录，内容包括投标人名称、地址、联系方式、邮编、邮寄地址、联系人姓名、招标文件编号，以便于确认已购买招标文件或被邀请的投标人，取消未购买招标文件的被邀请人的投标资格，并有利于招标情况变化修改、补充，或时间、地点调整时及时准确地通知投标人。

3.2.4　勘察工程项目现场

招标人组织投标单位勘察现场的目的在于使投标单位了解并掌握工程现场情况和周围环境、材料供应情况，让投标人能合理地进行施工组织设计，使其工程造价分析尽量准确，能尽量充分预测投标风险，为日后合同双方履约提供铺垫。

在勘察现场应向投标人作出介绍和解答，内容大致包括：

（1）将现场情况与招标文件说明进行对照解释。

（2）现场的地理位置、地形、地貌。

（3）现场的地质、土质、地下水位、水文等情况。

（4）现场的气候条件，包括气温（最高气温、最低气温和持续时间）、温度、风力、雨雾情况等。

（5）现场环境，如交通、供水、供电、通信、排污、环境保护等情况。

（6）工程在施工现场的位置与布置。

（7）提前投入使用的单位工程的要求。

（8）临时用地、临时设施搭建等要求。

（9）地方材料供应指导情况。

（10）余土排放地点。

（11）地方城市管理的一些要求。

（12）投标人为施工组织设计和成本分析需要且招标人认为能提供的相关信息。

3.2.5　标前会议

在标前会议上主要由招标人以正式会议的形式解答投标人在勘察现场前后以及对招标文件和设计图样等方面以书面形式提出的各种问题，以及会议上提出的有关问题。招标人也可以在会议上就招标文件的错漏作出补充修改说明。在会议结束后，招标人应将会议解答或修改补充的内容形成书面通知发给所有招标文件收受人，补充修改答疑通知应在投标截止日期前 15 天内发出，以便让投标者有足够的时间做出反应。补充修改或答疑通知为招标文件的组成部分，具有同等的法律效力。

3.2.6　编制招标标底

招标标底是招标人对招标项目内容工程所需工程费用的测算和事先控制，也是审核投标报价、评标和决标的重要依据。标底制定得恰当与否，对投标竞争起着重要的作用。标底价偏高或偏低都会影响招标、评标结果，对招标项目的实施造成影响。标底价过高，不利于项目投资控制，会给国家或集体经济造成损失，并会造成投标人投标报价的随意性、盲目性，使投标人不会通过优化施工方案或施工组织设计来控制和降低工程费用，不利于选择优秀的施工队伍，对行业的技术管理的提高和发展不利。标底价过低，对投标人没有吸引力，可能会造成亏损，投标人将放弃投标，不利于选择到经济实力强、社会信誉高管理技术和管理能力强的优秀施工队伍，甚至导致招标失败。招标标底过低，招回来的中标人往往拖延、施工素质差、盲目随意报价、在投标时不择手段、在施工过程中管理混乱、工程质量低劣、安全措施不予落实、拖欠或克扣工人工资的施工单位。所以招标标底必须由有丰富工程造价和项目管理经验的造价工程师负责编制。工程项目内容要全面，工程量计算要准确，项目特征描述要详细，综合单价分析要准确，人工机械材料消耗要处于行业或地方平均先进水平，主要材料设备单价做到造价管理部门信息指导价与市场行情相结合，措施项目分析全面、计价准确。标底价既要力求节约投资，又要让中标单位经过努力能获得合理利润。

招标标底和工程量清单应当依据招标文件、施工设计图样、施工现场条件和《建设工程量清单计价规范》（GB 50500—2013）规定的项目编码、项目名称、项目特征、计量单位和工程量计算方法等进行编制。招标标底和工程量清单由具有编制招标文件能力的招标人或其委托的具有相应资质的工程造价咨询机构、招标代理机构编制。招标人设有标底的，在开标前必须保密。一个招标工程只能编制一个标底。

为了规范建筑市场管理，减少招标投标过程中的人为因素，防止发生腐败现象，遏制围标串标、哄抬标价，维护工程招标投标活动的公平、公开性，许多地区都已取消标底，而采用经评审的最低投标价评标办法。招标人原来的标底转换为招标控制价。招标控制价是在工程招标发包过程中，由招标人根据国家或省级、行业建设主管部门发布的有关计价规定，按设计施工图样计算的工程造价。它是招标人对招标工程发包的最高限价。招标控制价应当作为招标文件的组成部分与其一起发布。招标人应在招标文件中载明招标控制价的设立方法和内容，在招标过程中因招标答疑、修改招标文件和施工设计图样等引起工程造价发生变化时，应当相应调整招标控制价。

招标标底或招标控制价应根据招标主体和资金来源性质，报送有关主管部门审定。标底或招标控制价要控制在与批复的概算书对应的工程项目批准金额范围之内，若超过批准的概算金额，则必须经原概算批准机关核准。

3.2.7　接受投标人的投标书和投标保函

投标人在收到招标文件后将组织理解招标文件，按招标文件要求和自身实际情况编制投标书。投标人编制好投标书后按招标文件规定的时间、地点、联系方式把投标书递交给招标人。招标人应在投标截止时间前按招标文件规定的时间、地点、联系方式接受投标人的投标书和投标保证金或保函。招标人收到投标文件后，应当向投标人出具标明签收人和签收时间的凭证，并妥善保存投标文件。在开标前，任何单位和个人均不得开启投标文件。在招标文件要求的提交投标文件截止时间后送达的投标文件，为无效的投标文件，招标人应当拒收。在招标文件要求的提交投标文件截止时间前，投标人可以补充、修改或者撤回已提交的投标文件。补充、修改的内容为投标文件的组成部分，并应在招标文件要求的提交投标文件截止时间前送达、签收和保管。在截止时间后招标人应当拒收投标人对投标文件的修改和补充。

3.2.8　开标、评标和定标

开标、评标和定标既是招标的重要环节，也是投标的重要步骤。

开标是指招标人将所有按招标文件要求密封并在截止日期前递交的投标文件公开启封揭晓的过程。我国招标投标办法规定，开标应当在招标文件中确定的地点，以及招标文件确定的提交投标文件截止时间的同一时间公开进行。开标由招标人主持，邀请所有投标人参加。开标时，要当众宣读投标人名称、投标报价、工期、工程质量、项目负责人姓名、有无撤标情况、投标文件密封情况及招标人认为其他需向所有投标人公开的合适内容，并做好开标记录。所有投标人代表、招标人代表、招标代理代表、公证人员、建设行政主管部门代表及其他行政监察部门的代表都应对开标记录签字确认。

评标委员会按照招标文件确定的评标标准和方法，对有效投标文件进行评审和比较，并对评标结果签字确认。

3.2.9　中标公示

采用公开招标的工程项目，在中标通知书发出前，要将预中标人的情况在该工程项目招标公告发布的同一信息网络和建筑工程交易中心予以公示，接受社会监督。《中华人民共和国招标投标法实施条例》第五十四条规定："依法必须进行招标的项目，招标人应当自收到评标报告之日起 3 日内公示中标候选人，公示期不得少于 3 日。"

3.2.10　发出中标通知书

确定中标人时必须以评标委员会出具的评标报告为依据。预中标人应为评标委员会推荐排名第一的中标候选人。预中标人在公示期间未受到投诉、质疑时，招标人应在公示完成后3 日内向中标人发出中标通知书，并将中标结果通知所有未中标的投标人。

3.2.11　签订中标合同

招标人和中标人应当自中标通知书发出之日起 30 日内，按照招标文件和中标人的投标文件订立书面合同，招标人和中标人不得再订立背离合同实质性内容的其他协议。合同签订后，招标工作即告结束，签约双方都必须严格执行合同。

3.2.12 建筑工程招标程序的主要环节

公开招标的本质是"公开、公正、公平"。因此，公开招标主要指的就是招标程序的公开性、招标程序的竞争性、招标程序的公平性。只有从程序上依法、依规，才能保证招标活动真正体现"三公"原则，避免产生招标腐败现象。反过来说，作为招标人、招标代理机构、监管机构、投标人，只有遵守程序公正，才能避免被投诉、被起诉。关于招标程序过程的程序公正，在实践中要注意以下几个主要环节：

（1）建筑工程项目招标是否按规定程序进行规定方式的招标，是否进行了依法审批，是否取得了招标许可文件。

（2）如果实施自行招标，招标人（业主）是否经过了有关部门的核准，招标代理机构是否具有相应专业、范围的资质。

（3）招标活动是否依法进行，是否执行了法律、法规的回避原则，是否执行了保密原则。

（4）招标公告是否在指定媒体发布，时间是否足够。

（5）招标文件是否有倾向性或排他性（包括有意和无意）。

（6）开标是否在规定时间、地点进行，投标人是否达到 3 家。

（7）评委会是否依法组成，评标办法是否在招标文件中公布。

（8）是否有串通招标、串通投标、排斥投标的现象或行为。

（9）定标是否依法按排序定标，中标公告内容和形式、时间是否符合法律规定。

3.3 建筑工程招标的监督与管理

建筑工程招标是招标人依照《中华人民共和国招标投标法》对工程项目实施所需的产品或服务的一个购买交易过程。国家和地方根据《中华人民共和国招标投标法》的规定制定了一系列的法律、法规和文件，各级政府行政管理部门根据规定设立了相应的监督管理机构，建立了有形的建筑市场和交易管理中心。招标人应当遵照公开、公平、公正和诚信的原则，依法组织招标并加强与招标投标管理机构和建筑工程交易中心的沟通，取得管理部门的指导，接受其监督和管理，合法购买优质、价廉产品或服务，选择诚信的合作伙伴。

3.3.1 建筑工程招标的行政监督机关及其职责分工

为了维护建筑市场的统一性、竞争有序性和开发性，国家根据实际情况的变化，有对招标投标进行统一监管的趋势。《中华人民共和国招标投标法实施条例》第四条规定："国务院发展改革部门指导和协调全国招标投标工作，对国家重大建设项目的工程招标投标活动实施监督检查。国务院工业和信息化、住房城乡建设、交通运输、铁道、水利、商务等部门，按照规定的职责分工对有关招标投标活动实施监督。"对建筑工程招标来讲，一般项目由发展和改革部门立项并协调和指导建设工程招标，有一定的合理性。不过，具体到全国各地的情况，地方人民政府有自己的规定，有的由住建部门来主导招标投标，有的由发展和改革部门来主导招标投标。新颁布的《中华人民共和国招标投标法实施条例》显然注意到了目前的情况。该条例第四条还规定："县级以上地方人民政府对其所属部门有关招标投标活动的监督职责分工另有规定的，从其规定。"

3.3.1.1　住房和城乡建设部

（1）贯彻国家有关建设工程招标投标的法律、法规和方针政策，制定招标投标的规定和办法。

（2）指导和检查各地区和各部门建筑工程招标投标工作。

（3）总结和交流各地区和各部门建筑工程招标投标工作和服务的经验。

（4）监督重大工程的招标投标工作，以维护国家的利益。

（5）审批跨省、地区的招标投标代理机构。

3.3.1.2　省、自治区和直辖市人民政府建设行政主管部门

（1）贯彻国家有关建筑工程招标投标的法律、法规和方针政策，制定本行政区的招标投标管理办法，并负责建筑工程招标投标工作。

（2）监督检查有关建筑工程招标投标活动，总结交流经验。

（3）审批咨询、监理等单位代理建筑工程招标投标工作的资格。

（4）调解建筑工程招标投标工作中的纠纷。

（5）否决违反招标投标规定的定标结果。

3.3.1.3　地方各级招标投标技术办事机构（招标投标管理办公室）

省、自治区和直辖市下属各级招标投标技术办事机构（招标投标管理办公室）的职责是：

（1）审查招标单位的资质、招标申请书和招标文件。

（2）审查标底。

（3）监督开标、评标、议标和定标过程。

（4）调解招标投标活动中的纠纷。

（5）处罚违反招标投标规定的行为，否决违反招标投标规定的定标结果。

（6）监督承发包合同的签订和履行过程。

3.3.2　建筑工程交易中心的职能和管理范围

为强化对工程建设的集中统一管理，规范市场主体行为，建设公开、公平、公正的市场竞争环境，促进工程建设水平的提高和建筑业的健康发展，原建设部建监〔1997〕24号文明确了建筑工程交易中心的职能。

（1）根据政府建设行政主管部门委托实施对市场主体的服务、监督和管理。

（2）发布工程建设信息，根据工程承发包交易需要发布招标工程项目信息，企业资料信息，工程技术、经济、管理人才信息，建筑材料设备信息等。

（3）为承发包双方提供组织招标、投标、评标、定标和工程承包合同签署等承发包交易活动的场所和相关服务，将管理和服务结合。

（4）集中办理工程建设有关手续。

3.3.3 其他行政部门对招标工作的监督管理

其他行政部门包括计划发展部门、财政部门、监察部门等，都可以对招标投标工作进行管理。

招标人要按照政府行政部门对建筑工程项目招标的行政管理职能，将招标的全过程所需报审的材料上报相关职能部门审查备案，并与之加强沟通，依法接受其检查监督。

3.4 本章案例分析

因故终止招标，招标人受到经济赔偿和处罚

1. 案例背景

2013 年 12 月，某市郊区的中心镇政府为引进企业带动地方经济发展，与某国有化工企业签订了合资新建化工生产厂的协议。该协议规定，由镇政府提供集体建设用地，该国有化工企业出资金、技术并负责建设管理，项目计划总投资 15 000 万元。项目筹建小组成立后，开始向上级有关政府行政职能部门申请办理各项审批手续。为了提早投入生产，发挥经济效益，在各项审批手续未经批准前，化工生产厂筹建部即对新厂房的建设施工进行了公开招标。化工生产厂委托招标代理公司编制了招标文件，并在某商业报刊和镇有线电视台发布了招标公告，有 18 家施工企业报名参加资格预审。招标人在招标代理公司的专家库中抽取了 5 名专家组建了资格预审委员会，并向符合资格预审条件的 10 家施工企业发出了投标邀请函。投标人按指定的时间踏勘了现场，参加了答疑会并认真编制了投标文件，按招标文件规定交纳 50 万元投标保证金。在投标当日，10 家投标人按时到了投标地点，却被化工生产厂的工作人员告知，由于新建厂房的厂址临近市区且在流经市区河流的上游，在环境影响评价报批过程中，由于达不到环境保护的要求，市政府环境保护部门不批准在该地区建设化工生产厂，项目不过环保审批，因此必须取消该项目，并且本次招标也接到建设行政主管部门必须取消的通知。

2. 案例分析

参加投标的施工企业因为在投标阶段踏勘现场、参加答疑会、编制技术标书和经济标书耗用了大量的人力、物力和财力，所以要求招标人作出经济补偿，提出的补偿金额由 3.5 万

元至 5.5 万元不等，并投诉到建设行政主管部门，要求协调督促解决。最后，建设行政主管部门依据《中华人民共和国招标投标法》第九条"招标项目按照国家有关规定需要履行项目审批手续的，应当先履行审批手续，取得批准"，根据《工程建设项目施工招标投标办法》第七十三条规定"未在指定的媒介发布招标公告的""不具备招标条件而进行招标的""应当履行核准手续而未履行的"认定为招标无效，并对招标人给予 2 万元罚款，招标代理公司给予 1 万元罚款。考虑到过错方主要在招标人和招标代理公司，并协调要求招标人给予每家投标人 2 万元的经济补偿。

这种由于未取得审批手续，项目不能建设，而付出较大的经济损失和受到行政处罚的沉痛教训，招标人应受到启示。为保证招标项目的合法性，招标人应对招标项目的审批程序和审批手续给予充分重视，应该在办理招标公告审查备案和发布招标公告时明确招标项目需履行哪些审批手续，哪些手续已经获得批准，是由谁批准的以及什么时候批准的，从审批结果、审批主体是否合格，是否按规定期限进行审批等角度对招标项目的合法性作出说明。

《中华人民共和国招标投标法实施条例》第三十一条规定："招标人终止招标的，应当及时发布公告，或者以书面形式通知被邀请的或者已经获取资格预审文件、招标文件的潜在投标人。已经发售资格预审文件、招标文件或者已经收取投标保证金的，招标人应当及时退还所收取的资格预审文件、招标文件的费用，以及所收取的投标保证金及银行同期存款利息。"因此，新的规定对招标人取消招标不需要进行罚款了，处罚减轻了。不过，为维护招标工作的严肃性，招标人不能因为对中途取消招标的处罚减轻就随意取消招标，除非不可抗力或继续招标有重大损失或项目存在重大缺陷，一般在发布招标公告后最好不要随便取消招标。

招标程序不规范，中标结果被否决

1. 案例背景

某县教育局要将该县某示范性小学打造升级为市级示范性学校。2013 年初，该项目立项并被纳入该年度财政预算。该学校改扩建工程总投资 800 万元人民币，其中土建及装修工程费用为 550 万元，配套教学设备费用为 200 万元，其他费用为 50 万元。2013 年 6 月 3 日完成全部设计和审批工作并开始施工招标。县教育局委托了招标代理机构负责招标工作。招标代理机构按照招标程序编制招标文件。在指定的媒体发布招标公告，组织现场踏勘和标前会议，组织了开标、评标工作，这些都在建筑工程交易中心的监督和见证下进行。资格审查采用的是开标后由评标专家进行资格后审的方法。2013 年 6 月 30 日开标时，有 6 家单位递交了有效投标文件。开标当日，由评标专家组建的评标委员会在进行资格后审时发现，有 4 家投标单位存在企业安全生产许可证过期未年检，委派的项目经理未进行安全考核，未取得 B 证（项目负责人安全考核合格证），近 3 年来没有相同或相近工程业绩，资产负债率过高等一项或多项问题，不符合招标文件中资格审查合格条件标准，因此这 4 家投标企业资格审查不通过。由于有效投标人数少于 3 个，建设局招标管理办公室和建筑工程交易中心要求招标人宣布招标失败。但教育局考虑到 2013 年 10 月 9 日省市教育督导评估专家要来学校进行示范性学校验收，而土建装修工程施工工期要 3 个月，且考虑到 7 月初假期施工对教学影响较小，于是教育局领导班子于 2013 年 6 月 30 日晚上连夜内部组织会议决定联系本次招标中资格审查符合要求的两家单位采用竞争性谈判的方式确定施工单位。2013 年 7 月 1 日，教育局主管行政后勤的副局长组织财务科、基建科、政工科。学校校长与两个投标单位商谈价格和合同条件。基建科长提议，考虑到 A 公司近期在教育系统有两个项目正在施工，且本次招标的学校中有一栋教学楼原来是 A 公司施工的，对情况比较熟悉且与教育系统关系处理得比较好，建议该项目交由 A 公司承包施工。教育局谈判小组成员都觉得很有道理，全部同意基建科长的建议，由政工科长立即出具施工通知函。确定由 A 公司中标该学校的土建和装修工程，并于 2013 年 7 月 2 日签订了该学校改扩建工程土建和装修工程承包合同。2013 年 7 月 3 日，A公司组织了人员、设备进场施工。通过资格审查的 B 公司认为教育局对其进行了排斥，于是向县建设局和县政府、县人大进行投诉，请求取消 A 公司的中标并要求教育局（招标人）对其投标过程产生的费用给予补偿。

县人大、县政府、县建设局立即组织人员进行调查。调查组成员一致认为，教育局为了尽快让项目上马，完成县政府年初确定的今年内完成市级示范性学校建设的目标，以及为了能在暑假期间施工，减少安全隐患，并减少因施工对学校正常教学的影响，其出发点是可以理解的，但违背了《中华人民共和国招标投标法》和《工程建设项目施工招标投标办法》的规定，要求县教育局立即取消向 A 公司发出的施工通知书（即中标通知书），解除与 A 公司签订的该学校改扩建工程土建和装修改造部分的施工合同，妥善解决 A 公司的退场问题，并尽快重新组织招标。

2. 案例分析

县教育局在招标过程中存在的不妥之处和建设行政主管部门处理的决定依据分析如下：

（1）按照《中华人民共和国招标投标法》的规定，该学校改扩建工程是全部使用国有资金投资。关系社会公共利益、公众安全的项目，必须进行公开招标，且在《工程建设项目招标范围和规模标准规定》中更加详细地说明了关系社会公共利益、公众安全的公共事业项目的范围包括科技、教育、文化等项目。该规定第七条规定，施工单项合同估算价在 200 万元人民币以上的项目必须进行招标。

依法必须进行招标的项目，全部使用国有资金投资或者国有资金占控股地位的，应当公开招标。招标投标活动不受地区、部门的限制，不得对潜在投标人实行歧视待遇。

（2）《工程建设项目施工招标投标办法》第十九条规定："经资格后审不合格的投标人的投标应作废标处理。"

《中华人民共和国招标投标法》第二十八条规定："投标人少于三个的，招标人应当依照本法重新招标。"

《工程建设项目施工招标投标办法》第三十八条规定："提交投标文件的投标人少于三个的，招标人应当依法重新招标。重新招标后投标人仍少于三个的，属于必须审批的工程建设项目，报经原审批部门批准后可以不再进行招标；其他工程建设项目，招标人可自行决定不再进行招标。"

县教育局在有效投标人少于三个的情况下，没有依法重新招标，并且该项目属于必须审批的工程建设项目，即使在重新招标失败后，也要报经原项目审批部门批准后方可以不再进行招标。

（3）《工程建设项目施工招标投标办法》第七十三条规定，投标人数量不符合法定要求不重新招标的，招标无效，并且被认定为招标无效的，应当重新招标。该办法第八十六条规定："依法必须进行施工招标的项目违反法律规定，中标无效的，应当依照法律规定的中标条件从其余投标人中重新选定中标人或者依法重新进行招标。中标无效的，发出的中标通知书和签订的合同自始没有法律约束力，但不影响合同中独立存在的有关解决争议方法的条款的效力。"

《中华人民共和国招标投标实施条例》第十九条规定："资格预审结束后，招标人应当及时向资格预审申请人发出资格预审结果通知书。未通过资格预审的申请人不具有投标资格。通过资格预审的申请人少于3个的，应当重新招标。"

县教育局在有效投标人数少于三家时，为争取早日开工，没有重新招标，因此建设行政主管部门认定为招标无效，应立即取消向 A 公司发出的施工通知书（即中标通知书），解除与 A 公司签订的该学校改扩建工程土建和装修改造部分的施工合同，妥善解决 A 公司的退场问题，并重新组织招标。因此，早日开工的做法是合理的，但不顾程序是违法的。要防止出现违法的情况发生，最好的办法是严格按照法律办事，把工作做在前面，早日争取项目立项、招标和建设。

思考与练习

1. 单项选择题

（1）建筑工程招标的投标保证金不得超过招标项目估算价的（   ）。

  A. 1%   B. 2%

  C. 3%   D. 5%

（2）依法必须进行招标的项目，招标人应当自收到评标报告之日起（   ）日内公示中标候选人。

  A. 3   B. 5

  C. 10   D. 15

（3）中标候选人公示期不得少于（   ）日。

  A. 3   B. 5

  C. 7   D. 10

（4）资格预审文件或者招标文件的发售期不得少于（   ）日。

  A. 3   B. 5

  C. 10   D. 15

（5）自招标文件开始发出之日起至提交投标文件截止之日止，不得少于（   ）日。

  A. 3   B. 20

  C. 7   D. 15

2. 多项选择题

（1）依法必须提交的保证金应以（　　　）的形式从其基本账户转出。

    A. 现金　　　　　　　　　　　　B. 支票

    C. 银行保函或不可撤销的信用证　D. 担保

（2）招标人可以依法对工程以及与工程建设有关的（　　　）进行招标。

    A. 货物　　　　　　　　　　　　B. 服务

    C. 全部实行总承包　　　　　　　D. 部分实行总承包

（3）对（　　　）的项目，招标人可以分两阶段进行招标。

    A. 技术复杂　　　　　　　　　　B. 无法精确拟定技术

    C. 价格高　　　　　　　　　　　D. 外商投资

（4）建筑工程招标的公开原则包括（　　　）。

    A. 评标方法公开　　　　　　　　B. 中标结果公开

    C. 资质条件公开　　　　　　　　D. 招标公告

（5）下列情况下的建筑工程招标无效的是（　　　）。

    A. 应当公开招标而不公开招标的　B. 不具备招标条件而进行招标的

    C. 应当履行核准手续而未履行的　D. 不按项目审批部门核准内容进行招标的

3. 问答题

（1）建筑工程的招标程序包括哪些环节？

（2）工程项目需要具备哪些条件才可以招标？

（3）招标公告的发布有哪些要求？

（4）工程项目招标环节要注意哪些问题？

（5）试论述招标监管机构的主要职责。

4. 案例分析题

某省拟建设一条高速公路，公路全长 250 km。本工程采取公开招标的方式，20 个标段，招标工作从 2013 年 7 月 2 日开始，到 8 月 30 日结束，历时 60 天。

问题：（1）请为上述招标工作内容拟定合法而科学的招标程序。

（2）招标人对投标人进行资格预审的要求有哪些？

4 建筑工程评标方法

本章将对建筑工程的评标方法进行总结和论述，并对当前施行的各种评标方法进行对比，重点介绍各种评标办法的优缺点和操作要点。

4.1 概 述

4.1.1 评标方法与评标办法

编制招标文件时，评标方法的选择与评标办法的制订极其重要，会极大地影响中标候选人的排列，并最终影响中标价格和工程质量。《中华人民共和国招标投标法》第四十一条规定，中标人的投标应当符合下列条件之一：

（1）能够最大限度地满足招标文件中规定的各项综合评价标准。

（2）能够满足招标文件的实质性要求，并且经评审的投标价格最低，但是投标价格低于成本除外。

因此，狭义的评标方法只有两种：第一种方法可以称为综合评价法（也有称综合评估法或综合评分法的，本书不严格区分）；第二种方法可以称为最低投标价（或评标价）法。

值得注意的是，评标方法与评标办法是两个不同的概念。评标办法的范畴大于评标方法。评标办法通常包括评标原则、评标委员会的组成、评标方法的选择和相应的评标细则、评标程序、评标结果公示、中标人的确定等内容。

评标办法非常重要，是决定某投标人是否中标的关键因素。一些招标人，为了达到明招暗定或虚假招标的目的，除了在资质、资格等方面设定投标准入门槛外，最常见的是在评标办法上搞量身定做。

4.1.2 相关法律法规对评标方法的规定

《中华人民共和国招标投标法》规定："国务院对特定招标项目的评标有特别规定的，从其规定。"在实践中，各地、各单位总结出了其他的评标方法。由于习惯性的说法，有时一般并不严格区分评标办法与评标方法的区别。本章中所说的评标方法仅指评标办法中评标方式的选择，但其含义是非常广泛的。

评标方法是招标文件的重要组成部分，必须在招标文件中进行规定。《中华人民共和国招标投标法实施条例》第四十九条规定："评标委员会成员应当依照招标投标法和本条例的规定，按照招标文件规定的评标标准和方法，客观、公正地对投标文件提出评审意见。招标文件没有规定的评标标准和方法不得作为评标的依据。"每个建筑工程招标项目都有其特定的评标方法。除了《中华人民共和国招标投标法》中规定的两种评标方法外，还有各部委，各地方政府和各行业主管部门制定的评标方法。在《中华人民共和国招标投标法实施条例》颁布以前，各部委根据实际情况，自行颁布了各领域的评标方法。各部委颁发的各种评标方法见表4-1。值得注意的是，目前施行的各种评标方法（下文介绍的摇号法除外），都是《中华人民共和国招标投标法》中规定的"综合评价法"和"最低价法"两种评标方法的变种。在《中华人民共和国招标投标法实施条例》颁布以后，实践中，各部委施行的评标方法有统一的趋势，即建设类设备与货物招标、勘察设计招标采用综合评价法居多，施工招标采用最低价法居多。

表4-1 各部委发布的评标方法

发布机关	法规标题	发布文号	发布日期	规定的评标方法
商务部	机电产品国际招标综合评价法实施规范（试行）	商产发〔2008〕311号	2008/8/15	综合评价法
财政部	机电产品国际招标投标实施办法	商务部令〔2004〕年第13号	2004/11/1	最低评标价法、特殊原因可使用综合评价法
	政府采购货物和服务招标投管理办法	财政部令〔2004〕年第18号	2004/8/11	最低评标价法、综合评价法和性价比法
发改委等	工程建设项目货物招标投标办法	七部委令〔2005〕年第27号	2005/1/18	经评审的最低投标价法、综合评估法
	工程建设项目勘察设计招标投标办法	国家八部委令局〔2003〕年第2号	2003/6/12	综合评估法
	评标委员会和评标方法暂行规定	七部委令〔2001〕年第12号	2001/7/5	经评审的最低投标价法、综合评估法或者法律、行政法规允许的其他评标方法
住建部	建筑工程方案设计招标投标管理办法	建市〔2008〕63号	2008/3/21	记名投票法、排序法和百分制综合评估法等，招标人可根据项目实际情况确定评标方法
	房屋建筑和市政基础设施工程施工招标投标管理办法	建设部令〔2001〕年第89号	2001/6/1	评标可以采用综合评估法、经评审的最低投标价法或者法律法规允许的其他评标方法
交通部	经营性公路建设项目投资人招标投标管理	交通部令〔2007〕年第8号	2007/10/16	综合评估法或者最短收费期限法
	公路工程施工招标投标管理办法	交通部令〔2006〕年第7号	2006/6/23	合理低价法、最低评标价法、综合评估法和双信封评标法以及法律、法规允许的其他评标方法
	公路工程施工招标投标管理	交通部令〔2006〕年第5号	2006/5/25	固定标价评分法、技术评分合理标价法、综合评标法以及法律、法规允许的其他评标方法
	水运工程施工监理招标投标管理办法	交通部令〔2002〕年第3号	2002/6/19	计分法和综合评议法

发布机关	法规标题	发布文号	发布日期	规定的评标方法
铁道部	铁路建设工程招标投标管理办法	铁道部令第 8 号	2002/8/24	使用最低评标价法、综合评分法、合理最低投标价法三种之一
水利部	水利工程建设项目监理招标投标管理办法	水建管〔2002〕587 号	2002/12/25	综合评分法、两阶段评标法和综合评议法
	水利工程建设项目重要设备材料采购招标投标管理办法	水建管〔2002〕585 号	2002/12/25	经评审的合理最低投标价法、最低评标价法、综合评分法、综合评议法(包括寿命期费用评标价法)以及两阶段评标法等评标方法
	水利工程建设项目招标投标管理办法	水利部令第 14 号	2001/10/29	综合评分法、综合最低评标价法、合理最低投标价法、综合评议法以及两阶段评标法

4.2　性价比法

4.2.1　定　义

性价比法是一种特殊的综合评标办法,是财政部令 2004 年第 18 号规定的三种评标方法之一。在一些建筑工程的设备与货物招标中,也有应用此方法进行评标的。

性价比法是指按照要求对投标文件进行评审后,计算出每个有效投标的其他各项评分因素(包括技术、财务状况、信誉、业绩、服务、对招标文件的响应程度等)的汇总得分,并除以投标人的投标报价,以商数(评标总得分)最高的投标人为中标候选供应商或者中标供应商的评标方法。性价比评标方法是双信封评标的其中一种方法,原因是这种评标方法需要开两次标,价格标(报价、清单)与商务标、技术标分别密封,两次开标,先开技术标和商务标,再开价格标(密封于信封中)。

4.2.2　性价比法的计算方法

评标过程一般是:评标委员会先进行符合性审查,只有通过符合性审查才能进行技术、商务评审。技术和商务分之和作为性能分。在实践中也有规定技术评审只有达到 75 分,才能进入性价比。还有的招标文件在打技术分之前必须先进行定档,每个专家的打分只有落在统计后的定档区间才能有效。技术分和商务分之和即为性能分,当性能分超过某个分值时,进入下一轮评审。一般在评出的投标人中取前三名,再开报价标。性价比的计算公式为

$$V = B/N$$

式中 V——性价比总分；

      N——价格分，为投标人的投标价或报价分数；

      B——性能分，即投标人的综合得分。

性能分 B 包括技术和商务的评审分数，为综合总得分，计算公式为

$$B = F_1 \times A_1 + F_2 \times A_2 + \cdots + F_n \times A_n$$

式中 A_1、$A_2 \cdots A_n$——除价格因素以外的其他各项评分因素所占的权重，一般商务各项评分因素为 20%，技术各项评分因素为 80%。

      F_1、$F_2 \cdots F_n$——除价格因素以外的其他各项评分因素的汇总得分。

$$A_1 + A_2 + \cdots + A_n = 1$$

这种评标方法广泛用于大型公共建筑的设备招标，如城市地铁、城市污水处理招标项目中的设备单独招标项目。

某些技术特别复杂的项目，或者技术要求高的项目，可以提高技术得分的比重，如把技术得分评审出来后，可以乘上一个大于 1 的系数，这个系数相当于放大器的作用，然后将出的技术分在与商务分相加作为性能总得分，再与价格进行相除。当然，对于技术含量要求不高的项目，或者以价格占考虑优势的项目，也可以根据实际需要降低技术分的权重。

如果不对各投标人的报价进行技术处理，那么这个时候进入性价比的各投标人，经性价比计算后分数最高者的投标报价就是中标价，此时评审价即为中标价。为防止各投标人串通哄抬价格，对各投标人的投标报价也可以进行技术处理。例如，可以把所有通过符合性审查和技术评审的各合格投标人（特别是进入性价比的投标人大于 4 家的情况）的投标价按[70% × 进入性价比的投标最高报价，进入性价比的投标最高报价]区间取为评审价格区间，将进入此价格区间的投标报价的平均值作为投标报价参考值，然后在 3%、5%、8%（可以根据需要设定下浮率）的下浮率中摇珠随机产生一个下浮率，再用 1 减去此下浮率，用差值再乘以投标报价参考值，得到评审价，各投标人的投标报价与此评审价负偏或正偏均扣分，如每偏离 1% 扣 1 分，直至 0 分。此时，各投标人的报价已换算为价格分数，然后用性能分数与此价格分数相除，得到性价比最大的投标人即为中标者。此时，中标价与评审价并不一致，但最终报价依然是投标人的报价而不是评审价。

采用性价比法评标的缺点是评标程序比较复杂、时间较长，但可以消除技术部分和投标报价的相互影响，更显公平，特别是能使性价比最优的投标人和方案入选。只要操作得当，可以降低评标价格，但是并不能完全消除围标现象。采用这种方法时要注意的是，评标期间技术分各因素的权重以及投标报价信封的保管工作。

4.2.3 性价比法举例

某市地铁四号线北延线两个站及其区间强、弱电安装工程限价 4 500 万元（人民币，下同），由某甲级招标代理机构负责招标评审。该工程在某工程交易中心刊登公告后，共有 A、B、C、D、E、F、G 7 家公司购买标书并提交保证金（见表 4-2），后有 A、C、D、E、F 5 家

公司出席开标会，经资格预审后这 5 家公司都通过。工程交易中心随机抽取 14 名专家（7 名技术专家和 7 名经济专家）分别组成技术、商务评审小组。经技术评审小组进行符合性审查，A、C、D、E、F 5 家公司全部通过。经技术、商务独立专家评审小组独立打分评审，以技术分、商务分和的总得分作为性能分，性能分超过 70 分者进入性价比，最终有 A（88 分）、C（85 分）、E（83 分）三家公司进入最后一轮性价比评审。将[70%×进入性价比的投标最高报价，进入性价比的投标最高报价]区间取为评审价格区间。进入性价比的 3 家公司中 A 公司的报价最高为 3 605 万元，此报价作为区间上限，区间上限（3 605 万元）的 70%为 2 523.5 万元，A、C、E 三家公司的报价都在此区间范围内，其平均值为 3 602.7 万元。随机抽取的价格下浮率为 5%，平均值 3 602.7 万元乘以 95%为 3 422.57 万元，此价格作为评审价。若各公司的价格与评审价正、负偏离 1%，则扣分 1 分。由于 A、C、E 3 家公司均为负偏离，故换算后价格分分别为 94.7 分、94.8 分和 94.7 分。各公司的性能分除以各自的价格分，分别得到性价比为 1.07、1.12、1.14。按价格比性能比分最低排序原则，A 公司为第一中标候选人，中标价格为 3 605 万元。

由于 A、B、C、D、E、F、G 中有 5 家公司属于××集团，且各家公司的报价非常接近，统一比招标的限价低 20%左右，另外各公司中最高报价与最低报价相差不到 1%，这在投标过程中非常罕见，因此有围标、串标的嫌疑。B、G 两家公司作为××集团之外的公司，可能是知道了另外五家公司的背景后主动放弃递交投标文件。因此，虽然此次招标也算圆满成功，但并不能算非常理想的招标过程。

表 4-2　某市地铁四号线北延线两个站及其区间强、弱电安装工程评审

投标人	是否递交投标文件	是否通过资格预审	是否通过符合性审查	技术分、商务分（性能分）	是否进入性价比	投标报价（万元）	按[70%×进入性价比的投标最高报价，进入性价比的投标最高报价]		价格分	性价比	性价比顺序
A	是	是	是	88	是	3 605			94.7	0.929	第一
B	否	—	—	—	—	—			—	—	—
C	是	是	是	85	是	3 599	从 3%、5%、7%中摇珠随机抽取的下浮率为 5%	进入性价比最高价为 3 605 万元，评审价为 3 422.57 万元	94.8	0.897	第二
D	是	是	是	67	否	3 607			—	—	—
E	是	是	是	83	是	3 604			94.7	0.876	第三
F	是	是	是	68	否	3 598			—	—	—
G	否	—	—	—	—	—			—	—	—

4.3　经评审的最低投标价法

4.3.1　定　义

经评审的最低投标价法与《中华人民共和国招标投标法》第四十一条规定的中标人条件之二（能够满足招标文件的实质性要求，并且经评审的投标价格最低；但是投标价格低于成

本的除外）相对应。经评审的最低投标价法是指对符合招标文件规定的技术标准和满足招标文件实质性要求的投标报价，按招标文件规定的评标价格调整方法，将投标报价以及相关商务部分的偏差做必要的价格调整和评审，即将价格以外的有关因素折成货币或给予相应的加权计算，以确定最低评标价或最佳的投标人。经评审的最低投标价的投标人应当推荐为中标候选人，但是投标价格低于成本的除外。

这种评标方法的实质是把涉及投标人各种技术、商务和服务内容的所有指标要求，都按照统一的标准折算成价格，进行比较，取评标价最低者作为中标人的办法。经评审的最低投标价法又称为合理低价法。采用这种评标办法，就是仅对商务报价进行评审和比较，对投标人的技术标只作符合性评审。但是，要保持经评审的合理低价有效，就必须满足两个前提条件：一是该投标文件实质性响应招标文件；二是经评审的最低价不能低于其个别成本。

项目法人招标的目的是在完成该合同任务的条件下，获得一个最经济的投标。经评审的投标价格最低才是最经济的投标，而投标价格最低不一定是最经济的投标，所以采用评标价最低授标是科学的，但前提是能够满足招标文件的实质性要求，即投标人能顺利完成本合同任务。值得注意的是，用经评审的投标价格最低选择中标人，可使招标人获得最为经济的投标，而投标价格最低不一定是最为经济的投标；经评审的投标价格是在评标使用的，合同实施时仍然按中标人的投标价格结算。

4.3.2 经评审的最低投标价法的优缺点

4.3.2.1 优 点

经评审的最低投标价法符合市场经济体制下业主追求利润最大化的经营目标。因为经评审的最低价中标，所以可以合理适度地增加投标者在报价上的竞争性，对业主来说可以节约资金，提高投资效益。通过竞争，能突出体现节约资源的特点，根据统计，一般的节资率在10%左右。

经评审的最低投标价法在不违反法律、法规原则的前提下，能够最大程度地满足招标人的要求和意愿。在市场经济条件下，业主作为未来建设项目的所有者，集项目的责、权、利于一身。业主投资一个项目，往往面临众多竞争对手，只有用最小的投资建成项目，才能获得最佳的投资效益，才能在激烈的竞争中始终立于不败之地。

经评审的最低投标价法能保证招标投标的公平、公开、公正原则。同时，该评标方法比较科学、细致，可以告知每个投标人各自不中标的原因。经评审的最低投标价法将投标报价以及相关商务部分的偏差做必要的价格调整和评审，即将价格以外的有关因素折成货币或给予相应的加权计算，以确定最低评标价或最佳的投标人，并淡化标底的作用，明确标底只是在评标时作为参考，不作为商务评标的主要依据，一般允许招标人可以不做标底，这样可以有效防止泄标、串标等违法行为。

4.3.2.2 缺 点

经评审的最低投标价法对事先（招标前）的准备工作要求比较高，特别是对关键的技术和商务指标（即需要标注"*"的）需要慎重考虑。标注"*"的指标属于一票否决的项目，只要有一项达不到招标人的要求，就可因"没有实质上响应招标要求"而被判定为不合格投标，不能再进入下一轮的评审。

采用经评审的最低投标价法评标时，对评委的要求比较高，需要评委认真评审和计算才能得出满意的结果，这种评审比较费时间。

这种评标方法虽然在多数情况下避免了"最高价者中标"的问题，但是对于某些需要采用公共财政资金并且具有竞争性的国际招标引进项目，难以准确地划定技术指标与价格的折算关系，表现不出性价比的真正含义。例如，目前国际招标的办法中，技术上的正偏差（即使高水平的技术因素，加价因素也只有 0.5%，有时反映不出真正的水平差距）导致招标人即使有资金、有理由，也难以引进水平更高一点、价格也稍高点的设备和技术。

4.3.3　经评审的最低投标价法的要点

评标委员会先对各投标人进行符合性审查和技术合格性审查，然后进行商务和经济评审，详细评审投标文件，确定是否存在漏项及需要增减项目。评标时要把涉及投标人各种技术、商务和服务内容的指标要求，按照统一的标准折算成价格。进行比较时如果有漏项，一般按所有符合资格的投标人的同类项目最高报价进行补充。相反，如果有多计项目，则按所有符合资格的投标人的同类项目最低报价进行删减，然后再将有效投标报价由低至高进行排序，依次推荐前 3 名投标人作为中标候选人，取评标价最低者为中标人。

采用经评审的最低投标价法评标时，评标委员可以是同一专业的，也可以是不同专业而互补的，可以讨论和协商，最后将各个评委独立提出的意见进行汇总，得出评标结论。

（1）招标人在出售招标文件时，应同时提供工程量清单的数据应用电子文档和工程量清单的数据应用电子文档中的格式、工程数量及运算定义等，确保各投标人不修改格式，否则评标工作量巨大，且容易出差错。

（2）对于资质、资格、业绩等条件，采取的是合格者通过、不合格者淘汰的办法，即对于正偏离的项目，不予加分。例如，我国现行的机电产品国际招标的做法是：先进行初步审查，即符合性审查（审查有无法人代表授权书、投标保证金，是否签字等），再进行商务条件符合性审查，接着进行技术指标符合性审查，然后进行价格折算，最后进行价格比较。

（3）在运用经评审的最低投标价法招标投标的过程中，会存在些误区，如有些招标人认为：对于这种评标方法，只要技术标通过，看投标价格就可以定标了；只要技术标响应招标文件，报的价格最低且不低于成本价就能中标等。其实并非如此，因为特殊情况下允许对某种情况的投标人加价。例如，在国际招标中，国产和国内供应者和直接进口者相比，允许有 15%的加价，即拿国内生产供应的投标价加上 15%以后与直接进口的投标价进行比较，低价者中标。虽然直接进口的价格高，但是进口产品的技术含量换算成价格，未必就没有优势。再例如，对于技术商务指标允许有偏差的，其偏差部分，也加价折算，一般加价 0.5%。

另外，需要考虑修正的因素包括：一定条件下的优惠，如世界银行贷款项目对借款国国内投标人有 7.5%的评标优惠；工期提前的效益对报价的修正；同时投多个标段的评标修正，如投标人的某一个标段已被确定为中标，则在其他标段的评标中按照招标文件规定的百分比（通常为 4%）乘以报价额后，在评标价中扣减此值。

（4）检查和更正在计算和总和中的算术错误，包括对投标中工程量清单进行算术性检查和更正。评标委员会可以通过书面方式要求投标人对投标文件中含义不明确、对同类问题表述不一致或者有明显文字和计算错误的内容做必要的澄清、说明或者补正。澄清、说明或者补正应以书面方式进行，并不得超出投标文件的范围或者改变投标文件的实质性内容。投标文件中的大写金额和小写金额不一致的，以大写金额为准；总价金额与单价金额不一致的，以单价金额为准，但单价金额小数点有明显错误的除外；对不同文字文本投标文件的解释发生异议的，以中文文本为准。

以上所有的修正因素都应在招标文件中明确规定，一定要避免在招标文件中对如何折成货币或给予相应的加权计算不作明确规定而在评标时才制定具体的评标计算因素及其量化计算方法，因为这样容易出现带有明显有利于某一投标的倾向性。在根据经评审的最低投标价法完成详细评审后，评标委员会应当拟定一份标价比较表，将其连同书面评标报告提交招标人。标价比较表应当载明投标人的投标报价、对商务偏差的价格调整和说明以及经评审的最终投标价。中标人的投标应当符合招标文件规定的技术要求和标准，但评标委员会无需对投标文件的技术部分进行价格折算。

4.3.4 经评审的最低投标价法的适用范围

经评审的最低投标价法最适合于使用财政资金和其他共有资金进行的采购招标、如适用于施工招标和设备材料采购类招标，但是不适合于服务类招标。因为经评审的最低投标价法更能体现"满足需要即可"的公共采购宗旨，所以这种招标方法也称为合理低价法。该办法也适用于具有通用技术、性能标准或对技术、性能无特殊要求的招标项目，如农村简易道路、一般的建筑、安装工程等招标项目。一些乡、镇、县的评标，由于专家数量有限，因此特别适合于此类评标。

《中华人民共和国招标投标法》也规定了经评审的最低投标价法。一些地方政府则规定了经评审的最低投标价法的适用范围。例如，《浙江省重点工程施工招标最低评标价示范办法》《杭州市建设工程施工"无标底"招标投标的暂行规定》和《浙江省水利工程建设项目招标投标管理办法》等相关招标投标法律、法规和规章及众多招标文件中的评标方法里都出现了经评审的最低投标价法。

那么，大中型工程是否就不适合使用经评审的最低投标价法呢？答案是否定的。我国利用世界金融组织或外国政府的贷款、援助资金的项目使用该方法的也比较多，如小浪底水利枢纽工程的招标就采用了这种方法。其他如云南鲁布革水电站、福建水口水电站、四川二滩水电站和湖南江垭水电站工程等都采用了这种评审方法，并成功地选择了最经济合理的合同对象，也为我国经评审的最低投标价法的实施积累了丰富的经验。

4.3.5 经评审的最低投标价法举例

小浪底水利枢纽工程在国际招标投标时，法国的杜美兹公司、德国的旭普林公司和法国的斯皮公司参加了小浪底水利枢纽工程三标段（发电系统）的投标。该标段的评标方法采用的是经评审的最低投标价法，经过评标专家的评审，根据以上经评审的最低投标价法的评审计算依据，以所有投标人的投标报价以及投标文件的商务部分做了必要的价格调整。最后，法国杜美兹公司以经评审的最低投标价中标，承担了小浪底水利枢纽工程三标段的施工任务。

4.4 最低评标价法

4.4.1 定 义

所谓的最低评标价法，是指以价格为主要因素确定中标候选人的评标方法，即在全部满足招标文件实质性要求的前提下，依据统一的价格要素评定最低报价，以提出最低报价的投标人作为中标候选供应商或者中标供应商的评标方法。

采用最低评标价法时，投标人的报价不能低于合理的价格。采用最低评标价法进行评标时，中标人必须满足两个必要条件：第一，能满足招标文件的实质性要求；第二，投标价格为最低。但投标价格低于成本的除外，否则就是不符合要求的投标。

4.4.2 最低评标价法的要点

这种评标方法非常简单，通过资格审查的投标人根据业主在招标文件中公布的合同估算价，在规定的同一时间递交投标文件，由招标人当场宣布投标价，并按由低到高的顺序排列后经各投标单位签字认定开标结果，按投标价格由低到高的顺序排列，排名第一位的投标人即为中标者。

由于最低评标价法没有严格的法律规定，从《中华人民共和国招标投标法》《中华人民共和国政府采购法》《政府采购货物和服务招标投标管理办法》《关于加强政府采购货物和服务项目价格评审管理的通知》等法律、法规及条例等来看，"在全部满足招标文件实质性要求前提下，依据统一的价格要素评定最低报价，以提出最低报价的投标人作为中标候选供应商"，及"以符合采购需求、质量和服务相等且报价最低的原则确定成交供应商"，或"采用最低评标价法的，按投标报价由低到高顺序排列"等些规定，对最低评标价法的规定过于笼统。因此，采用这种评标方法时要注意以下几点：

（1）在建筑工程类投标中，投标人容易出现低价或超低价者抢标的现象，甚至低价抢标、高价索赔的心理，一些投标人先低价中标，然后提出种种理由，要求变更设计，追加投资，等于中标后变相提高价格，或偷工减料、降低质量。因此，当出现低于正常报价15%的现象时，需要证明，否则作废标处理，以防止这样的投标人入围甚至中标。建议招标人最好设立标底，严格控制低价抢标行为，标底应在开标时公布。

（2）在建筑工程类招标中，采用最低评标价评标时，在资格审查和符合性审查时要严一些，特别是在公司资质、防止分包转包、施工人员、设备的进场要求、工程进度要求、验收要求、违约责任、工程变更和处理措施等方面要进行明确，因为采用最低评标价法评标时，价格是定标的唯一因素。

（3）在这种评标方法中，要配套并严格执行招标文件履约保证金和质量保证金制度。按招标文件中的规定，根据中标价格低于招标人成本价的不同比例分别向中标单位收取不同比例的履约保证金和质量保证金，并要求以现金或银行支票的形式先行提交，否则不予签订施工合同。

（4）最低评标价法操作者不能过于教条而只追求低价。低价中标应以投标人响应招标文件实质性要求为前提。招标采购单位在选择最低评标价法后，应量化相应的评审指标，确保产品的价格基于同一标准。不同技术参数的产品在质量方面是有差异的，价格自然也会不同。如空调设备，技术参数不一样，价格就不同，质量上也有差距，耗电量和噪声差别也很大。家具的采购也很典型，只要稍微有些规模的家具厂都能做，都能响应招标文件的要求，但是价格相差是很大的，产品质量相差也很大。

（5）采用最低评标价法时，对高于招标文件要求的投标人是否优惠应小心处理。例如，某计算机采购的招标中，采购人对显示器的要求 19 英寸，而代理机构却在招标文件中规定，高于招标文件要求的，评审时将给予 1%～5%幅度不等的价格扣除。开标时，有供应商提供的是 21 英寸的显示器，得到 2%的价格扣除，最终、因为 2%的价格扣除而如愿中标了。如果不在投标人购买标书时事先宣布加价的方案，一旦没有中标的投标人投诉或起诉，招标机构和业主必输无疑。

4.4.3　最低评标价法的优缺点

4.4.3.1　优　点

最低评标价法最大的优点是节约资金，对业主有利。据统计，深圳市自采用最低评标法定标以来，在 2003 年 1 月～6 月的 274 项招标工程中，其投标价格相对标底平均下浮 13.7%。厦门市在采取最低评标价法后，所有工程的造价在承诺保证工期、质量目标的前提下均有较大幅度的降低，并且根据对已开标项目的统计，中标价比工程预算控制价平均降 23.86%。激烈的市场竞争以及最低价中标的本质要求，使业主基本上能达到最低价中标的愿望。

最低评标价法由于投标人最低价中标，所以完全排除了招标投标过程中的人为影响。最低评标价法不编标底甚至公开标底，明确标底只是在评标时作为参考，有效地防止了围标、买标、卖标、泄标、串标等违法行为的发生，最大限度地减少了招标投标过程中的腐败行为。最低评标价法彻底打击了行业保护，真正体现了优胜劣汰、适者生存的基本原则。最低评标价法抓住了招标的核心，符合市场经济竞争法则，能够充分发挥市场机制的作用。价格是投标人最有杀伤力的武器。招标遵循"公开、公平、公正"的原则，其中最一目了然的就是投标人的投标价格。随着我国市场经济体制的完善与健全，符合资格审查条件的企业间的竞争主要是企业自主报价的价格竞争，这是招标投标竞争的核心。

由于投标人以低价中标，在施工质量上更是不敢有一点马虎，不能造成返工，一旦返工将造成双倍成本，直接影响中标人的经济效益，因此，有时候这种评标方法反而有利于促进投标人提高管理水平和工艺水平，降低生产成本，保证工程质量。

最低评标价法是一种有效的国际通用模式，尤其是在市场经济比较发达的国家和地区，如英国、美国、日本等国的建筑工程不论是政府投资还是私人投资，都是通过招标投标，由市场形成工程产品价格，造价最低的拥有承包权，政府通过严格的法律体系规范市场行为。我国的公路施工企业必将发展为一专多能的综合型建筑企业。随着我国加入世界贸易组织，在全球经济一体化和国际竞争日益激烈的形势下，建筑市场将进一步对外开放，只有推行国际通行的招标投标方法，才能为建筑市场主体创造一个与国际惯例接轨的市场环境，使之尽快适应国际市场的需要，有利于提高我国工程建设各方主体参与国际竞争的能力，有利于提高我国工程建设的管理水平。

另外，最低评标价法还能减少评标的工作量。从最低价评起，评出符合中标条件的投标价时，高于该价格的投标便无需再进行详评，因此节约了评标时间，减少了评标工作量，同时，最大限度减少了评标工作中的人为因素。由于定标标准单一、清晰，因此这种评标方法简便易懂，方便监督，能最大限度地减少评标工作中的主观因素，降低了暗箱操作的概率。

4.4.3.2　缺　点

尽管最低评标价法有着操作简易等优点，但是由于满足基本要求后价格因素占绝对优势，因此也存在一定的局限性，如采购人的需求很难通过招标文件全面地体现，投标人的竞争力也很难通过投标文件充分体现，因此最低评标价法缺乏普遍适用性。

采用最低评标价法时，价格是唯一的武器，因此不少投标人为了中标，将不惜代价搞低价抢标。如某省交通厅在实行公路招标时，采用的是最低评标价法，在实行的初期曾出现了大量的恶性压价现象。其中有一条高速公路全线 16 个标段投标价普遍低于业主估算价的35%，平均中标价为业主评估价的 60.9%。在如此大大低于成本的中标价格下，要保质按时完成施工任务，必然给合同的履行带来困难。业主面临投标人利用信息不对称来侵犯业主利益而导致工程承包合同执行失灵的问题，即交付给业主的是伪劣工程或"豆腐渣"工程。由于公开招标面向全社会，难免出现鱼目混珠的局面，即规模小或是使用劣质建筑产品的投标价较低，而规模大或是全部采用优质材料和产品的投标价必然较高，招标人在缺乏信息的条件下无法全面了解各投标人的信用和实力情况，难以甄别报价的真实性，因而在这样的条件下就容易选择实力差、信用低的单位中标。

最低评标价法也增加了投标人的承包风险，在大规模的建筑工程面前，由于投标人在提交正常履约保函的基础上，往往需提交大量的履约保证金额度（现金），使原本用于企业再发展的微利全用于支付银行利息上，故造成企业在资金周转上的极大困难。有时投标人为了生存，会发生恶意抢标的行为，且发生概率大大增加，在几乎无利润可得的情况下硬性中标，而某一两个低价项目则可能拖垮整个公司。

采用最低评标价法，表面看似乎能节省投资，但是不少投标人不管什么项目，先低价中标再说，然后以工程需要变更为由要求业主追加投资，造成招标后续工作非常被动，甚至价格出奇的高。合理的设计变更是保证工程质量的一个环节，然而有些中标人却把变更设计当成违规谋利的突破口。

4.4.4　最低评标价法的适用范围

最低评标价法是《政府采购货物和服务招标投标管理办法》规定的政府采购货物和服务所用的评标方法之一，最适用于标准定制商品及通用服务项目的评审。目前，最低评标价法在政府采购活动中得到广泛运用。究其原因，最低评标价法相对简单和灵活，资格性门槛低，投标人质疑少，再加之采购时间短，采购组织者和采购人在采买货物金额不多的项目中乐于采用此方法。特别是在《关于加强政府采购货物和服务项目价格评审管理的通知》下发后，采购组织机构在办理政府采购活动采用竞争性谈判，询价采购方式时，很多地方政府都倾向于采用最低评价法。如福建省就规定一些通信设备、发电设备、医疗设备、交通设备等必须适用最低评价法。

在建筑工程领域，除简易工程外，其他工程均不适合采用最低评价法。

4.5 二次平均法

4.5.1 定 义

所谓二次平均法就是先对所有投标人的所有有效报价进行一次平均，再对不高于第一次平均值的报价进行第二次平均，其第二次平均价作为最佳报价的一种评标方法。在这种评标方法中，第一次平均价就是所有有效投标人的投标价的简单平均，但是第二次平均价的算法各地在实践中有很大的差异。严格地讲，二次平均法也不是法律规定的一种评标方法，属于评标方法中价格分计算方法的一种子方法。二次平均法的法律依据是能够最大限度地满足招标文件中规定的各项综合评价标准。

4.5.2 二次平均法的要点

二次平均法也分为资格预审（由招标机构代替）、符合性审查（或初步评审）和详细评审等。在初步评审阶段，对通过资格审查的所有投标报价采用二次平均法获得第一次平均价，即对所有有效投标报价进行简单的算术平均，再将第一次平均价与所有有效投标中的最低价进行平均，得到第二次平均价。然后取投标报价与评标基准价之差的绝对值，按由小到大的顺序依次进入详细评审。第二次平均价就是评标基准价或评标价。如果各投标人的投标价与第二次平均价的正、负偏离程度相同，则负偏离（即低于第二次平均价）的投标价优于正偏离的投标价。在实践中，也有用第一次平均价与第一次平均价以下（含平均值）的其他所有报价进行第二次算术平均，或者将进入第一次平均的所有报价去掉最高的和最低报价后再次进行平均的做法，将第二次平均价作为评标基准价，然后取投标报价与评标基准价之差的绝对值，按由小至大的顺序依次进行详细评审。在详细评审阶段，技术标采用合格制评审，商务标应对投标报价的范围、数量、单价、费用组成和总价进行全面审阅和对比分析，对比较简单的工程，在实践中也有忽略商务和技术评审而只做符合性审查的。最后，推荐绝对值最接近评标基准价的 1~3 名有效投标人为中标候选人。绝对值相同的，取低报价的投标人为中标候选人，当报价完全相同时，抽签确定中标候选人。采用二次平均法时应注意以下要点：

1. 第一次平均价的确定

如果投标人比较多，可以先对所有投标人进行符合性审查。如果通过符合性审查的合格投标人比较多（多于6家），一般可以考虑去掉最高、最低报价再进行第一次平均。若有效标书少于4家，则不去掉最高和最低报价。

2. 第二次平均价的确定

第二次平均价的确定比第一次的确定要复杂。对于投标人非常多的情况（超过11家），也可以以第一次平均的某个有效范围作为筛选调价，如规定投标人报价超过第一次平均价的120%和低于第一次平均价的80%的作为有效范围，超出报价有效范围的投标文件作废标处理。

3. 浮动系数

采用二次平均法评标时，基本上都是投标价次低的投标人中标（理论上是接近于平均价的容易中标），由于现在的投标人预先能知道评标方法，如果采用二次平均法，许多投标人在经过了多次的投标实践后，也都总结出类似的规律。这样潜在投标人就很有可能按照规律，进行围标和有针对性的投标报价。采用所谓的浮动系数法可以在一定程度上解决这个问题，通常的做法就是在开标现场宣读投标人的投标报价后在随机抽签确定浮动系数，浮动系数再与第二次平均价相乘得到评标价，即

$$评标基准价＝二次平均价×（1＋浮动系数）$$

由于抽签本身就是随机的，无规律可循，因此投标人无法预测会抽到什么浮动系数，从而可在一定程度上防止投标人事先围标。

4. 中标价的确定

如果所有投标人的报价均高于第二次平均价即评标价，中标价一般就是评标价。如果第一中标候选人的报价低于评标价，则一般以第一中标候选人的报价作为中标价，这可以节省资金。

4.5.3 二次平均法的优缺点

4.5.3.1 优 点

二次平均法的评标价的产生比较复杂，不容易猜测，特别是投标人比较多时，评标价与各投标人的报价有关，因此在评标时引入二次平均法，能有效预防投标单位恶意低价中标或超低价竞标。如果招标文件中不设标底或限价，则还能防止恶意围标。由于它的这些优点，在其他的一些评审方法中，也往往使用二次平均法来确定评标价。

4.5.3.2 缺 点

二次平均法程序繁杂，如果投标人数量多，又不采用电子自动评标的话，二次评标法相对比较复杂。另外，通过符合性审查后，技术因素只作为合格性评审，其他基本上由价格决定，专家基本上无自由裁量操作空间，不能充分发挥专家的咨询作用。

4.5.4 二次平均法的适用范围

二次平均法的适用范围广泛，出了一些小额的政府货物采购和服务评审不合适外，均可以使用二次平均法评标。无论是非常复杂的工程招标，还是一般的简易工程、小型零星工程招标，都可以使用二次平均法。一些地方则明确规定某些情况必须使用二次平均法进行评标。如山东省威海市规定各类房屋建筑及其附属设施和其配套的线路、管道、设备安装工程及室内外装饰装修工程，各类市政基础设施工程（城市道路、公共交通、供水、排水、燃气、热力、园林、环卫、污水处理、垃圾处理、防洪、地下公共设施及附属设施的土建、管道、设备安装工程）必须进行招标，而且只能使用二次平均法评标。

4.5.5 二次平均法应用举例

某大学东校区××学院办公室、实验室装修工程，投标限价为168万元（人民币，下同）。在招标机构网上发布招标公告后，共有9家单位购买招标文件，其中7家单位出席开标会。评标采用二次平均法，现分析其评标过程和结果。

随机抽取5名评审专家，评审专家先对出席开标会的7家单位进行符合性审查，主要考察各投标人的资质。招标文件规定，合格投标人注册资本必须在100万元以上，消防施工、机电和装修各二级资质，项目经理二级资质，有B类安全证书。经专家审查，有一家投标人的投标书正副本均没有B类安全证书（其实在报名时已验过原件），4名专家认为其不符合资质要求，因此根据少数服从多数的原则，共有6家投标人符合资质要求而进入下一轮评审。根据招标文件规定，通过符合性审查的合格投标人多于6家（含6家，见表4-3），去掉最高报价1 617 023元（D投标人）和最低报价1 385 027元（E投标人），剩余4家投标人的报价算术平均，得到第一次平均价1 478 299元，然后将第一次平均价与6个有效投标报价中最低的报价1 385 027元再进行算术平均，得到第二次平均价1 431 663元，第二次平均价再乘以随机抽取的浮动系数3%与1的和（即1.03），得到评标基准价1 474 613元，最后根据各投标报价与评标基准价的偏离程度，得到A、B、C、D、E、G的偏离程度分别为0.765%、2.000%、−1.112%、9.657%、−6.075%和−0.652%。排名前三位的投标人依次为G、A、C，推荐为第一、第二、第三中标候选人。

表4-3　某大学东校区××学院办公室、实验室装修工程评标

投标人	符合性审查	投标报价/元	第一次平均价/元	第二次平均价/元	随机抽取的浮动系数	评标基准价/元	偏离程度/%	中标顺序
A	合格	1 485 896					+ 0.765	2
B	合格	1 504 131					+ 2.000	4
C	合格	1 458 168					− 1.112	3
D	合格	1 617 023	1 478 299	1 431 663	3%	1 474 613	+ 9.657	6
E	合格	1 385 027					− 6.075	5
F	不合格	—					—	—
G	合格	1 465 000					− 0.651	1

进一步分析发现，如果不设置随机抽取的浮动系数 3% 得到的评标基准价，而直接采取第一次平均价与最低投标价相加的算术平均值作为第二次平均价得到评标基准价 1 431 663 元，则第一中标候选人为报价第二低的 C 公司，符合前面关于第二次平均价中标的一般规律。因此，这个例子说明了设置随机抽取浮动系数的意义，也能成功阻止围标和猜测。同时，这个案例也说明，只要采用二次平均法，无论是否采用浮动系数，最低价中标几乎不可能。

4.6 综合评分法

4.6.1 定 义

所谓的综合评分法，是指在最大限度地满足招标文件实质性要求的前提下，按照招标文件中规定的各项因素进行综合评审后，以评标总得分最高的投标人作为中标候选供应商或者中标供应商的评标方法。这种方法对技术、商务、价格等各方面指标分别进行打分，所以也称为打分法。

4.6.2 综合评分法的优缺点

4.6.2.1 优 点

采用综合评分法比较容易制定具体项目的评标办法和评标标准，评标时，评委容易对照标准打分，工作量也不大。

4.6.2.2 缺 点

采用综合评分法技术、商务、价格的权重比较难于制定，特别是难于详细制定评分标准使之精确到每一个分数值，另外也难于找出制定技术和价格等标准分值之间的平衡关系；有时候很难招到"价廉物美"或"物有所值"的投标人，所以比较难于在标准细化后，最大程度地满足招标人的愿望。如果评分标准细化不足，则评标委员在打分时的"自由裁量权"容易过大，客观度不够，特别是在目前不正当竞争行为比较多的情况下，容易被个别的投标人或者评委人为地破坏。如果各项评分标准非常客观且公开，则有些投标人自己认为实力不够而放弃投标，则招标任务难以完成。另外，这种招标容易发生"最高价者中标"现象，引起对于政府采购和招标投标的质疑。

4.6.3 综合评分法的要点

评标委员会对所有通过初步评审和详细评审的投标文件的评标价、财务能力、技术能力、管理水平以及业绩与信誉进行综合评分，按综合评分由高到低的顺序排序，推荐综合评分得分最高的三个投标人为中标候选人。即先进行符合性审查、再进行技术评审打分，然后进行商务评审打分，接着进行价格评审打分，最后再将技术、商务和价格各子项分数相加，总分为 100 分，以综合得分最高者为中标人。

综合评分法的主要因素是价格、技术、财务状况、信誉、业绩、服务、对招标文件的响应程度，以及相应的比重或者权值等。这些因素应当在招标文件中事先规定。评标时，评标委员会各成员应当独立对每个有效投标人的标书进行评价、打分，然后汇总每个投标人每项评分因素的得分。

综合评分法的计算公式为

$$评标总得分 = F_1 \times A_1 + F_2 \times A_2 + \cdots + F_n \times A_n$$

式中　F_1、$F_2 \cdots F_n$——各项评分因素的汇总得分；

　　　A_1、$A_2 \cdots A_n$——各项评分因素所占的权重（$A_1 + A_2 + \cdots + A_n = 1$）。

《政府采购货物和服务招标投标管理办法》明确规定：采用综合评分法的，货物项目的价格分值占总分值的权值为 30%～60%；服务项目的价格分值占总分值的即权值为 10%～30%；执行统一价格标准的服务项目，其价格不列为评分因素。有特殊情况需要调整的，应当经同级人民政府财政部门批准。

一般在实践中，技术的权重为 40%～60%，商务的权重为 10%～30%，价格的权重为 30%～50%。这取决于招标者或业主以哪方面的考虑为主。

在政府采购货物或服务时，一般以所有有效投标人的最低报价为基准价，基准价与各投标人的报价比较后，再乘以价格分的权重得到各投标人的价格分，即

投标报价得分 = 评标基准价/投标报价×价格权值×100

在建筑工程类招标中，采用综合评分法确定价格分时，可以通过以下方式确定评标基准价：由所有通过符合性审查的投标人报价的平均值，即所有被宣读的投标价的平均值（或去掉一个最低值和一个最高值）确定，再将该平均值乘以 1 与下浮率（从某几个下浮率中在现场随机抽取确定）的差，作为评标基准价。

使用综合评分法时的注意事项是：

（1）在招标过程中，如果资格预审设置太多的限制条件，或由于资格资质条件设置得不合理，则会导致歧视性条款，造成潜在投标人的不公质疑和投诉。如果在符合性审查中标注太多的"*"，则可能会导致投标人数不满足三家而流标。因此，把需要标注"*"的项目改成打分项目，可能比较合理。

（2）综合评分一般要设立标底或设定投标价上限。同时，分数值的标准不宜太笼统，如不可以只制定价格分，而没有细则；要说明各投标人的具体分数值如何计算；还应细分每一项的指标，如技术分包括哪些考核指标，如何计算给分或者扣分的标准方法。

（3）必须在招标文件中事先列出需要考评的具体项目和指标以及分数值，并且要按照有关法律法规来制定评标标准，不得擅自修改，例如价格分占 30%～60%的比例，不能改变超出范围。

（4）目前，在一些招标采用综合评分法时，综合得分采用几个评委中去掉最高分和最低分再平均的方法是违反有关规定的，虽然这些做法已形成了习惯性操作，并屡试不爽。

例如，在某案例中，受采购人委托，2013 年 9 月 18 日，某区政府采购中心发布招标公告，以公开招标的方式采购一批计算机。根据招标文件规定，此次评标采用综合评分法进行。2013 年 10 月 11 日，开评标活动如期举行。再评标活动中，由 7 名专家组成的评标委员会按照习惯性操作，对供应商的每项评分因素进行评审，并且都是去掉一个最高分和去掉一个最低分后再平均，最后把单项得分进行汇总，进而得出供应商的评标总得分，通过 9 个多小时的评审，项目终于有了结果，采购中心项目负责人舒了口气："这个项目终于完成了。"

但令他没有想到的是，评标委员会屡试不爽的习惯性操作——去掉一个最高分和一个最低分后进行平均的评审模式却给采购中心带来了投诉。最终，该项目也因评标过程不符合《政府采购货物和服务招标投标管理办法》第五十二条的有关规定而被废标了。

"我们以前采用综合评分法评标时，都是这么做的。但这种操作确实没有法律依据，所以面对质疑，我们还真没法受理。"采购中心项目负责人无可奈何地说。

通过此起案例，有两个问题值得思考：一是采用综合评分法进行评审时，是否可以采用去掉一个最高分和一个最低分再平均的办法得出投标人的单项得分；二是在采购实践中，执行机构认为公平合理的习惯性操作能否一直沿用。

（1）所有专家打分都应汇总。"我们采用综合评分法时，去掉一个最高分和一个最低分再平均的方法，有关各方都认为这很公平，可以有效避免评审过程中主观因素左右评标的情形。如果有专家想徇私舞弊或者个别专家对某个供应商有成见，那么其打分都可能被排除掉。总之，这是一种比较客观科学的做法。"很多从业人员对此都表示认同，而事实上，也有不少政府采购代理机构在如此操作。实际上，根据《政府采购货物和服务招标投标管理办法》第五十二规定，评标时，评标委员会各成员应当独立对每个有效投标人的标书进行评价、打分，然后汇总每个投标人的每项评分，最后计算出每个投标人的评标总得分。因此，此案例中采购中心的操作是违法的。

（2）习惯性操作应予以反思。针对此案例中采购中心沿用习惯性操作的问题，有参与立法的专家指出，由于规范政府采购行为的法律法规出台不久，且依然在补充与完善中，因此在采购实践中，难免会出现某些环节找不到相关法律条文进行规范的情形，也难免出现更具操作性的行为与法律的规定背道而驰的情况。但无论如何，政府采购的有关法律法规的实施，从整体上还是规范了我国政府采购的行为。如果政府采购代理机构不依法操作，那么有关规定就失去了它的存在价值，整个政府采购活动也必将退回到无序状态。因此，政府采购代理机构在摸索中发现更具操作性的方法时，应该及时与立法机构沟通，使更具操作性的和更合理的方法尽快纳入法制体系。

4.6.4 综合评分法的适用范围

综合评分法最适合政府采购货物、服务时使用。目前，很多地方政府在利用政府财政资金采购货物或服务时优先使用这种评标方法（少数地方政府采用最低评价法或综合评标法或性价比法）。对于建筑工程类的评标，综合评分法则适用于特别复杂、技术难度大和专业性较强的工程基建、安装、监理等项目。对于建筑工程中的建筑设备招标，如果设备复杂，价格巨大，技术要求高，则不适合采用综合评分法。

4.6.5　综合评分法应用举例

4.6.5.1　项目介绍

××市××康复大楼工程设计与勘察项目，招标范围包括总平面规划方案、康复大楼、综合服务设施、绿化区、停车场及门卫室单体方案设计和初步设计，按招标人意见进行深化设计和扩初设计，按招标人要求进行岩土工程勘察，按招标人对深化设计的修改意见及要求进行施工图设计（施工图设计包括环境景观、建筑、结构、电气、给排水、暖通空调、消防、室内装饰、智能化弱电、人防、消防、二次装修等的设计）。各部分专业工程设计要求达到直接施工的要求（如幕墙、钢结构等）。本工程建安工程费用总额约为 4 298.97 万元，勘察设计费为工程总造价的 1%，限价为 43 万元。

4.6.5.2　评审方法

本项目采用综合评分法的评标方法，对所有实质响应的投标文件按本次评标的评分权重进行技术和价格打分（权重分别为 90% 和 10%，商务的权重为 0），对商务的考察将作为符合性审查。将技术评分和价格评分相加得出综合得分，按最终综合得分由高到低排序，由评标委员会推荐综合得分最高的投标人作为第一中标候选人，综合得分第二名的投标人作为第二中标候选人，综合得分第三名的投标人作为第三中标候选人。招标人依法确定中标人。

1. 评分细则

所有投标文件都从技术和价格等两个评分因素进行评比。技术打分明细见表 4-4。

表 4-4　　××市××康复大楼工程设计与勘察项目技术打分明细

项目	分项	主要评分因素	优方案	良方案	中方案	及格方案	差方案
规划设计总图布局（30分）	规划（10分）	因地制宜，充分考虑地域环境条件，减少对周围环境的损害	10～8	8～6	6～4	4～1	1～0
		建筑环境与空间造型和谐统一，充分协调好周边建筑景观的关系					
		主要轴线布置合理					
	经济（10分）	造价合理、指标准确，工程造价估算不突破规定的控制要求	10～8	8～6	6～4	4～1	1～0
	工艺设计（10分）	建筑物按功能合理布置，既各具特色又有机联系，主次分明、功能明确	10～8	8～6	6～4	4～1	1～0
建筑功能（50分）	建筑（35分）	把构造、功能和视觉效果完美结合，建筑形式清晰、细腻、精致、简洁	35～30	30～20	20～14	14～8	8～0
		重视自然采光、通风，朝向和开窗合理					
	室内（15分）	室内空间布局合理，隔绝噪声，避免视线干扰，室内空间流通，房屋散热	15～12	12～8	8～4	4～2	2～0
		从使用者的角度考虑单元设计，功能完善，具有预见性和适应性					
造型效果（20分）	造型效果（20分）	立意新颖、独特，能够有较强的前瞻性，实用性强	20～15	15～10	10～5	5～2	2～0
总计		100分					

注：表格分数含上限不含下限。

价格评分方法的确定：价格评分仅限于有效投标人。本项目价格分采用低价优先法计算，即满足招标文件要求且投标价格最低的投标报价为评标基准价，其价格分为满分。其他投标人的价格分统一按照下列公式计算：

$$投标报价得分 = 评标基准价/投标报价 \times 100 \times 10\%$$

2. 评审方法评价

该方案作为建筑工程勘察设计类招标，采用综合评分法是合理的。在主要评审因素中，技术分权重为90%，价格分权重为10%，商务只作为参考，没有评分权重。因为是勘察设计方案招标，评审主观性比较强，技术占90%是合理的。但是技术评审中各档次仅是优、良、中、及格、差等，缺乏进一步的定量评审标准。因此，要求评审专家有比较强的专业知识和经验。在技术评审细则中，规划设计和总图布局（30分）包括规划、经济和工艺设计（各10分），主要评分因素详细：建筑功能（50分）部分包括建筑（35分）和室内部分（15分）；技术部分中造型效果所占分值为20分。技术部分各主要评分因素考虑较周详。

同时，考虑到各投标人即使未中标，也需要付出比较大的努力，该招标项目还提供了方案补偿费用。规定入围前三名（中标人除外）的投标人各可获得设计方案补偿与使用费2万元。同时，规定本次设计方案招标的中标及入围方案的署名权归投标人所有，版权归招标人所有，招标人有权在招标结束后公开展示中标及入围方案，并通过传播媒介、专业杂志、书刊或其他形式介绍、展示及评价这些方案；招标人有权在工程建设中根据需要对选定的实施方案进行任意的调整和修改；被使用部分的方案使用费已包含在方案补偿费中，招标人不再另行支付方案使用费。这种规定既可以综合各投标人的智慧，使中标人集中其他各未中标方案的精华部分，也可以吸引比较多的投标人来投标。

4.7　摇号评标法

严格地说，摇号评标法不是法律规定和认可的一种评标方法，在招标投标相关法律法规中看不到这种评标方法，在各部委的各种规定中也看不到这种评标方法。但是，近年来，在各地的评标实践中，摇号评标法又应用得非常广泛。

4.7.1　定　义

摇号评标法就是对报名的投标人进行资格审查后，按照公开、公平、公正的原则，运用市场机制，通过投标人充分的投标竞价，经专家合理评审确定若干入围投标人后，采取摇号的方式产生中标候选人的评标方法。可见，摇号评标法并不是没有进行资格审查而完全属于抓阄式的随机确定中标人的一种评标方法。

4.7.2 摇号评标法的优缺点

4.7.2.1 优 点

摇号评标法运用统计学的随机原理，如果操作得当，在招标过程中可以做到最大限度的公平、公开和公正，能够有效解决各种评标过程中的人为操作行为，在一定程度上遏制了围标、串标等现象的产生，也因此减少了腐败行为。另外，这种评标方法简单易行，花时间很少。

4.7.2.2 缺 点

严格地说，摇号评标法不是法律规定和认可的一种评标方法。所谓的摇号评标法，是指中标人的产生完全是通过随机摇号产生的。《中华人民共和国政府采购法》《中华人民共和国招标投标法》《政府采购货物和服务招标投标管理办法》等法律法规和条例中并没有规定这种评标方法。从理论上看，摇号评标法似乎符合公开、公平、公正的原则。但是实际上这种评标方法一出现就有很大争议，甚至没有法律依据。《中华人民共和国招标投标法》第四十一条规定，中标人的投标应当符合下列条件之一：

（1）能够最大限度地满足招标文件中规定的各项综合评价标准。

（2）能够满足招标文件的实质性要求，并且经评审的投标价格最低，但是投标价格低于成本的除外。

显然，摇号评标法就算各环节都很公开、公正、公平，但其随机性实在太大，中标人的中标价格、服务、技术等方面的条件都是未知的且充满随意性，根本无法做到最大限度地满足招标文件中规定的各项综合评价标准。

这种评标方法受到了广泛质疑是肯定的，并且通过类似于彩票中奖或古老的抓阄法来进行工程招标，其科学决策是无法体现的，也未必能达到业主的招标要求。但是，目前有的地方却把摇号评标法作为一种遏制不正之风的评标方法。

4.7.3 摇号评标法操作实务

首先确定摇号人。摇号人为入围投标人，即入围的投标法人或其授权委托人。摇号球珠数量及球号范围一般为30个，球号为1～30号，也可视投标人数的实际情况增减。摇号球珠必须经监督人员的检验后放入透明的摇号机中。摇号分两次进行，第一次摇取顺序号，第二次摇取中标号。摇号顺序按入围投标人当天签到的顺序，依次由入围投标人随机摇取顺序号（摇出的球珠不再放入摇号机内），并将顺序号按从小到大顺序排列，然后按顺序号依次由入围投标人随机摇取中标号（摇出的球珠不再放入摇号机内），并将中标号按从大到小的顺序排列，球号最大的为第一中标候选人。另外，评标结果要当场宣布。

摇号评标法还有另外一些变化形式，如先摇号，即先从购买标书的所有投标人中摇号挑选若干投标人，然后再按其他评标方法进行评标确定中标候选人。还有一种形式刚好相反，先按正常程序和规则进行评审，在通过资格审查、符合性审查、技术、商务评审后不排顺序，而是在进入最后环节的 3 ~ 6 家完全达标的投标人中，再随机用摇号方式产生中标候选人。这两种摇号评审方法并不是纯粹的摇号评标法，属于复合式的评标方法，虽然法律没有规定，但是在实践中慢慢为投标人所接受。最常见的是某些大型的市政工程（如地铁土建工程）招标中，投标人数量非常多，达到几十家，这时就常用摇号方式来缩小评标范围。

4.8 建筑工程招标投标的各种评标方法总结

在建筑工程的评标方法中，各种评标方法都有各自的优缺点以及各自的适用范围，只要不违反国家法律法规的约束，招标机构可以根据工程的特点进行选用。建筑工程常用的各种评标方法的分类及其主要特点总结见表 4-5。

表 4-5　建筑工程常用的各种评标方法的分类及其主要特点总结

内容分类	适用范围	评审方法		综合得分计算	投标人排序	中标候选人
		技术标	商务标			
经评审的最低投标价法	具有通用技术的所有工程	评标委员会集体评议后，评标委员会成员分别自主作出书面评审结论，作合格性评审	对技术标合格的投标人的报价从低到高依次评审并作出其是否低于投标人企业成本的评审结论	不需要	将有效投标报价由低到高进行排序	推荐前三名为中标候选人并予排序
最低评标价法	土石方、园林绿化等简易工程	评标委员会集体评议后，评标委员会成员分别自主作出书面评审结论，作合格性评审	对投标人的报价从低到高依次检查并作出其详细内容是否涵盖全部招标范围和内容的评审结论	不需要	将有效投标报价(涵盖全部招标范围和内容)由低到高进行排序	推荐前三名为中标候选人并予排序
综合评分法	政府采购货物、服务所用，或复杂、技术难度大和专业性较强的工程项目	评标委员会集体评议后，评标委员会成员分别自主作出书面评审结论，作评审计分	根据招标文件中商务的评审内容和标准独立打分	技术、商务和价格各单项得分的权数取综合	按综合得分由高到低进行排序	推荐前三名为中标候选人并予排序
二次评分法	一般建筑工程、装修工程	评标委员会集体评议后，评标委员会成员分别自主作出书面评审结论，作合格性评审	无须商务评分，只需对通过合格评审的投标人报价进行两次平均	不需要	按最接近第二次平均价进行排序	推荐前三名为中标候选人并予排序

内容分类	适用范围	评审方法		综合得分计算	投标人排序	中标候选人
		技术标	商务标			
性价比法	大型建筑、地铁等设备的采购	评标委员会集体评议后，评标委员会成员分别自主作出书面评审结论，作评审计分	根据招标文件中商务的评审内容和标准独立打分	价格分与技术分、商务分和的比	按性价比从大到小的顺序排序	推荐前三名为中标候选人并予排序
摇号评标法（纯粹摇珠法）	一般土建工程，投标人数超过20家	评标委员会集体评议后，评标委员会成员分别自主作出书面评审结论，作合格性评审	无须商务评分，通过合格性审查后摇号确定	不需要	评标委员会推荐所有通过了全部评审的投标人进入公开随机抽取的中标候选人程序	公开随机抽取1~3个中标候选人并予排序
复合法（先摇号再用其他方法评标）	一般土建工程，投标人数超过20家	先从递交投标书的投标人中摇号确定一定数量的投标人，再根据其他方法确定中标人	先从递交投标书的投标人中摇号确定一定数量的投标人，再根据其他方法确定中标人	摇号后再根据其他方法进行评审		

一般就建筑工程招标来说，除简易工程外，其他工程一般均不建议采用最低评标价法。要谨慎采用不限定底价的经评审的最低投标价法，尤其是涉及结构安全的工程不建议采用。一般的建筑工程评标鼓励采用限定低价的经评审的最低投标价法、二次平均法和摇号评标法。较大工程价格的建筑设备评标推荐采用性价比法、二次平均法，不推荐使用最低评标价法。综合评分法适合规模较大、技术比较复杂或特别复杂工程，也可以采用合理低价法，最低评标价法。

至于建筑监理的评标，可以根据招标工程的特点、要求。选择综合评分法、先评后摇号法和摇号评标法等。

4.9　制定科学评标方法的实务与技巧

低价中标有时候并不受业主或用户欢迎。建筑工程领域的投资是经过财政预算确定并经过多道审批手续申请到的。如果投标人通过低价中标造成中标价与预算价相差太大而造成钱花不出去的话，一则可能使业主的预算能力受到质疑，以后再申请资金比较困难，而剩余的钱也要收回国库；二则中标人有可能偷工减料，售后服务质量差或质量没有保证甚至造成豆腐渣工程，严重者会因为工程质量问题造成安全事故而追究刑事责任。即施工质量稍差一点，工程项目在使用过程中也会遇到很多问题，有可能还要继续申请维修费用，并在运行过程中引起客户或百姓的抱怨与投诉，所以在工程实践中低价中标有时候并不受业主或用户欢迎，更有部分业主希望优质优价，在国内品牌与外国品牌的较量中，倾向购买外国的商品和服务，以使工程质量有保证。那么，如何在评标环节运用适当的评标准则防范低价中标呢？

4.9.1 选用合适的评标方法

即使同样的投标人和投标方案，不同的评标方法也会产生不同的中标人。因此，要以增强评标办法的科学性、合理性和可操作性为方向，健全并完善公平、公正的竞争择优机制，如慎重使用最低评标价法、摇号评标法等，推荐使用性价比法或二次平均法。对于大型工程，建议使用综合评分法；对于大型、复杂建筑设备的采购，建议使用性价比法。

4.9.2 注意防止资质挂靠

建筑工程领域内的资质挂靠是比较普遍的现象。例如，一些没有资质的公司只追求短期利润，为了中标不择手段，伪造或提供假资质，而一些有资质、有实力的公司为了所谓的管理费，也乐于借出资质。为了防止投标人挂靠资质（陪标人多数是一些资质较低的企业，只有通过挂靠高资质的企业才能参与招标活动），应对投标企业进行考察，重点检查项目经理及主要技术负责人的"三金"（养老金、医保金、住房公积金）证明，若提供不出"三金"证明，则在资格审查时不应使其入围。

4.9.3 在评标细则中加大对技术、业绩、实力的考核权重

在性价比评标法或综合评分法中，施工方案采用符合性评审。施工方案符合招标文件要求并具备以下五大项内容才能通过符合性评审：劳动力组合、技术人员配置；施工机具配置；质量安全保证措施；施工进度计划；现场平面布置。缺大项者，不予通过。

对投标人取得的工程质量业绩给予加分，要有具体、明确、可客观操作的评分标准。例如，过往业绩有多少项加多少分，1 000万以上加多少分，或者省级以上奖励或优秀的加多少分；项目经理资质是一级的加多少分，是二级的加多少分；企业各种资质证书、ISO证书齐全的，有行业颁发的各种证书的加多少分；对于建筑设备类招标，达到某参数或指标的加多少分等。当然，《中华人民共和国招标投标法实施条例》规定，不能以"设定的资格、技术、商务条件与招标项目的具体特点和实际需要不适应或者与合同履行无关"的不合理条件来限制、排斥潜在投标人或者投标人。因此，要特别注意"依法必须进行招标的项目以特定行政区域或者特定行业的业绩、奖项作为加分条件或者中标条件"与正常招标要求的业绩条件加分之间的区别。

4.10 本章案例分析

没有评标只有中标通知书的招标

1. 案例背景

最离奇的案例莫过于只有中标通知书而没有评标办法、评标报告的招标。××省××市开发区文化城电子厂房工程建筑面积为 9 800 m²，采用框架结构，预算造价为 762 万元人民币，按法律规定属于强制招标范围。该市有关部门在进行市场秩序检查时，该项目的建设单位声称已经进行了招标，并拿出了该项目的中标通知书。当检查人员要求其出示招标公告、招标文件、投标文件等资料时，接待人员表现出一脸茫然，声称合同是按照中标通知书签订的，招标过程并无其他资料。

2. 案例分析

从案例情况看，该项目的建设单位对于招标知识知之甚少，最大的可能是为了应付检查仅填了一份中标通知书，而根本没有按照招标法律和招标程序行事，只是假称"招标"而已，属于明知故犯的违法行为。

《中华人民共和国招标投标法》明确规定：必须进行招标的项目而不招标的，将必须进行招标的项目化整为零或者以其他方式规避招标的，责令期限改正，可以处项目合同金额千分之 5 到 10 的罚款；对全部或者部分使用国有资金的项目，可以暂停项目执行或者暂停资金拨付；对单位直接负责的主管人员和其他直接责任人员依法处分。

临时更改评标办法吃官司

1. 案例背景

2013 年 6 月，××公司经批准决定建设安全技术培训中心大楼。2013 年 6 月 8 日，该公司委托××工程招标代理机构办理公开招标工作。××工程招标代理机构按照相关规定发出招标公告后，共有 A、B、C、D 公司 4 家二级以上建筑安装企业购买了工程招标邀请书。截止到开标之日，上述 4 家公司均按招标说明书的要求把投标文件送达招标单位，同时交纳了投标保证金。2013 年 6 月 27 日，××工程招标代理机构主持并邀请投标人和有关部门共同召开了开标会议。会上，A 公司提出××工程招标代理机构在会上公布的评标办法和招标说明书相关的部分内容有变动，要求更改评标办法有关条款。经评标小组讨论并征求了各投标人的意见后，更改了评标办法的部分条款，但 A 公司仍对评标办法中优惠条件即优惠率计分方法等持有异议，认为评分办法不公平，当场提出不能接受评标小组的意见和办法，声明不参与开标、评标、定标，遂中途退出会场。评标结果是 B 公司为中标单位，公证机关对招标投标的过程和结果作了公证。开标会后，A 公司领回投标保证金。2013 年 8 月 12 日，A 公司向法院提起诉讼，以招标单位××公司违反招标规范性文件的规定违约招标，极大地损害了其合法权益为理由，请求确认被告××公司的评标、定标行为无效，重新予以评标、定标。

被告××公司答辩称：按照该省建设工程项目施工招标投标管理办法及该招标工程招标说明书中的规定，投标人不参与开标会议或者缺席开标会议的，投标文件视为无效，原告 A 公司在开标会议中自动弃权，不继续参加开标会议，应视其投标文件无标，故驳回原告的起诉。而第三人（中标人）B 公司则述称：该工程的招标投标工作较规范，程序合法，透明度高，中标结果合法有效，是公平竞争的结果。

2. 案例分析

《中华人民共和国招标投标法》第十九条规定："招标人应当根据招标项目的特点和需要编制招标文件。招标文件应当包括招标项目的技术要求、对投标人资格审查的标准、投标报价要求和评标标准等所有实质性要求和条件以及拟签订合同的主要条款。"第二十三条规定："招标人对已发出的招标文件进行必要的澄清或者修改的，应当在招标文件要求提交投标文件截止时间至少十五日前，以书面形式通知所有招标文件收受人。该澄清或者修改的内容为招标文件的组成部分。"第四十条规定："评标委员会应当按照招标文件确定的评标标准和方法，对投标文件进行评审和比较。"

《工程建设项目施工招标投标办法》第二十八条规定："招标文件应当明确规定评标时除价格以外的所有评标因素，以及如何将这些因素量化或者据以进行评估。在评标过程中，不得改变招标文件中规定的评标标准、方法和中标条件。"《评标委员会和评标办法暂行规定》第十七条规定："评标委员会应当根据招标文件规定的评标标准和方法，对投标文件进行系统的评审和比较。招标文件中没有规定的标准和方法不得作为评标的依据。"

从上述法律法规的规定来看，国家对评标办法的严肃性、程序的严格性作了严谨而详细的规定，这些规定并不会引起什么歧义。但是，本案例中，评标办法随意改变，评标标准的确定随意性太大，已违反了相关的法律规定。从本案例看，该项目在招标文件中规定有评标标准，但在开标仪式上再次公布时，评标办法与招标说明书相关的部分内容有变动，这是不妥之一。经 A 公司提出后，评标小组讨论并征求了各投标人意见，但此做法实属多此一举，因为评标标准是招标人根据工程项目实际情况和有关规定单方提出的条件要求，无须征得投标人的同意，哪怕只是更改了评标办法的部分条款，此为不妥之二。

评标标准一旦在招标文件中制定并公布，就不得随意改变，否则很难体现招标评标过程的"三公"原则。试想，如果评标办法如同一根可任意伸缩的橡皮筋，那么招标方如何保证其公平性和公正性呢？虽然本案例中的具体评标细则内容是如何变动的我们不得而知，但从"A 公司仍对评标办法中优惠条件及优惠率计分方法等持有异议"的描述可知，改变的绝不是一般的文字，而是涉及实质性的内容。难怪 A 公司中途退出会场。

评标标准是招标文件的必然组成部分，在投标截止日期后，评标标准不应有任何改变，否则即为违规。开标后改变评标办法和标准的做法应该属于严重违反公开、公平、公正原则和诚实信用原则的行为。《工程建设项目施工招标投标办法》第七十九条明确规定，使用招标文件没有确定的评标标准和办法的评标无效，应当依法重新进行评标或者重新进行招标，有关行政监督部门可处 3 万元以下的罚款。

思考与练习

1. 单项选择题

（1）评标委员会对投标报价的评审，应在算术性修正和扣除竞争性因素后，以计算出的（　　）为基础进行评审。

A. 投标价   B. 参考价

C. 评标价   D. 限价

（2）公路勘察设计招标，法律法规规定的评标办法是（　　）。

A. 综合评分法   B. 最低评标价法

C. 摇号评标法   D. 二次平均法

（3）建筑机电设备招标，如采用国际招标，一般采用最低评标价法，特殊情况下可采用（　　）。

A. 综合评分法   B. 最低评标价法

C. 摇号评标法   D. 二次平均法

（4）下列关于评标办法的说法中，正确的是（　　）。

A. 采用综合评分法的工程建设项目，需量化的因素及其权重可以由评标委员会在评标时确定

B. 采用最低评标价法的机电产品国际招标项目，若招标文件允许以多种货币投标，则应当换算成美元评标

C. 工程建设项目的各种奖项可以额外计分

D. 自主创新产品的政府采购项目评标，采用最低评标价法的，按价格扣除后的投标价格确定中标价

（5）某次招标评审中所采用的评标方法应为（　　）。

A. 符合招标投标法规定的都可以

B. 各部委规定的评标办法和细则

C. 坚持采用地方政府规定的评标办法

D. 招标文件规定的评标标准和方法

2. 多项选择题

（1）《公路工程施工招标投标管理办法》中规定，一般工程施工招标可以采用的评标方法是（　　）。

A. 合理低价法   B. 最低评标价法

C. 综合评分法   D. 法律法规允许的其他评标方法

（2）国家发展和改革委员会等 7 部委规定的工程建设项目货物招标投标办法一般采用（　　）。

A. 经评审的最低投标价法   B. 综合评估法

C. 摇号评标法   D. 性价比法

（3）经营性公路建设项目投资人招标投标，一般采用（　　）。

    A. 综合评分法　　　　　　　　　B. 最短收费限期法

    C. 摇号评分法　　　　　　　　　D. 性价比法

（4）根据原铁道部规定的铁路建设工程招标投标实施办法，铁道施工招标一般采用（　　）。

    A. 最低评标价法　　　　　　　　B. 综合评分法

    C. 合理最低投标价法　　　　　　D. 摇号评标法

（5）《中华人民共和国招标投标法》规定的评标办法有（　　）。

    A. 综合评分法　　　　　　　　　B. 经评审的最低评标价法

    C. 摇号评标法　　　　　　　　　D. 性价比法

3. 问答题

（1）我国招标投标法对评标办法的规定分为哪两种？

（2）经评审的最低投标价法有什么优点和缺点？其适用范围是什么？

（3）二次平均法有什么优点和缺点？

（4）综合评分法评标有什么优点和缺点？

（5）摇号评标法为何引发争议？其是否具有法律依据？

4. 案例分析题

2011 以来，我国为推动太阳能光伏发电，先后出台了"光电建筑一体化"和"金太阳"项目，尤其是最近推出的"金太阳"项目，总量超过 600 MW。这些项目的推出，对我国光伏产业发展和应用起到了极大的推动作用，并产生了巨大和深远的影响。但在推进过程中，尤其是当前电站系统招标中，出现了一系列严重问题，使这一阳光下的高尚项目，也蒙上了巨大的阴影。其中，有些评标办法违反了《中华人民共和国招标投标法实施条例》的规定。请你从监管部门的角度，论述如何发现和防止招标人在评标办法中设置不合理条件限制、排斥潜在投标人。

5 建筑工程招标文件

招标文件是招标人根据招标项目的特点和需要，将招标项目的特征、技术要求、服务要求和质量标准、工期要求、对投标人的组织实施要求、投标报价要求和评标标准等所有实质性要求和条件以及拟签订合同的主要条款及招标人依法作出的其他方面等要求进行汇总的文件，是招标投标活动中的纲领性文件，是投标人准备投标文件和参与投标的依据，也是招标投标活动当事人的行为准则。同时，它还是评标委员会评审投标文件时推荐中标候选人的重要依据，是合同签订的主要依据和组成部分，是一份具有法律效力的文件。

5.1 建筑工程招标的组织与策划

建筑工程招标的目的是在工程项目建设中通过引入竞争机制，择优选定勘察、设计、监理、工程施工、装饰装修、材料设备供应等承包服务单位，确保工程质量，合理缩短工期，工程项目招标前期的组织和策划工作是招标人在工程建设过程中成功的第一步。

5.1.1 建筑工程招标的组织

建筑工程招标的组织实施视项目法人的技术和管理能力，可以采用自行招标和委托代理招标两种方式。

5.1.1.1 自行招标

自行招标是指招标人利用内部机构依法组织实施招标投标活动全过程的事务。采用自行招标方式组织实施招标时，招标人在向计划发改部门上报审批项目、可行性研究报告时，应将项目的招标组织方式报请核准。

《工程建设项目自行招标试行办法》规定，招标人自行办理招标事宜，应当具有编制招标文件和组织评标的能力，具体包括：

（1）具有项目法人资格（或法人资格）。

（2）具有与招标项目规模和复杂程序相适应的工程技术、概预算、财务和工程管理等方面的专业技术力量。

（3）有从事同类工程建设项目招标的经验。

（4）设有专门的招标机构或者拥有 3 名以上的专职招标业务人员。

（5）熟悉和掌握招标投标法及有关法规规章。

招标人在将自行招标条件报计划发改部门审批时应提供以下书面材料：

（1）项目法人营业执照、法人证书或者项目法人组建文件。

（2）与招标项目相适应的技术力量的情况。

（3）内设的招标机构或者专职招标业务人员的基本情况。

（4）拟使用的专家库的情况。

（5）以往编制的同类工程建设项目招标文件和评标报告以及招标业绩的证明材料。

（6）其他材料。

核准招标人自行招标的任何单位和个人不得限制其自行办理招标事宜，也不得拒绝办理工程建设相关手续，招标人确需通过招标方式或者其他方式确定勘察、设计单位开展前期工作的，应当在报送可行性研究报告时的书面材料中作出说明，并取得核准。

招标人自己办理施工招标事宜的，应当在发布招标公告或者发出投标邀请书的 5 日前，向工程所在地县级以上地方人民政府建设行政主管部门备案，并报送下列材料：

（1）按照国家有关规定办理审批手续的各项批准文件。

（2）提交上述报计划发改部门审批自行招标的证明材料，包括专业技术人员的名单、职称证书或者职业资格证书及其工作经历的证明材料。

（3）法律、法规、规章规定的其他材料。

招标人不具备办理施工招标事宜的，建设行政主管部应当自收到备案材料之日起 5 日内责成招标人停止自行施工招标事宜，招标人应当委托具有相应资格的工程招标代理机构代理招标。

5.1.1.2　代理招标

随着建筑工程领域的发展和招标投标制度的不断完善，以及招标投标建设交易市场的健全和规范，招标投标工作需要一支工程技术力量强、专业化水平高、建设项目管理理论和经验丰富、对招标投标相关法律法规和经济合同熟悉并熟悉造价的专业队伍为招标投标业务活动提供服务。2007 年 1 月 10 日原建设部令第 154 号颁布了《工程建设项目招标代理机构资格认定办法》，在此基础上产生了招标代理机构。招标代理机构按市场规律运作，接受招标人委托，负责起草编制招标文件，踏勘现场并答疑，组织开标、评标、定标，以及提供招标前期咨询、协调合同的签订等服务。

1. 代理机构的资格和业务范围

招标代理机构代理招标业务，应当遵守招标投标法的规定。根据招标内容的性质不同，对招标代理机构的资格和业务范围作为了不同的要求：建设项目的设备、货物和相应的服务由采购代理机构代理、工程项目勘察、设计、监理、施工等的招标应委托工程招标代理机构代理、采购代理机构资格认定由财政部或省级财政行政主管部门负责。工程招标代理机构由国务院建设行政主管部门或者省、自治区、直辖市建设行政主管部门对其进行资格认定和颁发资格证书。

2007 年 3 月 1 日施行的《工程建设项目招标代理机构资格认定办法》将工程招标代理机

构资格分为甲级、乙级和暂定级。甲级工程招标代理机构的资质按行政区划，由省、自治区、直辖市人民政府建设行政主管部门初审，报国务院建设行政主管部门认定和颁发资格证书。乙级工程招标代理机构的资质由省、自治区、直辖市人民政府建设行政主管部门认定，核发资格证书，报国务院建设行政主管部门备案。招标代理机构不得涂改、出租、出借、转让资格证书。

工程招标代理机构的业务范围：工程招标代理机构可以跨省、自治区、直辖市承担工程招标代理业务。任何单位和个人不得限制或者排斥工程招标代理机构依法开展工程招标代理业务。值得注意的是，招标代理机构不得在所代理的招标项目中投标或者代理投标，也不得为所代理的招标项目的投标人提供咨询。

从事工程招标代理业务的招标代理机构，必须取得工程招标代理资格。并且在其资质等级证书允许的范围内开展业务。

（1）甲级工程招标代理机构可以承担各类工程招标代理业务。

（2）乙级工程招标代理机构只能承担工程总投资在 1 亿元人民币以下的工程招标代理业务。

（3）暂定级工程招标代理机构只能承担工程总投资在 6 000 万元人民币以下的工程招标代理业务。

招标代理机构应当在招标人委托的范围内承担招标事宜。招标代理机构可以在其资格等级范围内代理工程招标的全过程招标活动，包括招标咨询、起草招标方案、发布招标公告或投标邀请书、编制和发布资格预审文件、审查投标申请人资格、编制和发售招标文件、组织或参加现场勘察、解答招标投标疑问，代编标底、组织开标、协助定标、协助签订工程合同以及招标人委托的其他招标工作。招标代理机构完成工程项目的招标后要汇编招标工作总结，汇总和移交招标过程中的所有文件、记录。

2. 招标代理机构的选择

《中华人民共和国招标投标法实施条例》第十三条规定："招标代理机构在其资格许可和招标人委托的范围内开展招标代理业务。任何单位和个人不得非法干涉。"值得注意的是，当前一些地方政府的监管部门通过抽签来决定本行政区域内某项工程由哪家招标代理机构代理的做法，并没有违反"任何单位和个人不得非法干涉"的规定。

招标代理是一种高智能的技术和经济竞争性的专业服务活动。除招标代理机构的资质应满足业务需要外，招标代理人员的水平和综合素质的高低更是招标代理服务质量的保证。

招标人对招标代理机构的选择应着重考核以下几方面：

（1）招标代理机构的资质等级。资质等级的高低代表国家建设行政主管部对招标代理机构的评价和认可及动态管理的情况。

（2）已完成工程项目的招标人对其招标代理工作的评价。这是社会对招标代理机构在服务和信誉方面最有力的认同。

（3）近三年来工程招标代理业绩。这直接反映招标代理机构的工作经验。

（4）其他行政主管部对其招标代理履约和信誉的评价。

（5）建筑有形市场、相关媒介、招标代理机构所在地的招标投标行政主管部门对招标代理机构的反馈信息和评价。

（6）拟委派负责本工程项目的招标代理人员的架构和相应的技能，包括代理人员的学历、工作业绩、技术职称和职业资格。对工程招标投标与经济合同等相关法律事务的处理能力，工程造价专业知识，语言文字表达能力，协调沟通能力，开标、评标、决标的组织能力，工程建设和项目管理的能力，个人的人格品质、政治素质、职业道德保守技术和经济秘密的意识和能力等。

3. 工程招标代理机构的权利和义务

（1）招标代理机构拥有的权利。

① 按规定收取招标代理报酬。

② 对招标过程中应由招标人作出的决定，招标代理机构有权提出建议。

③ 当招标人提供的资料不足或不明确时，有权要求招标人补足材料或作出明确的答复。

④ 拒绝招标人提出的违反法律、行政法规的要求，并向招标人作出解释。

⑤ 有权参与招标人组织的涉及招标工作的所有会议和活动。

⑥ 对编制的所有文件拥有知识产权，委托人有使用或复制的权利。

（2）招标代理机构的义务。

① 招标代理机构应根据委托招标代理业务的工作范围和内容，选择有足够经验的专职技术人员作为招标代理项目负责人。

② 招标代理机构应按约定的内容和时间完成下列工作：依法按照公开、公平、公正和诚实信用的原则组织招标工作，维护各方的合法权益；应用专业技术与技能为招标人提供完成招标工作相关的咨询服务；向招标人宣传有关工程招标的法律、行政法规和规章，解释合理的招标程序，以便得到招标人的支持和配合。

③ 招标代理机构应对招标工作中受托人所出具的有关数据的计算、技术经济资料等的科学性和准确性负责。

④ 招标代理机构不得接受与委托招标范围之内的相关投标咨询业务。

⑤ 招标代理机构为工程项目招标提供技术服务的知识产权应为招标代理机构专有。任何第三方如果提出侵权指控，招标代理机构必须与第三方交涉并承担由此而引起的一切法律责任和费用。

⑥ 未经招标人同意，招标代理机构不得分包或转让委托代理工作的任何权利和义务。

⑦ 招标代理机构不得接受投标人的礼品、宴请和任何其他好处，不得泄露招标、评标、定标过程中依法需要保密的内容。招标完成后，未经委托人同意，招标代理机构不得泄露与工程相关的任何招标资料和情况。

5.1.2 建筑工程招标的策划

建筑工程招标策划主要是指根据《中华人民共和国招投投标法》及相关的法律法规、各级行政主管部门招标投标管理的规章文件，在招标前期拟定工程项目招标计划，确定招标方式、招标范围，确定计价方式，提出对投标人的相关要求，拟定招标合同条款，确保优选中标人的一系列工作。

5.1.2.1 招标计划

工程项目招标可根据工程性质和需要将勘察、设计、施工、供货等项目一起进行招标，也可以按工作性质划分成勘察、设计，施工、物资供应、设备制造或监理等分工进行招标。按分工作性质招标时，应根据上一阶段工作的完成情况，在具备招标条作后进行。招标人应根据工程项目审批时核准的招标方式、投资阶段和资金到位计划、建设工期、专业划分、潜在投标人数量和工程项目实际情况需要制订招标计划，包括招标阶段划分、招标内容和范围、计划招标时间、招标方式等。具体的招标方式的确定可参考本书第2章相关内容。

5.1.2.2 招标范围的确定

根据《工程建设项目招标范围和规模标准的规定》的要求，下列工程建设项目必须公开招标。

1. 关系社会公共利益、公共安全的基础设施项目

包括：煤炭、石油、天然气、电力新能源等能源项目；铁路、公路、管道、水运、航空以及其他交通运输业等交通运输项目；邮政、电信枢纽、通信、信息网络等邮电通信项目；防洪、灌溉、排涝、引（供）水、滩涂治理、水土保持、水利枢纽等水利项目；道路、桥梁、地铁和轻轨交通、污水排放及处理、垃圾处理、地下管道、公共停车场等城市设施项目；生态环境保护项目；其他基础设施项目。

2. 关系社会公共利益、公众安全的公用事业项目

包括：供水、供电、供气、供热等市政工程项目；科技、教育、文化等项目；体育、旅游等项目；卫生、社会福利等项目；商品住宅项目，包括经济适用住房；其他公用事业项目。

3. 使用国有资金投资的项目

包括：使用各级财政预算资金的项目；使用纳入财政管理的各种政府性专项建设基金的项目；使用国有企业事业单位的自有资金，并且国有资产投资者实际拥有控制权的项目。

4. 国家融资项目

包括：使用国家发行债券所筹资金的项目；使用国家对外借款或者担保所筹资金的项目；使用国家政策性贷款的项目；国家授权投资主体融资的项目；国家特许的融资项目。

5. 使用国际组织或者外国政府资金的项目

包括：使用世界银行、亚洲开发银行等国际组织贷款的项目；使用外国政府及其机构贷款的项目，使用国际组织或者外国政府援助资金的项目。

在以上规定范围内的各类工程建设项目，包括项目的勘察、设计、施工、监理以及与工程建设有关的重要设备、材料等的采购，达到下列标准之一的，必须进行招标：

（1）施工单项合同估算价在200万元人民币以上的。

（2）重要设备、材料等货物的采购，单项合同估算价在100万元人民币以上的。

（3）勘察、设计、监理等服务的采购，单项合同估算价在50万元人民币以上的。

（4）建设项目总投资额在3 000万元人民币以上的。

《中华人民共和国招标投标法》规定，任何单位和个人不得将依法必须进行招标的项目化整为零或者以其他方式规避招标。对于建筑工程，可按建设项目、单位工程或特殊专业工程划分标段，不允许分解工程招标或规避招标。

各部委根据行业特点，也制定了建筑工程招标标段的标准。如原铁道部铁建设〔2011〕182 号文《关于铁路建设项目施工招标标段划分工作的指导意见》规定了标段划分的一般原则，同时考虑了标段的投资、重点工程分布及合理的施工组织安排。铁路建设项目施工招标标段划分标准如下：

（1）高速铁路和长大干线。

① 站前工程：包括路基、桥涵、隧道、轨道等工程，标段招标额一般不少于 25 亿元，项目招标额少于 25 亿元的应划为 1 个标段。综合接地、接触网立柱基础、声屏障、电缆沟槽、连通管道等有关接口工程内容，一并划入站前工程标段。

② 站后工程：采用"四电"系统集成方式，原则上应按"四电"、信息、客服、防灾等工程进行系统集成招标，配套房屋纳入招标范围。

（2）其他新建铁路。

① 站前工程：标段招标额般不少于 15 亿元，项目招标额少于 15 亿元的应划为 1 个标段。

② 站后工程：提倡采用系统集成模式。不采用系统集成模式的，原则上按线路里程划分标段，一个建设项目或一个建设单位的标段数宜为 1 个或 2 个，配套房屋纳入招标范围。

③ 项目招标额在 15 亿元以下的，可设 1 个综合施工（含站前、站后）标段，也可分站前、站后各设 1 个标段。

（3）改建铁路。鼓励将站前站后按里程划分综合标段，综合标段招标额一般不少于 10 亿元或线路长度不少于 100 km。站前、站后工程分别招标的，站前工程招标额一般不少于 10 亿元或线路长度不少于 100 km，站后工程标段个数为 1 个或 2 个。

（4）特长隧道、极高风险隧道或隧道群、技术复杂的特大桥或桥梁群、单座建筑面积在 3 万平方米及以上的站房、大型枢纽区段可单独划分标段，其他站房工程应按专业化施工的要求划分标段集中招标，集装箱中心站（采用工程总承包方式）原则上按 1 个标段考虑，其他工点不得单独划分标段。

（5）采用非经济补偿方式的"三电"迁改、电磁防护和管线迁改等工程，应结合行政区域划分标段。

5.1.2.3　计价方式策划

《建筑工程施工发包与承包计价管理办法》规定，合同价可以采用三种计价方式：固定价、可调价和成本加酬金。建筑工程承包合同的计价方式按国际通行做法，可分为总价合同、单价合同和成本加酬金合同。

招标人在拟定合同计价方式时，选用总价合同，单价合同还是选用成本加酬金合同，是采用固定价方式还是采用可调价方式，最好根据建筑工程的特点，结合工程项目前期的进展情况，对工程投资、工期和质量的要求等进行综合考虑后确定。

1. 工程项目的复杂程度

规模大且技术复杂的工程项目，承包风险较大，工程造价的分析难度大，不宜采用固定价方式。施工图齐全、工艺清晰、项目特征能准确描述、可基本准确分析综合单价的项目部分可采用固定总价或固定单价方式。施工图不齐全但工艺清晰、项目特征能准确描述，可准确分析综合单价的项目采用固定单价方式，无法分析综合单价的项目可采用成本加酬金或暂定金的方式计价。

2. 工程设计工作深度

工程招标时所依据的设计文件的深度，决定了能否明确工程的发包范围，能否准确计算工程量和描述工程项目特征，招标图样深度和工程量清单的详细准确程度，影响投标人的合理报价和评标委员会评标。因此，要根据具体情况选择计价方式。

3. 工程施工的难易程度

如果工程设计较大部分采用新技术和新工艺，那么当招标人和投标人在这方面都没有经验，且在国家颁布的标准、规范、定额中又没有可作为依据的标准，行业也没有经验数据可供参考时，为了避免投标人盲目地提高承包价格或由于对施工难度估计不足而导致严中亏损，无法履约情况，不宜采用固定总价（或固定单价）合同，较为保险的做法是选用成本加酬金计价方式。

4. 工程进度要求的紧迫程度

在招标过程中，一些紧急工程（如灾后恢复工程）要求尽快开工且工期较紧等。可能仅有实施方案，还没有施工图样，因此不能让投标人报出合理的价格。在这种情况下，若工程简单，建设标准能够明确，则可以在描述组成项目的特征时，采用固定单价合同方式。若都无法明确时可采用成本加酬金合同，也可以采用以政府指导价为基数投标人提出下浮让利率的方式计价。

5.1.2.4 对投标人的相关要求和评标办法的策划

在招标策划时，为优选中标人，可采用资格预审和资格后审的办法。招标人为了达到优质、廉价、理想的中标人和得到合同投标价格。在招标策划时，应充分预见可能出现的不同情况，提出详细的评标办法和评标标准。评标办法和评标标准的设置要符合法律法规的规定，不得不按工程性质和特点的需要提高标准，排斥潜在投标人，也不得降低要求。

5.2 建筑工程招标的风险

招标人在招标过程中向投标人作出要约邀请和承诺，依法签订经济合同。在整个招标过程中，招标和投标双方都受法律保护，招标文件和中标通知书是合同的附件，因此招标人在工程项目招标工程中要非常严谨，以规避风险。

招标人在招标过程中的风险主要有：投标者之间串通投标哄抬价格；因招标文件要求不明确而使投标产品达不到使用标准要求，又无法废标；投标人技术力量、经济能力不能正常履约，拖延工期；工程量清单不准，投标人采用"不平衡报价"引起工程造价增加；招标文件及拟定的合同不够严密，导致中标人后期在费用和工期等方面索赔。以上风险可归纳为围标、串标、负偏差、不平衡报价、不正常履约、索赔。

5.2.1 招标文件描述不准确带来的风险

招标投标实质上是一种买卖，这种买卖完全遵循公开、公平、公正的原则，必须按照法律法规规定的程序和要求进行。招标人应将对所需产品的名称、规格、数量、技术参数要求，质量等级要求，工期要求，保修服务要求和时间要求等各方面的要求和条件完全、准确地表述在招标文件中。这些要求和条件是投标人作出回应的主要依据。若招标文件没有将招标人的要求具体、准确地表达给投标人，投标人将会为取得中标按就低的原则选择报价，这时投标书提供的产品、服务有可能没有达到招标项目使用的技术要求标准。

根据《评标委员会和评标方法暂行规定》，评标委员会应当根据招标文件规定的评标标准和方法，对投标文件进行系统的评审和比较，招标文件中没有规定的标准和方法不得作为评标的依据。根据这一规定，招标人和评标委员会不能废除没有达到项目使用要求的投标文件，这样会给招标人带来法律责任和经济、时间上的损失。这一风险的防范措施主要是在编制招标文件时应非常了解项目的特点和需要，并要求项目前期筹备单位、使用单位、主管部门、行业协会等多单位参与招标文件的编制、研讨会审、修订工作，做到详、尽、简。

5.2.2 招标文件中工程量清单不准确带来的风险

在国家标准《建设工程工程量清单计价规范》（GB 50500—2013）实施后，工程项目招标采用工程量清单计价，经评审合理低价中标模式在我国工程项目招标中被普遍采用。工程量清单必须作为招标文件的组成部分，其准确性和完整性由招标人负责，投标价由投标人自己确定。

招标人承担着因工程量计算不准确、工程量清单项目特征描述不清楚、工程项目组成不齐全、工程项目组成内容存在漏项、计量单位不正确等风险。

投标人为获得中标和追求超额利润，在不提高总报价、不影响中标的前提下，在一定范围内有意识地调整工程量清单中某些项目的报价，采用低价中标、中间索赔、高价结算的做法，给招标人对造价和进度的控制带来很大的风险。

5.2.2.1 投标人不平衡报价的方式给招标人带来的风险

（1）按工程项目开展的时间，投标人将先开工的项目报价提高，将后期实施的项目报价降低，让自己前期能收到比实际更多的进度款和结算款。这样就增加了招标人前期资金压力和招标人项目资金成本，也加大了中标人后期违约时招标人对中标人在经济手段上进行有效控制的风险。

（2）工程量数量较图样中所示的偏小，对工程量必须调增的项目，投标人将会提高投标报价，获得更高的利润空间；反之投标人将会降低投标报价，在结算时减少的金额将会较小。

（3）工程项目特征描述与图样不一致，对以后要按图样实施调整的项目，投标人将会降低投标报价或在综合单价分析时将错误不一致的材料用量和价格尽量降低，在实施过程中再提出综合单价调整金额过高，进行高价索赔。

（4）对于没有工程量的项目以及计日工程只报综合单价的项目，因为工程量为零，所以投标报价对总价不产生影响，不影响中标，投标人将会提高投标报价，当实际发生时，可有高额利润空间。

（5）对于工程量数量很大的项目，投标人在进行综合单价分析时将会对人工费、机械费、管理费和利润降低报价，将材料费尤其是主要材料报价降低。按照工程造价管理部门的文件和《中华人民共和国合同法》的司法解释，材料价格异常波动可以调整合同价格，由于在现阶段市场经济和世界经济对材料价格影响较大，因此在工程实施和结算时，容易获得调整。这些都将给招标人带来增加工程造价的风险。

5.2.2.2　招标人不平衡报价风险的防范

不平衡报价是招标人在工程施工招标阶段的主要风险之一。这种风险难以完全避免，但招标人可以在招标前期策划和编制招标文件时防范不平衡报价，以降低不平衡报价带来的风险。

1. 提高招标图样的设计深度和质量

招标图样是招标人编制工程量清单和投标人投标报价的重要依据。目前，大部分工程在招标投标时的设计图样还不能满足施工需要，在施工过程还会出现大量的补充设计和设计变更，导致招标的工程量清单跟实际施工的工程量相差甚远。虽然使用工程量清单计价方法时一般采用固定综合单价和工程量按实计量的计价模式，但是这也给投标人实施不平衡报价带来了机会。因此，招标人要认真审查图样的设计深度和质量，避免出现边设计、边招标的情况，尽可能使用施工图招标，从源头上减少工程变更的出现。

2. 提高造价咨询单位的工程量清单编制质量，以免给不平衡报价留有余地

招标人要重视工程量清单的编制质量，消除那种把工程量清单作为参考而最终按实结算的依赖思想，要把工程量清单作为投标报价和竣工结算的重要依据、工程项目造价控制的核心、限制不平衡报价的关键。

由于不平衡报价一般抓住了工程量清单中漏项、计算失误等错误，因此要安排有经验的造价工程师负责工程量清单编制工作。工程量清单的编制要尽可能周全、详尽、具有可预见性，同时编制工程量清单时要严格执行国家标准《建设工程工程量清单计价规范》（GB 50500—2013），要求数量准确，避免错项和漏项，防止投标单位利用清单中工程量的可能变化进行不平衡报价。对每一个项目的特征必须进行清楚、全面、准确的描述，需要投标人完成的工程内容应准确、详细，以便投标人全面考虑完成清单项目所要产生的全部费用，免因描述不清而引起理解上的差异，造成投标人报价时不必要的失误，影响招标投标工作的质量。

3. 在招标文件中增加关于不平衡报价的限制要求

（1）限制不平衡报价中标。在招标文件中，可以写明对各种不平衡报价的惩罚措施，如

某分部分项的综合单价不平衡报价幅度大于某临界值（具体工程具体设定，一般不超过10%，国际工程一般为15%可以接受）时，认定该标书为废标。

（2）控制主要材料价格。招标人要掌握工程涉及的主要材料的价格，在招标文件中，对于特殊的大宗材料，可提供适中的暂定价格（投标报价时的政府指导价），并在招标文件中明确对涉及暂定价格项目的调整方法。

采用固定价招标的，应在招标文件中明确以下内容：材料费占单位工程费 2%以下（含2%）的各类材料为非主要材料，材料费占单位工程费 2%～10%（含 10%）的各类材料为第一类主要材料；材料费占单位工程费 10%以上的各类材料为第二类主要材料。在工程施工期间，禁止调整非主要材料价格；第一类材料价格变化幅度在±10%以内的，价差由承包商负责，超过±10%（含±10%）的，由发包人负责；第二类材料价格变化幅度在±5%以内的，价差由承包人负责，超过±5%（含±5%）的由发包人负责。

（3）完善主要施工合同条款。在招标文件中，应将合同范本中的专用条款具体化并列入招标文件。合同专用条款用语要规范，概念正确，定性、定量准确。树立工程管理的一切行为均以合同为根本依据的意识，强化工程合同在管理中的核心地位。工程量清单作为合同的一部分，是工程量计量和支付的依据，必须与合同配套。工程量清单报价中的变更要通过合同来调整。

在招标文件中，应明确综合单价在结算时不作调整。在专项条款中，应明确当实际的工程量与清单中的工程量相比较，分部分项单项工程量变更超过 15%，并且该分部分项工程费超过分部分项工程量清单计价 1%时，增加或减少部分的工程量的综合单价由承包人提出，应对该分部分项的综合单价重新组价，同时明确相应的组价方法，经发包人确认后，作为决算依据，以消除双方可能因此产生的不公平额外支付。

在招标文件中，应明确规定招标范围内的措施项目的报价固定，竣工结算时不调整。

4. 工程项目开标、评标工作是克服不平衡报价的核心

目前，开标、评标时基本上是针对不同的项目特征而采用不同的评标和定标方法，主要有经评审的最低投标价法、综合评估法、综合评分法等。无论采用哪种方法，评标者都要深刻理解"低价中标"的原则，注意防止承包商隐性的不平衡报价。即在审查投标单位报价时不但要看总价，而且要看每项的单价，因为总造价低并不等于每项报价最低。对分项工程单价价值较高、工程量较大、主要材料的单价价值较高、分项变更的可能性较大的项目要重点评审。

（1）符合性评审。在详细评标之前，评标委员会将首先审定每份投标文件是否实质上响应了招标文件的要求。实质上响应招标文件要求的投标文件，应该与招标文件的所有规定要求、条件、条款和规范相符，无显著差异或保留；实质上不响应招标文件要求的投标文件，招标单位将予以拒绝，不再详细评审。

（2）工程总价评审。总价的评审依据的是评标基准价（以有效投标人的报价为基础计算的平均值），属于社会平均先进水平而不以社会平均水平（标底）取定。为控制基准价于平均先进水平以激励投标人挖掘自身优势，提高整体竞争力，可划定一个有一定空间的合理范围（如用浮动系数 5%表示），其值应在开标前，根据工程特点市场价情况确定，应保证落入该区间的投标报价具有竞争力，并依据评审内容和指标的不同随时调整。这里确定的合理浮动范

围应既让工程中标价格低得有"度",又保证各投标报价的"竞争性"。

（3）分部分项工程综合单价评审。在具体操作时，如果对所有综合单价全部评审，则工作量太大，因此可选择工程量大、价值较高以及在施工过程中易出现变更的分部分项工程的综合单价作为评审的重点，评审的数目不得少于分部分项工程清单项目数的20%，且不少于10项，并应按各分部工程所占造价的大体比重抽取其分项工程的项目数，单项发包的专业工程可另定。其具体评审方法如下：设有效投标单位某分部分项工程综合单价的平均值下浮5%作为评标基准价，超过基准价10%的作为重点评审对象。当某投标人的报价超过评标基准价10%时，则判定该投标人的该分部分项综合单价不合理，计为1项。通过对所有投标人所抽项目的综合单价进行评审，统计出每个投标人综合单价不在合理范围的数目P，当P大于所抽项目数的10%，且大于5项时，则判该投标人的报价不合理，不能成为中标候选人（具体项目具体操作）。

（4）主要材料和设备价格评审。一般把招标文件提供的用量大而又对投标报价有较大影响的材料和设备作为评审的重点，抽取的数目不少于表中材料和设备总数目的50%，或全部进行评审（当数目较少时）。其判定方法与评审综合单价的原理、方法和步骤基本相同。

（5）措施项目费评审。将招标文件所列的全部措施项目费作为一个整体进行评审，不再单独抽取。其方法为：设有效投标单位措施项目费的平均值下浮5%为评标基准价，当某有效投标单位措施项目费大于评标基准价10%时，则判定该投标人的措施项目费不合理。

如果投标人的措施项目费不在合理范围内，则判该投标人的报价不合理，不能成为中标候选人。

不平衡报价是招标人在工程招标投标过程中需要防范的主要风险之一。在这种情况难以完全避免的前提下，招标人可防范不平衡报价，降低不平衡报价带来的风险。确定综合单价的合理报价范围，通过控制其报价幅度来识别不平衡报价是更为简明、实用、快捷的方法。同时，不平衡报价还可以通过提高招标图样的设计深度和质量、工程量清单编制质量、限制不平衡报价中标、完善合同条款来规避可能出现的风险。

5.2.3　招标文件中合同条款拟定不完善引起的风险

招标文件是招标人和投标人签订合同的基础。通过对招标文件中发包人的责任、义务的理解和可履行情况的分析，预测可能违约的风险，招标人就可以在编制招标文件时采取措施，减少工程建设过程中索赔事件的发生，降低索赔事件带来的风险。

5.2.3.1　施工场地条件和交付时间的风险

《建设工程施工合同（示范文本）》（GF-2017-0201）规定，发包人按协议条款约定的时间和要求，一次或分阶段完成以下工作：

（1）办理土地征用拆迁补偿、平整施工场地等工作，使施工场地具备施工条件，并在开工后继续负责解决以上事项遗留问题。

（2）将施工所需水、电、电信线路从施工场地外部接至协议条款约定地点，保证施工期间的需要。

（3）开通施工场地与城乡公共道路的通道以及专用条款约定的施工场地内的主要道路满足施工运输的需要，保证施工期间道路的畅通。

（4）向承包人提供施工场地的工程地质和地下管网线路资料，对资料的真实准确性负责。

（5）办理施工许可证及其他施工所需各种证件、批件和临时用地、停水、停电、中断道路爆破作业等的申请批准手续（证明承包人自身资质的证件除外）。

（6）确定水准点与坐标控制点，以书面形式交给承包人，并进行现场交验。

（7）组织承包人和设计单位进行图样会审和设计交底。

（8）协调处理施工现场周围地下管线和邻近建筑物、构筑物（包括文物保护建筑）、古树名木的保护工作，并承担有关费用。

（9）发包人应做的其他工作，双方在专用条款内约定。

发包人若不按合同约定完成以上工作造成延误，则承担由此造成的经济支出，赔偿承包人有关损失，工期也要相应顺延。

招标人在招标策划时，可根据工程项目前期准备工作进展的情况和招标人工作人员数量、工作协调能力及其他履行情况的估计，在专用条款内将时间适当延长。当根据工程建设需要或经济分析比较不宜延迟时，可在招标文件中以竞价或不竞价的方式确定费用，委托承包人办理，降低因不能履行义务而引起索赔的风险。

5.2.3.2 合同价格风险

合同价款的方式有固定价格合同、可调价格合同、成本加酬金合同。招标人应根据工程项目的情况按 5.1 节中的相应方法选择招标计价方式。固定价格合同可以在专用条款中划定风险范围和风险费用的计算方法。例如，当价格有异常波动情况时，招标人在招标文件的合同条款中划定可调主要或大宗材料的名称，规定波动风险的范围（如价格在 5% 内波动时，风险由承包人承担，超过 5% 以上由发包人承担涨价的 70%，承包人承担涨价的 30%）。异常涨价风险价格可按实际施工期间材料政府指导价与招标时政府指导价的差值计算材料价值，既可减少索赔纠纷，又能防止投标人在分析综合单价时采用不平衡报价，增大索赔金额的风险。

5.2.3.3 工程款（进度款）支付风险

招标人应根据工程项目专项资金的准备和到位情况，在招标文件中拟定支付时间、支付比例和支付方式，在合同签订后必须遵照执行，并承担违约责任，补偿因违约造成的承包人的经济损失。

5.2.3.4 工程师的不当行为风险

工程师是发包人指定的履行本合同的代表或监理单位的总监理工程师。从施工合同的角度看，他们的不当行为给承包人造成的损失应当由发包人承担。招标人在招标时可以根据工程师的专业知识、工作经验和工作能力、综合素质、职业道德品质情况在招标文件和签订合同时对工程师的职权进行明确和限定，以降低因其行为不当而给招标人带来的损失。

5.2.3.5　不可抗力事件的风险

不可抗力事件是指当事人在招标投标和签订合同时不能预见，对其发生和后果不能避免以及不能克服的事件。不可抗力事件包括战争、动乱，施工中发现文物、古墓等有考古研究价值的物品，物价异常波动，自然灾害等。不可抗力事件风险的承担方应当在招标文件和合同中约定，由承担方向保险公司投保解决。

5.3　招标文件对串标和挂靠的防范

串标是指投标人之间或者与招标人之间为了个人或小团体利益和好处，不惜损害国家、社会公共、招标人和其他投标人的利益而互相串通，人为操纵投标报价和中标结果，进行不正当竞争的一种违法行为。串标不仅严重干扰和破坏招标投标活动的正常秩序，而且还人为哄抬投标报价，损害国家、集体和招标人或其他投标人的利益，甚至最终让技术力量较差、管理水平较低的投标人中标，导致工程质量、工期、施工安全无法得到保证。

5.3.1　串标的主要表现

5.3.1.1　投标人之间相互串通

1. 建立价格同盟，设置陪标补偿

在招标投标市场中，某些投标人或者包工头在获得项目招标信息后四处活动，联系在本地区登记备案的同类企业（潜在投标人）建立利益同盟，特别是本地区企业"围标集团"，为了排挤其他投标人，干扰正常的竞价活动，并相互勾结，私下串通，设立利益共享机制，就投标价格达成协议，约定内定中标人，以高价中标后，给未中标的其他投标人以失标补偿费。这种"陪标"行为使投标者之间已经不存在竞争，使少数外围竞争对手的正常报价失去竞争力，导致其在评标时不能中标，也使招标人没能达到预期节约、择优的效果，并且失标补偿费也是从其支付的高价中获取的。

2. 轮流坐庄

投标人之间互相约定，在本地区不同的项目的或同一项目的不同标段中轮流以高价位中标，使投标人无论实力如何都能中标，并以高价位捞取高额利润，而招标人无法选出最优的投标人，造成巨大损失。

3. 挂靠垄断

一家企业或个体包工头通过挂靠本地多家企业或者联系外地多家企业来本地设立分支机构，某一项目招标时同时以好多家企业的名义去参加同一标的投标，形成实质上的投标垄断，无论哪家企业中标，都能获得高额回报。同时，通过挂靠，使得一些不具备相关资质的企业或个人得以进入原本无法进入的经营领域。

5.3.1.2　招标人（或招标代理机构）与投标人之间相互串通

1. 透露信息

招标人（招标代理机构）与投标人相互勾结，将能够影响公平竞争的有关信息（如工程实施过程中可能发生的设计变更、工程量清单错误与偏差等）透露给特定的投标人，造成投标人之间的不公平竞争。尤其是在设有标底的工程招标中，招标人（招标代理机构）私下向特定的投标人透露标底，使其以最接近标底的标价中标。

2. 事后补偿

招标人与投标人串通，由投标人超出自己的承受能力压低价格，中标后再由招标人通过设计变更等方式给予投标人额外的补偿。或者招标人（招标代理机构）为使特定投标人中标，与其他投标人约定，由投标人在公开投标时高标价，待其他投标人中标后给予该投标人一定的补偿。

3. 差别待遇

招标人（招标代理机构）操纵专家评审委员会，使其在审查和评选标书时，对不同投标人相同或类似的标书实行差别待遇。甚至在一些实行最低投标价中标的招标投标中，为使特定投标人中标，个别招标人（招标代理机构）不惜以种种理由确定最低投标价标书为废标，确保特定投标人中标。

4. 设置障碍

招标人（招标代理机构）故意在资格预审或招标文件中设置某种不合理的要求，对意向中的特定投标人予以度身招标，以排斥某些潜在投标人或投标人，操纵中标结果。

5.3.2　对串标的防范对策

5.3.2.1　掌握串标形式和经常参与串标企业的信息

招标人要加强与监察、发改、建设、交通、水利、财政等部门进行信息沟通与工作协调，掌握串标形式和经常参与串标企业的信息，采取相应的措施加以防范。

5.3.2.2　在招标文件中制订串标行为的具体认定标准

按照有关法律法规精神，参考国内外的相关做法，根据工程建设招标投标工作实际，明确串通投标违规行为的具体认定条件，并将其列入招标文件的废标条款中。例如，有下列情形的可按废标处理：

（1）不同投标人的投标文件中列出的人工费、材料费、机械使用费、管理费及利润的价格构成部分或全部雷同的。

（2）不同投标人的施工组织设计方案基本雷同的。

（3）开标前已有反映，开标后发现各投标人的报价等与反映情况吻合的。

（4）对于不同投标人的投标文件，评标委员会认为不应雷同的（文字编排、文字内容及数字错误等）。

5.3.2.3　采用资格后审方式及其他措施

取消资格预审，非技术特别复杂和有特殊要求的工程招标均实行资格后审；要求参与招标投标活动的投标单位工作人员必须是投标单位正式人员；投标单位参与投标报名、资格审查、项目开标等环节的工作人员必须提供报名申请表、单位介绍信、授权委托书、身份证以及与投标单位签订的正式劳动合同和近三个月以上的社保证明原件；投标项目经理及主要技术负责人等项目部主要人员中标后必须实行压证上岗制度，并提供与投标单位签订的劳动合同等相关原件资料；适当提高投标保证金金额，规范投标保证金收取及退还程序；明确规定投标保证金只能由投标单位账户交纳和退还，增加违法行为的成本和难度。

5.3.2.4　采用统一的电子招标投标平台

电子招标投标有着其他招标方式不可替代的优势：一是招标人与投标人相互不见面，减少了围标、串标的机会；二是投标人相互不见面，不知道竞争对手是谁，只能托出实盘投标，充分实现公平竞争原则，达到招标投标的目的；三是大大降低招标投标成本，有效减轻招标投标各方的费用负担，增加经济效益和社会效益。

5.3.2.5　加强对招标工作人员、招标代理机构的监督管理

建立责任追究制，对违反法律法规的人和事，要坚决依法予以处理。按照《中华人民共和国招标投标法》和《评标委员会和评标方法暂行规定》，严格规定招标投标程序，提高评标委员会在评标、定标过程中的地位。评标委员会全部采用在交易中心专家库中随机抽取的方式组建，避免领导直接参与，削弱和减少招标工作人员在评标、定标过程中的诱导和影响作用；加强招标代理机构的监管，当发现招标代理机构工作人员业务水平低、透露信息、故意设障等行为时，立即更换人员或代理机构，并报招标管理部门和纪检监察部门查处。

5.3.3　对挂靠的防范对策

5.3.3.1　严格执行投标人资格审查制度

招标人必须按照招标文件规定的具体要求对投标人提供的资格审查资料逐一进行审查。

投标人营业执照、资质证书、安全生产许可证、投标保证金出票单位、投标文件印章以及项目经理证书、项目经理安全证书的单位名称都必须完全一致。对投标参加人及项目部成员身份进行核查，重点核查其一年期以上的劳动合同和社会养老保险手册，若劳动合同、聘用单位或养老保险的缴费单位与投标单位名称不一致，则资格审查不予通过。同时建议在项目开标时要求拟任项目经理必须与项目投标授权代表人到开标现场，在给中标单位发中标通知书之前必须通知拟任项目经理参加招标人的答辩。

5.3.3.2　严格执行投标保证金结算管理制度

投标保证金及工程价款的拨付必须通过投标单位基本账户非现金结算，投标人提交的投标保证金在中标后转为不出借资质的承诺保证金，承诺保证金必须在招标人核实进场人员后

方可退还。招标人对进场施工管理人员的身份核查是堵住借资质挂靠的实质性关口。招标人应建立中标单位项目部人员现场检查制度和常规考勤制度。发现进场人员与中标项目部人员不符，有借资质挂靠嫌疑的，一经查实，即取消其中标资格，其承诺保证金不予退还，转入招标人账户。

5.3.3.3 严格执行中标公示期招标人实地考察制度

对规模较大的建筑工程招标，招标人在中标公示期间，可在招标文件中写明将对中标候选人进行实地考察，主要考察其是否具备履约能力，在投标时提供的业绩证明材料是否属实，项目班子成员有无在建工程等。

5.3.3.4 将疑似借资质挂靠的情形列入资格预审文件或招标文件条款

对于借资质挂靠的情形，除国家法律法规的规定外，还可以从以下几方面来认定：一是使用个人资金交投标保证金或履约保证金；二是企业除留下管理费外，将大部分工程款转给个人；三是施工现场的管理人员与投标承诺的人员不一致或未按工程实际进展情况到位。

5.4 建筑工程招标文件的编制

招标文件是整个工程项目招标投标活动中的纲领性文件，是招标人招标过程中的行为规范，是招标人公开、公正、公平选择中标人的体现和标准，也是投标人准备投标文件、参加投标活动的依据。因此，招标人应根据招标项目的特点和要求编制招标文件，工程项目招标文件应将涉及招标活动中的所有情况和要求给予详尽、周密的阐述和规定。

5.4.1 招标文件编制的要求

（1）招标文件应当由招标人或委托招标代理机构负责编制。招标人自行编制招标文件时，应具备相应的能力并取得核准；委托招标代理机构编制招标文件时，招标代理机构的业务范围和资质等级应符合规定。

（2）招标文件应当根据招标项目的特点和需要编制。

（3）招标人应当在招标文件中规定实质性要求和条件，并用醒目的方式标明。

（4）招标文件规定的各项技术标准应符合国家强制性标准。招标文件中规定的各项技术标准均不得要求或标明某一特定的专利、商标、名称、设计、原产地或生产供应者，不得含有倾向或者排斥潜在技术的其他内容。如果只有引用某一生产供应者的技术标准才能准确或清楚地说明拟招标项目的技术标准，则应当在参照后面加上"或相当于"的字样。

（5）工程项目需要划分标段、确定工期的，招标人应当合理划分标段、确定工期，并在招标文件中载明。工程技术上紧密相连、不可分割的单位工程不得分割标段，招标人不得以不合理的标段或工期要求限制或者排斥潜在投标人或者投标人。

（6）招标文件应当明确规定评标时除价格以外的所有评标因素，以及对这些因素进行量化或者进行评估的方法。

（7）招标文件应当规定一个适当的投标有效期，以保证招标人有足够的时间完成评标工作以及与中标人签订合同。投标有效期从投标人提交投标文件截止之日起计算。

（8）施工项目招标工期超过 12 个月，招标文件中可以规定工程造价指标体系、价格调整因素和调整方法。

（9）招标人可以对发出的招标文件进行必要的澄清或者修改，该澄清或修改的内容为招标文件的组成部分，但应当在招标文件中要求的提交投标文件截止时间至少 15 日前，以书面形式通知所有招标文件收受人。采用资格后审且不设报名登记程序时，应在发布招标公告的媒介上发布。

（10）招标文件或者澄清、修改通知应当报工程所在地县级以上地方人民政府建设行政主管部门备案。

特别值得注意的是，接受委托编制标底的中介机构不得参加受托编制标底项目的投标，也不得为该项目的投标人编制投标文件或者提供咨询。

5.4.2　招标文件的内容组成

招标文件的主要内容应包括招标公告或者投标邀请书、投标人须知、合同主要条款、投标文件格式、工程量清单、技术条款（招标文件规定的各项技术标准应符合国家强制性标准）、设计图样、评标标准和方法、投标辅助材料，以及所有按本招标文件规定发出的澄清或修改和招标答疑会的会议纪要。

5.4.2.1　投标须知

投标须知是招标人向投标人介绍招标工程项目概况、要求及具体投标规则的文件，是对投标人的具体要求，包括工程概况、招标范围、资格审查条件、工程资金来源或者落实情况（包括银行出具的资金证明）、标段划分、工期要求、质量标准、现场踏勘和答疑安排，以及投标文件编制、提交、修改、撤回的要求，投标报价要求，投标有效期和投标保证金，开标的时间和地点，评标的方法和标准等的说明。

5.4.2.2　开标、评标及定标办法

招标文件应对开标、评标、定标活动的地点、时间、方法和标准作具体详细的阐释，开标、评标、定标办法符合现行的法律法规并具有可操作性和公平公开性。开标、评标、定标在招标投标办事机构的监督下，由招标单位主持进行。招标单位应邀请有关部门参加开标会议，当众宣布评标、定标办法，启封投标书及补充函件，公布投标书的主要内容和标底。

评标、定标应采用科学的方法，按照平等竞争、公正合理原则，一般应对投标单位的报价、工期、主要材料用量、施工方案、质量实绩、企业信誉等进行综合评价，择优确定中标单位。

5.4.2.3　合同条款

招标文件中的合同条件和合同协议条款，是招标人根据相关法律法规对合同签订、合同文件组成及解释顺序、适用法律、标准及规范、图样、合同双方的权利和义务、工程发承包范围、建设工期、中间交工工程的开工和竣工时间、工程质量与检验、合同价款及调整、工程款（进度款）支付、安全施工、技术资料交付时间、材料和设备供应、拨款和结算、竣工验收、质量保修范围和质量保证期、双方相互协作、违约、索赔与争议、其他约定（工程分包、不可抗力、保险、担保、专利技术及特殊工艺、文物和地下障碍物、合同解除、合同生效与终止、合同份数）等条款的示范性、定式性阐释。

我国目前在工程建设领域推行《建设工程施工合同（示范文本）》（GF-2017-0201）。它主要由协议书、通用条款、专用条款三部分组成。

招标人拟订的合同协议书条件、通用条款（条件）、专用条款（条件）是招标文件的重要组成部分。招标人在招标文件中应说明本招标工程项目采用的合同条件和对国家合同示范文本的修改、补充或不采用的条款意见。招标人在编制招标文件中的"合同条款"时可根据招标项目的具体特点和实际需要，对《建设施工合同（示范文本）》（GF-2017-0201）中的"合同条款"进行补充、细化和修改，但不得违反法律、行政法规的强制性规定，以及平等、自愿、公平、诚实信用原则。

投标人对招标文件中的合同条件是否同意，以及对招标文件合同条件的修改、补充或不采用的意见，在投标文件中要作一一说明。中标后，双方同意的合同条件和协商一致的合同条款，是双方意愿的体现，是签订合同的主要依据并成为合同的组成部分。

5.4.2.4　投标文件格式和内容

招标文件应对投标文件的语言及度量衡单位、投标文件的组成内容、投标文件的格式等相关规定和要求作出具体说明。

投标人必须仔细阅读投标文件格式的相关规定和要求。投标人递交的投标文件应当使用招标文件所规定的投标文件全部格式。电子投标文件未按规定的格式填写，或主要内容不全，或关键字迹模糊、无法辨认造成无法满足评标需要的，经评标委员会审查确认后作废标处理。

投标文件由资格后审的审查文件、经济标投标文件、技术标投标文件组成。

1. 资格后审的审查文件

资格后审的审查文件一般包括以下内容，当然各地有一些出入。

（1）投标申请函。

（2）投标人按照规定的格式及内容要求签署的《投标申请人声明》。

（3）采用联合体投标时需递交列明主办单位的联合体工作协议。

（4）投标人计划投入本工程的机械设备的证明文件。

（5）外地、省（部）属园林绿化施工企业在本地区施工备案证或本地企业有效资质证书。

（6）企业营业执照。

（7）企业资质证书。

（8）建筑施工企业安全生产许可证。

（9）拟委派项目负责人的建造师注册证书及本企业聘书。

（10）项目经理安全培训考核合格证（B类）。

（11）企业类似工程业绩证明材料。

（12）根据本招标项目需要的其他审查文件。

2. 经济标文件

经济标文件主要包括投标函和投标报价两部分内容，同样，各地也有不同的规定。

（1）投标函部分包括的内容

① 企业法定代表人证明书。

② 投标人代表的法定代表人授权委托书。

③ 投标函。

（2）投标报价部分一般包括的内容

① 投标总报价说明。

② 工程量清单报价表。

③ 单价分析表。

④ 按照招标文件要求填写的参与编制经济标投标文件人员名单。

⑤ 其他辅助说明资料。

工程量清单的组成、编制、计价、格式、项目编码、项目名称、工程内容、计量单位和工程量计算规则应按照招标人给出的工程量清单及国家标准《建设工程量清单计价规范》（GB 50500—2013）以及各省、市、自治区相关定额及清单规范执行。

更详细的投标文件格式和内容请参考本书第 8 章的相关内容。

5.4.3 招标文件中工程量清单的编制

5.4.3.1 工程量清单概述

工程量清单计价是建筑工程招标投标活动中按照国家有关部门统一的工程量清单计价规定，由招标人提供工程量清单，投标人根据市场行情和本企业实际情况自主报价，经评审低价中标的工程造价计价模式。其特点是量变价不变。实行工程量清单计价法能够建立公开、公正、公平的工程造价计价和竞争定价的市场环境。

按照国家标准《建设工程工程量清单计价规范》（GB 50500—2013）的统一规定，全部使用国有资金投资或以国有资金投资为主的工程建设必须采用工程量清单计价。实行工程量清单招标后，各施工企业按照招标人提供统一的工程量清单，结合工程实际情况和自身实力，自主报价。

工程量清单招标是在建筑工程施工招标投标时招标人依据工程施工图样和招标文件的要求，以统一的工程量计算规则和统一的施工项目划分规定，为投标人提供实物工程量项目和技术性措施项目的数量清单，投标人在国家定额指导下，结合工程情况、市场竞争情况和本企业实力，并充分考虑各种风险因素，自主填报清单开列项目中包括工程直接成本、间接成本、利润和税金在内的综合单价与合计汇总价，并将所报综合单价作为竣工结算调整价的招标投标方式。

5.4.3.2 工程量清单招标的优势

1. 适应市场经济发展的需要

工程量清单招标实现了量价分离、风险分担,将现行以预算定额为基础的静态计价模式变为将各种因素考虑在全费用单价内的动态计价模式,同时,能够反映出工程个别成本。所有投标人均在统一量的基础上结合工程具体情况和企业自身实力,并充分考虑各种市场风险因素,即在同一起跑线上公平竞争,优胜劣汰,避免投标报价的盲目性,符合市场经济发展的规律,充分体现市场经济条件下的竞争机制。

2. 有利于廉政建设,规范招标运作

实行工程量清单招标时,发包人不需要编制标底,淡化了标底的作用,避免了工程招标中的弄虚作假、暗箱操作等违规行为,有利于廉政建设和净化建筑市场环境,规范招标运作、减少工程腐败现象。

3. 节约工程投资

实行工程量清单招标时,合理、适度地增加投标的竞争性,特别是采用经评审的低价中标方式,有利于控制工程建设项目总投资,降低工程造价,为建设单位节约资金,以最少的投资获得最大的经济效益。

4. 有利于推动企业提高自身管理水平

工程量清单招标要求施工企业加强成本核算,苦练内功,提升市场竞争力,提高资源配置效率,降低施工成本,构建适合本企业投标报价系统,促使施工企业自主制定企业定额,不断提高管理水平,同时也便于工程造价管理部门分析和编制适应市场变化的造价信息,更加有力地推动政府工程造价信息制度的快速发展。

5. 降低社会成本,提高工作效率

实行工程量清单招标避免了招标人、审核部门、投标单位重复做预算,节省了大量人力、财力,同时缩短了时间,提高了功效,特别是社会功效,克服由于误差带来的负面影响,准确、合理、公正,便于实际操作。采用工程量清单报价时,工程量清单由招标单位提供,投标者可集中力量进行单价分析与施工方案的编写,投标标底的编制费用也可节省1/2,避免了各投标单位因预算人员水平参差不齐、素质各异而造成同一份施工图样所报价的工程量相差甚远,不便于评标与定标,从而也不利于业主选择合适的承建商。此计价法给投标者提供了一个平等竞争的基础,符合商品交换要以价值量为基础,进行等价交换的原则。工程量(实物量)清单报价实质上是同一时期内生产同样使用价值的不同企业各自劳动消耗量之间的竞争。

6. 实现与国际惯例接轨

我国加入世界贸易组织后,行业技术贸易壁垒下降,建设市场将进一步对外开放,我国的建筑企业将更广泛地参与国际竞争。工程量清单招标形式在国际上采用最为普遍,其计价法是一种既符合建设市场竞争规则和市场经济发展需要,又符合国际通行计价原则。为适应建设市场对外开放发展的需要,采用工程量清单招标,有利于与国际惯例接轨,加强国际交流与合作,促使我国建筑企业参与国际竞争,不断提高我国工程建设管理水平。

5.4.3.3 工程量清单的编制

工程量清单应由具备招标文件编制资格的招标人或招标人委托的具有相应资质的招标代理、造价咨询机构负责编制。工程施工招标时所编制的工程量清单是招标人编制确定招标标底价的依据，是投标人策划投标方案的依据，同时也是工程竣工结算时结算价调整的依据。

工程量清单是招标人或招标代理单位依据招标文件及施工图样和技术资料，依照目前预算定额的工程量计算规则和统一的施工项目划分规定，将实施招标的工程建设项目实物工程量和技术性措施以统一的计量单位列出的清单，是招标文件的组成部分。工程量清单编制的主要内容与要求如下：

（1）工程量清单由封面签署页、编制说明和工程量清单三部分组成。

（2）编制说明的内容包括编制依据，分部分项工程项目工作内容的补充要求，施工工艺特殊要求，主要材料品牌、质量、产地的要求，新材料及未确定档次材料的价格设定，拟使用商品混凝土情况及其他需要说明的问题。

（3）工程量清单应按照招标施工项目设计图样、招标文件要求，以及现行的工程量计算规则、项目划分、计量单位的规定进行编制。

（4）分部分项工程项目名称应使用规范术语，对允许合并列项的工程在工程量清单的列项中需作准确描述。

（5）按现行项目划分规定，在工程量清单中开列建筑脚手架费、垂运费、超高费、机械进出厂及安拆费等有关技术性措施项目。

（6）工程量清单应采用统一制式表格，计量单位执行现行预算定额规定的单位标准，工程数量保留两位小数。

5.4.4 招标文件中标底的编制

招标项目需编制标底的，应根据批准的初步设计、投资概算，依据有关计价办法，参照有关工程定额，结合市场供求状况，综合考虑投资、工期和质量等方面的因素合理确定。标底编制后，必须报招标投标管理机构审定。标底一经审定，应密封保存至开标时，所有接触过标底的人均负有保密的责任，不得泄露。

5.5 本章案例分析

招标文件为某关系户量身定做造成严重后果

1. 案例背景

某市大堤堤基截渗工程造价为 8 900 万元（人民币，下同），招标人想通过相关媒体对外发布公开招标公告。水利管理中心某领导堂弟袁某得知消息后，在招标申请期间，立即联系本市 7 家和外地在本市备案的 4 家水利工程施工企业商量，协议每家企业交纳报名资料费

2 000 元，以获取资格预审资料并签订项目施工挂靠协议。2003 年 11 月，袁某将资料送招标代理——某招标投标咨询有限公司。通过与招标人打招呼，招标代理按袁某掌控的 11 家企业已有的资格审查材料量身制作并发布招标公告和资格预审公告。在资格预审报名结束后，只有 13 家企业报名，在资格审查时，仅有的 2 家外围企业均被"清理"出局，最后，袁某操纵让收取挂靠费最低的某县水利水电公司中标，中标金额为 8 896 万元。

袁某向其他未中标的单位分别支付了 15 000～18 000 元的陪标费。在施工期间，因袁某不熟悉水利工程技术和管理，并且挂靠单位技术力量薄弱，管理混乱，对挂靠的工程只是收钱，而对工程质量和安全从不过问。2005 年，洪水冲毁了大堤，导致下游人民财产受到严重损失。中央和地方检察部门通过查处，已将相关责任人绳之以法，并对其他相关部门也采取了相应措施，如省水利厅吊销了某县水利水电公司施工资质，省工商部门吊销了其营业执照，没收非法所得并处罚金，同时，还给参与围标的企业停止一年投标资格的处分，给参与的外市企业取消来本市投标的处罚。

2. 案例分析

此案例中，评标委员会的专家之所以能把工程评给袁某的公司，就是因为招标文件就是专门为他定做的。近年来，笔者在实践中发现类似的为关系户量身定做招标文件的现象并不少见。投标人弄虚作假，招标人或招标代理机构与投标人串通，通过内定标、外陪标，在制定招标文件时暗中偏袒，在评标时暗做手脚等非法手段，搞明招暗定的虚假招标。

在建筑领域，这些违法、违规行为严重扰乱了建筑市场的经营秩序。该案例中，整个招标、投标事件完全由袁某操纵，中标价接近标底限价，既浪费了国家的财产，也造成了低质的隐患。招标人和评标委员会选择技术力量薄弱、管理混乱、只管收钱不顾工程质量和安全的施工单位，导致大堤成为豆腐渣工程，最终被洪水冲垮，使下游人民的生命财产受到严重损失。为了防范类似情况的发生，相关监管部门可以通过审查招标文件发现违规的蛛丝马迹，如在招标文件中取消资格预审，而改为资格后审。资格后审不单由评委审查，在中标候选人确认期间还要由招标人或监管机构进一步审查。

当然，除了对招标文件进行审查外，监管部门还可以通过其他途径发现此类违法问题。例如，在中标公示期，由招标人组成的核查小组实地考察中标候选人；加强工程监理制度建设，工程监理人员业务技术由协会管理，劳动工作关系由企业管理，职业道德水准由监察部门负责考核；招标代理和预算清单编制费用由财政直接支付，切断招标代理与招标人的经济业务关系；纪检监察和招标投标管理部门加强监管力度，也可以跟踪监察事情的进一步发展。

因招标文件过严造成有效投标人少于 3 家而流标

1. 案例背景

2007 年 6 月，H 招标代理机构受 G 市交通局委托办理办公大楼工程（1 幢 8 层，建筑面积为 16 817 m^2，含土建、装修、幕墙、机电、消防、安防、电信网络、大楼周边道路绿化等）施工项目的招标投标事宜。招标人认为两次公开招标因有效投标人数量不足 3 家招标失败而向 G 市招标投标监督管理机构递交申请报告，要求以直接发包的方式确定施工单位。

2. 案例分析

经分析发现，此案例就是典型的因招标文件制订不科学、不严谨和条件太苛刻造成有效投标人不足而废标的事例。在实践中，笔者也多次发现此类问题。因招标文件规定的资质、时间、条件太苛刻而造成投标人有效竞争不足，既耽误业主的工作，也会造成资金的浪费。

经过分析发现，本案例中，招标文件中的招标公告规定，投标单位资格必须满足以下条件：

（1）具备房屋建筑工程施工总承包一级、市政工程一级、装修及幕墙二级、机电设备安装一级或以上资质；具备 G 市建筑企业和工程中介机构登记备案证书，且在有效期限内；具有安全生产许可证等。

（2）对项目经理或建造师的要求有：拟委派驻本工程的项目经理或建造师必须具备一级资质，且具有项目负责人安全考核合格证，近三年内在本企业本地担任项目经理，完成过一个以上的同类工程并获得省优质样板工程；企业三类人员均取得有效的安全生产合格证书；在近三年内，企业在 G 市完成过质量合格且类似的工程三个或以上（已验收合格的房屋建筑工程施工面积在 17 000 m² 以上）；近三年没有发生重大安全事故、质量事故等。

（3）对企业的财务状况要求有：2003—2005 年度的资产负债率均不超过 40%（以投标申请人提供的 2003—2005 年度企业财务审计报告为准）。

经分析发现，本案例中，从招标公告的内容来看，招标文件比较周密，但招标文件的条件太苛刻，这是造成流标的主要原因。并且，招标文件提出的这些条件依据不足，满足条件的潜在投标人数量太少，存在排斥潜在投标人的问题，只能要求重新修改后发布招标公告。

进一步分析发现，这份招标文件互相矛盾，例如：

（1）按照《建筑业企业资质管理规定》，取得施工总承包资质的企业，可以承接施工总承包工程；施工总承包企业可以对所承接的施工总承包工程内的全部专业工程自行施工，也可以将专业工程或劳务作业依法分包给具有相应资质的专业承包企业或劳务分包企业；取得专业承包资质的企业（以下简称专业承包企业），可以承接施工总承包企业分包的专业工程和建设单位依法发包的专业工程；专业承包企业可以对所承接的全部专业工程自行施工，也可以将劳务作业依法分包给具有相应资质的劳务分包企业。因此，招标公告中要求投标人既具备房屋建筑工程施工总承包一级资质，又具备市政工程一级、装修及幕墙二级、机电设备安装一级等专业承包资质，不符合规定。

（2）《注册建造师执业管理办法》规定，一级注册建造师可担任大、中、小型工程施工项目负责人，二级注册建造师可以承担中、小型工程施工项目负责人。该招标工程项目负责人要求一级建造师资质过高，对近三年内在本企业本地担任项目经理且完成过一个以上的同类工程并获得省优质样板工程的要求没有法律依据。

（3）企业财务状况良好，2003—2005 年度的资产负债率均不超过 40%，建筑施工企业资产负债率均不超过 40% 的较少。

因此，从以上的分析可知，能达到此类条件的企业基本上不可能存在，本案例中的工程流标也就毫不奇怪了。笔者认为，在本案例中，要使招标文件合理和使招标能顺利进行，除企业的资质等级、项目负责人的资格等级、安全生产许可证、营业执照、税务登记证、组织机构代码证及法律法规规定的其他应具备的条件外，其他都不能作为资格预审的必备条件。

售价 2 000 元的招标文件

1. 案例背景

某省某造价不到 300 万元（人民币，下同）的公路养护项目，招标代理公司发布招标公告，规定每份招标文件售价 2 000 元。在招标公告发出后，竟然有 60 多家施工公司作为投标人报名购买招标文件。招标代理机构仅在招标文件购买环节就收费近 12 万元，并将其归为己有。招标工作完成后，没有中标的投标人向有关部门投诉。有关部门经过调查后认定这家招标代理机构存在通过售卖招标文件牟利的行为，遂作出相应的行政处罚。

2. 案例分析

一些招标代理机构利用和投标人的不对称地位，大肆出售招标文件牟利，损害了投标人的利益。笔者发现，某些大型的招标项目，每份招标文件竟然收费 5 000 元；一些比较薄的招标文件，招标机构为了牟利，附带出售光盘，收费达几千元；还有的项目，招标人（业主）在发售资格预审文件时漫天要价，招标单位广为发售，买者不下上百家，仅此即可收入数万元，且不出具税务局制发的发票，有些甚至是白条。而投标人为了中标，明知没有办法抵制招标代理机构的这种行为，也只能忍气吞声。投标人的这种默认行为，反过来也助长了招标代理机构的气焰。

《招标代理服务收费管理暂行办法》第九条规定，出售招标文件可以收取编制成本费，具体办法由省、自治区、直辖市价格主管部门按照不以营利为目的的原则制定。就本案例来看，收取 2000 元的招标文件编制费显然过高，有明显的牟利目的，因此行政监督机构的查处行为是适当的。

思考与练习

1. 单项选择题

（1）招标文件的发售时间不少于（　　）。

    A. 3 个工作日　　　　　　　　　　B. 5 个工作日

    C. 3 个日历日　　　　　　　　　　D. 5 个日历日

（2）招标人对已发出的招标文件进行澄清或者修改，应在投标截止时间至少（　　）前进行。

    A. 3 个工作日　　　　　　　　　　B. 5 个工作日

    C. 15 个日历日　　　　　　　　　　D. 5 个日历日

（3）我国施工招标文件的编写不包含的内容有（　　）。

    A. 投标有效期　　　　　　　　　　B. 评标方法

    C. 提前工期奖的计算办法　　　　　D. 投标保证金数量

（4）下列关于编制标底应遵循的原则的说法，不正确的是（　　）。

    A. 工程项目划分、计量单位、计算规则统一

    B. 按工程项目类别计价

C. 应包括不可预见费、赶工措施费等

D. 应考虑各地的市场变化

（5）下列关于招标人自行招标的说法中，不符合《工程建设项目自行招标试行办法》规定的是（　　）。

A. 招标人应当具备编制招标文件和组织评标的能力

B. 自行招标应当向有关行政监督部门备案

C. 一次核准自行招标手续只适用于一个工程建设项目

D. 招标人应当在发出中标通知书后的 15 日内向有关行政监督部门提交招标投标情况的书面报告

2. 多项选择题

（1）招标文件收取的费用应当限于（　　），不得以营利为目的。

A. 补偿印刷成本支出　　　　　　　B. 补偿邮寄的成本

C. 补偿电话费的支出　　　　　　　D. 补偿办公费的支出

（2）招标文件中必须载明的内容有（　　）。

A. 评标方法　　　　　　　　　　　B. 开标时间和地点

C. 投标保证金　　　　　　　　　　D. 中标后的合同条款

（3）根据《中华人民共和国招标投标法》，应当由招标人或者招标代理机构在招标环节完成的工作包括（　　）。

A. 发布招标公告　　　　　　　　　B. 编写招标文件

C. 进行资格预审　　　　　　　　　D. 组织现场踏勘

（4）根据《工程建设项目施工招标投标办法》，招标代理机构可在其资格等级范围内承担的招标工作包括（　　）。

A. 拟定招标方案　　　　　　　　　B. 编制和出售招标文件

C. 组织开标、评标　　　　　　　　D. 编制评标报告

（5）根据《工程建设项目货物招标投标办法》，编制招标文件应当（　　）。

A. 按国家有关技术法规的规定编写技术要求

B. 明确规定是否允许中标人对非主体货物进行分包

C. 要求标明特定的专利技术和设计

D. 用醒目的方式标明实质性要求和条件

3. 问答题

（1）对于建筑工程的招标，由于招标文件编制不科学、不严谨所带来的招标风险有哪些？

（2）编制招标文件时，如何防止串标和围标等行为？

（3）招标文件包含哪些内容？

（4）相关法律法规对招标代理机构或招标人对招标文件进行澄清或修改的规定有哪些？

（5）建设工程的经济标文件，编制已标价工程量清单时，应注意哪些方面？

4. 案例分析题

某市属投资公司投资的大型会展中心项目，基础底面标高为 −15.8 m，首层建筑面积为 9 800 m²，项目总投资 2.5 亿元人民币，其中企业自筹资金 2 亿元人民币，财政拨款 5 000 万元人民币。施工总承包招标时，招标文件中给定土方、降水和护坡工程暂估价为 1 800 万元

人民币，消防系统工程暂估价为 1 200 万元人民币。招标文件规定，该两项以暂估价形式包括在施工总承包范围的专业工程中，由总承包人以招标方式选择分包人。后甲公司依法成为中标人，并按招标文件和其投标文件与招标人签订了施工总承包合同。甲公司是一家有数十年历史的大型国有施工企业，设有专门的招标采购部门。在总承包合同签订后，甲公司自行组织土方、降水和护坡工程以及消防工程的施工招标。招标文件均规定接受联合体投标，投标保证金金额为 20 万元人民币。其他规定如下：

（1）土方、降水和护坡工程（标包 1）：投标人应具备土石方工程专业承包一级资质或地基与基础工程专业承包一级资质。

（2）消防系统工程（标包 2）：某控制元件金额不大，但技术参数非常复杂且难以描述，设计单位直接以某产品型号作为技术要求，允许投标人提交备选方案。

在招标过程中，出现以下情况：

（1）标包 1 中，某投标人是由 A 公司和 B 公司组成的联合体。A 公司具有土石方工程专业承包一级资质和地基与基础工程专业承包二级资质，B 公司具有土石方工程专业承包一级资质和地基与基础工程专业承包一级资质。

（2）标包 2 中，某投标人是由 C 公司与 D 公司组成的联合体。双方按照联合体协议约定分别提交了 60%和 40%的投标保证金。在开标时，主持开标的人员发现，E 公司的投标函及附录中提供了两套方案及报价，一套为德国产品，一套为美国产品、其中美国产品的方案写明备选方案。

问题：

（1）标包 1 和标包 2 是否属于依法必须进行招标的项目？

（2）甲公司是否可以自行组织招标？简要说明理由。

（3）标包 2 的招标文件对控制元件的技术要求是否妥当？简要说明理由。

6 建筑工程投标策略

当前，建筑工程招标投标市场和制度日趋成熟和完善，市场竞争行为变得越来越规范化和理性化。特别是由政府投资的工程，基本上是需要进行投标的。因此对于建筑施工企业而言，重视投标就是重视业务、重视市场。提高中标率，在中标项目中实现利润最大化，不仅关系到企业的发展和效益，甚至关系到企业的生死存亡。投标是企业间综合实力的竞争，不仅取决于技术力量、管理水平、社会信誉等要素，而且取决于决策者的智慧和经验。只有充分利用各种资源，充分发挥投标策略，在每次投标中尽量做到尽善尽美，才能最大限度地提高中标机会。

6.1 组建良好的投标班子

投标要成功，首要的是要有一个好的投标班子，能够统筹兼顾，考虑、应付投标过程中的各种复杂问题。投标工作是一项技术性很强的工作。有时还是一项非常紧迫的工作，需要有专门的机构和专业人员对投标的全过程加以组织和管理。建立一个强有力的投标班子是投标成功的根本保证。如果把投标比作一次战斗，则战斗中既需要有指挥能力的指挥员，也需要有攻城略地的战斗员，而且还需要指挥员和战斗员结合良好。对大的投标，投标班子应由企业法人代表亲自挂帅，配备经营管理类、工程技术类、工程造价管理类的专业人员。其班子成员必须经验丰富、视野广阔、勇于开拓，能够掌握科学的研究方法和手段，对各种问题进行综合、概括、分析，并作出正确的判断和决策。

对于大型企业或经常参与投标的企业，应该设有常设性的投标机构和班子，来负责所有的投标工作，如投标部（或室、科、处）等投标机构。首先，人员数量上要配备齐备，专业配合上要互补；其次，要有迅速反应的能力，适应加班的需要。有些投标，涉及的专业多，技术要求高，工程量大，从购买标书到递交投标文件的时间短。例如，某些项目招标时，业主苦心设计，以抢时间为名，不顾实际工作要求，故意缩短购买标书或投标截止的日期，将购买标书截止的时间安排在公告的次日。试想，如果不设专门机构和人员注意搜集信息，是不会有机会去投标的。还有一些项目的招标，在企业购买招标文件后有新的澄清文件，相应的投标文件可能随时需要修改，因此，投标过程中适应招标公司和招标文件的变化是常有的事情。再次，要有足够的敬业精神，有追求完美的企业文化。投标过程中的各种不可控因素很多，往往一些小的细节就可能造成废标，因此，既要具有宏观分析和决策能力的人来掌握投标决策，也需要很细心的人来具体操作。对于一些中型企业，也需要设立投标的常设机构，只是可以在人员上少一些，只有三四人。平时他们负责搜集投标信息，积累投标经验，负责总体协调工作，投标时再从其他部门抽调人员编写投标文件。

工程投标人员在没有投标任务时，应随时注意搜集各方面的投标信息，积累投标经验，并结合企业自身的实际情况，作出比较科学和完整的投标评估报告，在全面分析投标信息后，提出建议供决策层判断，一旦决定投标，就立即组织好人、财、物，以确保投标工作的顺利进行。

有些比较小的公司，可能无常设性的投标机构，而当需要投标时，则临时组建或抽调人员组建投标班子，这就更需要有好的投标负责人，临时组建的团队更需要有团队合作精神。由于公司小，机构相对精干，人员较少，需要有更好的激励措施去激励和管理投标团队。但是，在无常设性的投标机构的情况下，如果获得招标信息的时间距离投标文件的截止日期较近，那么靠临时拼凑的投标班子仓促上阵，就很难做出合格的投标文件而中标，只能造成不必要的浪费。

为了在建设市场竞争中获得胜利，投标单位应设投标办事机构，并及时掌握和分析建设市场动态，积累有关技术经济资料和数据，遇到招标工程时，则要及时研讨投标策略，编制标书，争取中标。投标工作并非是由少数经济管理人员编制标书以及从事报价所能完成的，而是需要投标单位的主要行政、技术负责人和有关业务部门组成强有力的班子才能胜任。

企业经理或业务副经理作为主要负责人，能及时进行决策，并根据建设市场变化及时调整策略。

企业总工程师或专业副总工程师负责投标项目的实施方案组织、技术措施、施工工艺、工程质量、工期进度等措施的制定。

企业合同预算部门的负责人负责投标报价工作，但投标报价要与所制定的投标策略相协调。

企业器材部门负责人要充分了解建材市场行情，能为投标决策者提供有关器材供应、价格方面的信息。

财务会计部门负责人要提供本单位的工资、管理费、设备折旧费及有关社会平均利润等有关标价方面的资料。

生产技术部门负责安排工程计划，协助本单位技术负责人制定质量保证文件及施工技术方案。

为了投标的准确性，必要时可请有信誉的工程咨询公司和技术信息单位协助提供必要的技术、经济信息以及编制投标报价书。为了保守本单位对外投标报价的秘密，投标工作人员不宜过多，尤其最后决策的人员要少而精，以控制在本单位负责人、总工程师及合同预算人员范围之内为宜。

6.2　广泛搜集各种招标信息和情报

信息时代，信息成为投标企业发展的重要战略物源。作为一个即将参与投标的企业，建立功能强大、反应高效的信息资源库是十分必要的。投标人要对投标项目进行分析，首要的是要取得各种有效信息。这些信息，既有国内外的各种宏观经济政策信息，也有社会、经济、环境法律信息，还有各地的省情、市情等信息；既有关于投标项目本身的信息，也有关于竞争对手的信息。只有事先掌握充分、准确、客观的信息，才能做好投标工作。

企业参与投标，首先要做的就是采集招标信息。如果招标人采用公开招标方式，那么按《中华人民共和国招标投标法》的规定，应当通过国家指定的媒体发布招标公告。这是企业获得招标信息的重要渠道。目前，国家有关部门分别指定了一些发布招标公告的媒体。国家发展和改革委员会指定《中国日报》《中国经济导报》《中国建设报》和中国采购与招标网发布依法必须进行招标的政府采购项目的招标公告。财政部指定《中国财经报》中国政府采购网发布政府采购项目的招标公告。原国家经济贸易委员会指定《中国招标》杂志发布技术改造项目的政府采购招标公告。另外，一些地方政府、工程交易中心、政府采购中心等网站和媒体也发布相关招标信息。如果招标人采用邀请招标方式，则招标范围由招标人确定，不公开发布招标信息。因此，对企业来说要想全面掌握招标信息，除关注上面提到的相关媒体之外，还应设法与招标机构建立密切的关系，便于立即了解有关信息。另外，从项目源头掌握招标信息也是一个应给予充分重视的途径。

与搜集招标信息比较起来，对招标信息进行认真的过滤和筛选更为重要。这种筛选应以规范性、适用性、及时性为准则，但由于没有统一的发布公告的媒体，因此容易导致信息发布的混乱。一些公告只在专业性或地方性的报纸上发布，看起来是公开招标，而实际上却带有较强的倾向性。不够规范、缺乏信用的招标机构，也会使公开招标不够公平、公正。因此，选择规范的招标项目进行响应是投标的首要原则。其次是适应性，在大量的招标信息中要选择适合自己产品的标，以提高中标率，减少不必要的支出。准备投标文件是一贯复杂的过程，必须有足够的准备时间。

6.2.1　对社会、经济环境进行分析

6.2.1.1　掌握政府宏观决策和各种法律法规信息

要对整个社会、经济环境进行分析，还要对政府的相关决策和法律进行分析，特别是要了解和掌握国家的重大方针政策和相关的招标投标法律、政府采购法律以及各部委制定的有关投标条例等；要熟悉经济领域的法律法规、行业法规以及技术规范和行业标准，并将其作为投标工作的行为准则；要分析建筑材料、施工机械设备、燃料、动力、水和生活用品的供应情况、价格水平，还包括过去几年批发物价和零售物价指数以及今后的变化趋势和预测。

6.2.1.2　分析当地省情、市情信息

要分析当地的投标市场，是否规范和开放，是否有排外倾向；要分析当地经济的活跃程度和国内生产总值、运输条件和营商环境、配套能力和交通基础设施条件、劳务市场情况（如工人技术水平、工资水平、有关劳动保护的情况），必要时还要分析项目业主或所在地的经济发展战略统筹决策等。

6.2.1.3　分析项目本身的信息和投标环境

每个建设项目从得到招标信息到跟踪信息、参与投标直至签订合同都是一个系统的过程，在这个过程中任何一个环节都是相当重要的。要分析招标工程项目本身的情况，如工程性质、规模、造价、技术要求、发包范围、工期；要分析招标工程项目资金来源是否落实，对购买器材和雇佣工人有无限制条件，工程价款的支付方式，合同条件是否苛刻等。对于比较重要的工程，最好进行现场勘察。对于施工招标，还要考察项目施工场地的地形、地质、地下水位、交通运输、给排水、供电、通信条件的情况。

对于野外作业的招标，如桥梁、隧道工程等，要特别注意调查投标项目的自然环境、气象、地质、水文条件等。投标环境直接影响工程成本，因而要完全熟悉掌握投标市场环境，并做到心中有数。投标环境的主要内容包括：

（1）场地的地理位置，地上、地下障碍物的种类、数量及位置，土壤条件（质地、含水量、pH值等）。

（2）气象情况，如年降雨量、年最高温度、年最低温度、霜降天数及灾害性天气预报的历史资料等。

（3）地下水位、冰冻线深度及地震烈度。

（4）现场交通状况（铁路、公路、水路），给水排水、供电及通信设施，材料堆放场地的最大可能容量，绿化材料苗木供应的品种、数量和途径，以及劳动力来源和工资水平、生活用品的供应途径等。

投标企业一定要做好投标前的各种准备和筛选工作，不能毫无目的、不加选择，不能有信息就上、见标就投。在前期的信息跟踪过程中，企业要了解项目的很多关键要素。

6.2.2　投标企业自身进行分析

投标企业在投标时一定要掌握准确全面的信息、资源，选择适合自己企业资质和实力的、企业所擅长的、能够体现企业优势的项目来分析；要结合投标企业的发展战略和主要有利条件来综合考虑，经过合理筛选后再决定是否参加投标，既不能贪大，超出自身实力去投标，因投标"消化不良"造成失误而给企业带来不必要的风险和损失，也不能总是强调客观困难，面对蓬勃发展的建筑投标消极应付、无所作为，丧失良好的发展机遇。对于承包难度大、风险大、技术设备和资金不到位的工程，以及边勘察、边设计、边施工的工程均要主动放弃，否则，有可能陷入工期拖长，成本加大的困境，使企业的信誉、效益受到损害，严重者可能导致企业亏损甚至破产。但是，如果招标工程是本企业的强项，或业主意向明确，对可以预见的情况，如技术、资金等重大问题都有解决的对策，就应坚决参加投标。当企业无后继工程，已经出现窝工现象，或部分亏损时，中标后至少可以使部分人员、机械减少窝工，减少亏损，此时应该不惜代价，尽最大努力去投标，投标后做到严格管理，减少成本和风险。

在投标之前，企业还要对招标文件的内容进行严格评审，企业营销及投标人员要对本企业的优势和实际操作水平了如指掌，要通过对项目各种条件的认真分析，去伪存真，权衡利弊，制定合理的投标策略，以抓住主要矛盾，规避和化解项目运作风险，做到当断必断。

例如，浙江××建设有限公司是刚晋升的一级总承包企业，有充足的后备力量拓展业务，而目前所在的区域建筑市场已面临"僧多粥少"的局面，正待开拓外地市场，提高市场占有率，而广东省××市经济发达，当地建设项目多，竞争对手少，且工程造价偏低，对公司有一定的吸引力，能参加该工程的投标既是拓展经营的契机，又是对公司实力的挑战。该公司在该地区通过不断发展，已中标了不少项目，并且已有了一定的知名度。

6.2.3 对竞争对手进行分析

俗话说，知己知彼，百战不殆。只有对竞争对手了如指掌，才能有针对性地瓦解对方，使自己立于不败之地。这就要求建立竞争对手档案，特别是同行、同类投标单位的一些情况，包括法人代表、干部配备、技术力量、主要设备和经济实力，了解竞争对手的历史和现状，包括他们的投标经历、投标风格、投标特点和经营状况等。

要分析、研究竞争对手的投标报价，研究他们对该招标工程的兴趣、意向以及当前承担任务的情况，推算得出对方可能的报价。这是一项难度较大但很有实际意义的工作，如果能把对手的报价分析透，则可使自己的报价优于对手，既能够接近标底，又避免了为中标而压低报价，从而为中标后获得更好的经济效益提供保障。当然，在对竞争对手的分析中，最好结合历史记录，同时充分了解业主的习惯做法，特别是其评标、定标的做法和方式，确定业主可能接受的标底价，以便灵活调整自己的价格范围。

例如，广东某建筑公司属于广东本省的建筑企业，在某项目的投标中，发现参加该项目投标的投标人除自己外其他都是国内的国有企业，它们虽然实力强大，有丰富的施工经验，但是对外商尤其是港商投资开发的项目施工经验很少，在招标会中其他对手显示出对该工程的投标报价模式非常陌生，而该公司早于20世纪90年代初期起就已参加了多个同类项目的投标，并成功地承接了多个港资项目，对同类项目的投标过程相当熟悉，同时在同类项目的施工管理和成本控制上积累了很多宝贵经验，因此参加这次投标就会有很大优势。

总之，投标企业在获得投标机会后，并非一定递交投标文件，要经过可研性研究来决定是否参加投标。其研究的内容如下：

（1）能否达到该项目建设单位的目标，如质量、工期等。

（2）在成本分析中是否有优势，有无重大风险。

（3）该项目所需的技术、机械设备、劳动力，本企业能否满足。

（4）工程条件，如自然条件、经济条件等。

（5）竞争对手和竞争激烈程度。

（6）该项目的完成能否为本企业打开局面。

（7）做好该项目是否得到新的投标机会。

（8）投标工作的难易程度。投标工作难度越大，所耗费用、人力、物力、财力就会越大。

6.3 常用的投标策略

6.3.1 研究投标策略的必要性

投标策略在国外是作为一门学问来研究的，其最终目的是用最小的代价取得最大的经济效益。建筑工程投标是一项系统工程，是极其复杂的并具有相当风险的事业。在瞬息万变的工程市场中，投标竞争不仅取决于竞争者的实力，而且取决于投标的策略。其成功与否，主要在于经营管理，而经营管理的重点是决策。投标策略是投标人经营成败的关键，已为很多有经验的投标人所验证。

投标策略是投标过程的关键性环节，对招标投标双方都有重要的意义。对招标单位而言，选择合适的中标方案可达到确保工程质量、降低工程造价、缩短建设工期、提高经济效益的目的。对承包商而言，通过投标活动，可以促使企业抓管理、上水平、提高社会信誉和竞争力。投标是建筑业主要的竞争方式，承包商通过投标竞争，确定为什么样的用户，在什么样的生产条件下，生产什么样的建筑产品，并得到最大的利润。

但是，有些投标人不靠自身实力中标，而热衷于走关系，破坏了社会风气，造成不良的影响，应予杜绝。实际上所谓的投标策略，最根本的还是靠自身的实力和企业的诚信。投标策略虽然非常关键，但是对投标只起辅助的作用，或者说，只是使投标人的实力发挥能恰到好处，使投标更具有针对性而已。

6.3.2 与评标方法相结合的投标策略

一般的工程招标，在招标文件中都会提供评标方法，有的招标项目甚至会在招标文件中提供评标细则。投标人在制定投标策略时，一定要根据各种评标的特点，特别是各种评标细则，在投标文件中有针对性地进行策划。实际上，每种评标方法都是有漏洞的，不可能没有缺点。利用评标方法的特点或漏洞进行策划，可以收到良好的效果。

6.3.2.1 综合评分法

综合评分法是目前在国内应用比较广泛的评标方法，在部分建筑工程招标及几乎大部分建筑设备招标中大量使用。这种评标方法，对招标人来说，体现的是采购人的意图，使其买到称心如意的产品或服务，运用起来灵活性较强；对投标人来说，能够体现公司的综合实力或对投标项目的资源提供能力。这种评标方法实际上将各种评标项目的分数累加，有这项就可以得分，这项的资料就得高分。投标人只要尽量提供有用的资源，尽可能满足招标文件，就会大大地增加中标的概率。例如，对于注重售后服务的工程或建筑设备来说，售后服务的权重就会比较大，对这样的投标，实际上只要加大售后服务承诺的力度，超过招标文件的要求，那么售后服务这块就优于招标文件了，就可以得到最高分。还有一些招标项目，交货期比较长，投标人只要组织得当，完全可以做到比招标文件规定的日期提前四五天，但是哪怕只提前 1 天，其商务条件就优于招标文件。再如，在商务评审中，只要提供项目业绩复印件，就可以得分。在有些评标方法中，还需要提供验收报告或业主的满意度调查结果。这样的调查实际上很容易进行，就看投标人是否重视了。

在综合评分法中，投标策略运用得当使高价投标战胜低价投标成为可能。这种情况的产生主要取决于两方面的因素。一方面是招标人或采购人的倾向。对于注重产品质量的招标人或采购人来说，只要产品价格在其采购预算内，哪怕很高，也有可能中标，因为在评分方法中会相应提高质量、品质的权重，而放低价格的权重。同理，如果注重价格，在评分标准中质量和价格所占的权重就会发生逆转，低报价中标的可能性就会较大。因此，在招标人或采购人注重产品质量的情况下，某个证书或许抵得上 10 万元的投标报价。这是因为提供了某个证书，技术分可以提高几分或几个百分点，相当于报价也可以提高几个百分点。如果该招标项目有几百万乃至上千万的规模，则某个证书抵得上 10 万元的投标报价完全有可能。另一方面，在价格权重不大的综合评分法中，使用低价就未必明智，因为价格所占的权重小，除非大幅度降价，否则小幅降价意义不大，对总分的影响甚微，而低价则会影响某些评委对自己的印象，很多评委在技术评审时就给高报价打高分，给低报价打低分，这样高报价反而有可能中标。

在笔者所参与的评标中，使用综合评分法评审招标项目时，通过运用投标策略而中标的比比皆是。在技术、报价等其他条件完全相同或基本接近的情况下，某个投标人因为提供了某个证书而中标的情况非常常见。例如，某项目招标，某公司提供了从业人员的社保证明，使商务胜出，从而综合得分最高。也有因为企业通过 ISO9000、ISO14000 认证等加分而中标的。还有的因提供了经审计的财务报表而中标，实际上财务未审计的投标人的财务指标可能比审计的投标人的财务指标更好，但是招标文件明确规定，不经审计的财务报表就是得 0 分，评审专家只能按招标文件打分。还有的在其他条件差不多的情况下，只因提供了项目经理的资质而中标。

6.3.2.2　性价比法

性价比评标方法也是建筑工程或建筑设备招标常用的评标方法。性价比评分法就是按照性价比最优的原则来选定中标人的方法。根据专家评委为各投标单位打出的代表投标标的物性能的直接得分，以及包括投标人信誉、综合实力在内的间接得分，两者之和作为性能得分，再根据投标报价，以性能分除以价格分得出量化的性价比，最高者为第一中标候选单位，按由高到低的顺序排列，若出现性价比得分相同的情况，则低价者优先中标。与综合评分法不同的是，性价比评标法有第二次开标的问题。虽然在这种评标方法中价格占有非常重要的因素，甚至是决定是否中标的关键因素，但是这种投标方法也需要有正确的策略，因为在某些性价比评标方法中，技术、商务打分不入围的话，价格再低也没有意义。何况，对于一个上千万的招标工程来说，如果性能分等高几分，那么在同样的条件下，报价就可以多几十万元，经济效益十分显著。在实践中，使用性价比法评标时，除非某投标人的报价非常低（但有可能被质疑为低于成本价），否则价格最低的投标人往往不是中标者，通常会依据招标文件的要求从技术、价格、实力三方面进行综合评审后，通过考核打分决定。

性价比评标法无疑是一种比较科学的方法，但在实践中，操作起来需要完善，专家在打技术分时主观性比较大，打商务分时相对客观一些。另外，对如何得出性价比的评审细则，每个招标项目和招标文件有不同的方法。性价比评标法目前在建筑设备招标上应用较为可行，而在建筑工程项目招标中的应用却不是很合适，因为很难确定工程项目的性价比。由于性价比评标方法的主观性比较大，因此有较多的投标策略可以研究。例如，招标项目采用性价比法，投标人就可能依据招标文件规定的评分标准和自身情况选择不同的投标策略，既可以使用高质量产品投高价，也可以使用高质量产品投低价，特别是在同时投不同的标时可以灵活使用，因为在不同的投标中，投标人的业绩、信誉、资质等级完全一样。

案例分析 某市地铁轨道车、牵引车、接触网作业车三个项目的招标同时举行，投标人都是相同的 A、B、C 三家公司，评审方法为性价比法。按招标评审规则，三家公司可以同时中三个标。评审分三天进行，同一个专家委员会每天进行一个标的评审。三家公司的公司实力和财务数据见表 6-1。A、B、C 三家公司的评审结果见表 6-2。

A 公司成立时间最早（在 20 世纪 50 年代成立），属于老牌的大型国企。从表 6-1 可以看出，A 公司实力最强，公司经营良好，资产负债率最低，总资产、营业额都是三家公司中最高的。另外，A 公司的声誉最好，在行业内的名气最大，业绩最多。B 公司成立时间不过 20 年，地处中西部地区，也是国企，公司实力和经营状况次之，技术力量一般。C 公司是 2012 年成立的新公司，公司资本力量薄弱，因为刚成立，业绩不多，极需要中标发展，但该公司属于合资公司，技术力量不是很差。实际评标结果（见表 6-2）出来后，可以看出并不是技术、资本、业绩强的就能中标，也不是低价就能中标，跟投标策略的运用有很大关系。

表 6-1　A、B、C 三家公司的实力和财务数据

公司	总资产/万元	总负债/万元	存货/万元	流动资产/万元	流动负债/万元	资产负债率	速动比率	营业额/万元
A	132 998	60 802	21 080	72 053	60 802	0.46	0.84	108 652
B	50 453	40 063	14 056	43 505	40 063	0.79	0.74	69 142
C	5 729	3 774	2 055	5 635	3 774	0.66	0.95	796

表 6-2　A、B、C 三家公司的评审结果

项目	轨道车			牵引车			作业车		
公司	A	B	C	A	B	C	A	B	C
性能分	82.86	73.71	79.51	87.20	79.59	68.00	79.19	86.16	81.06
投标价/万元	4 112	3 040	4 909	6 414	6 400	5 632	5 100	5 360	6 649
性价比/（万元/分）	0.020	0.024	0.016	0.014	0.012	未进入性价比	0.015 5	0.016 1	0.012 2
排名	2	1	3	1	2	—	2	1	3

从表 6-2 可以看出，C 公司的投标策略是失败的。按理说，C 公司技术力量也不差，在三个标中，除了一个标的性能分低于 70 分而未能进入性价比排序外，其他两个标中，性能分都不是最低的。但是，C 公司的报价是有问题的。在牵引车招标中，C 公司报价最低，但是连进入性价比的资格都没有，而在轨道车、作业车招标中，C 公司的性能分都在中间，但是

报价确是最高的，最终也失去中标资格。实际上，这三个标的利润都很大，C 公司刚成立，也迫切需要中标来求生存。在此次招标中，三个标，三家公司，竞争一点也不激烈，C 公司完全可以通过调低报价，获得一个中标的大单。A 公司的投标策略相对它的实力来说，也谈不上很成功。A 公司技术力量、资本力量、人力、物力都是最强的，在性能得分方面，A 公司在三个标中有两个标的得分都是最高的，而报价只在牵引车招标中最高，且与 B 公司非常接近，可以忽略不计，但 A 公司最终只中了牵引车这个标。B 公司的实力、业绩都一般，但是投标策略最成功。例如，在轨道车招标中，B 公司的性能分最低，但 B 公司的报价远远低于 A、C 公司，最终获得了中标。在作业车的投标中，B 公司的报价不是最高的，但性能分最高，所以 B 公司以微弱优势中标。由于同时中两个标，因此 B 公司在轨道车招标中因中标而"损失"的利润，完全可以在作业车招标中挽回来。综观此次投标，B 公司是最大赢家。

6.3.2.3　二次平均法

二次平均法是建筑工程中常用的评标方法。这种方法的投标策略，主要还是在投标报价的运用方面。在这种评标方法下，投标人的报价既不能太高，以免超出最高限价而废标，也不能低于底价。一些招标文件明确规定，最低限价不能低于最高限价的 60%，因此要认真阅读标书。

二次平均法的算法决定了报价的策略。一般情况下，一次平均法的算法都差不多，有的是简单机械平均，有的是去掉最高和最低报价后再平均，关键是要看第二次平均价的算法。如果二次平均价是第一次平均价与有效报价中的最低价平均，则一般是进入二次平均评标中的次低或第三低的投标价中标，最高、最低报价一般都不可能中标。如果二次平均价的算法中有系数增加或减少报价，而系数是随机抽取的，则随机性比较大。但是，无论哪种情况，在这种评标方法下，最低价或最高价一般是不能中标的。

作为投标人员，要制定合适的投标策略，一定要认真阅读评标方法，最好作几次模拟报价，自己先进行推演评标。

6.3.3　与投标项目特点相结合的投标策略

在建筑工程招标中，各种招标项目有不同的特点。无论是施工、勘察设计、监理，还是建筑设备投标，对应的投标策略都是不同的。因此，结合投标项目的特点，进行投标策略研究，可以收到良好的效果。

6.3.3.1　勘察设计类工程的投标策略

勘察设计类工程的投标策略应侧重于技术和创意。在这样的投标中，投标人最好以业绩说话，拿过往的业绩、奖项说话是最有分量的。相反，对勘察设计类工程的招标，一般业主并不太看重报价。因此，作为投标人，一味地压低价格，效果可能适得其反。

对勘察设计类工程的投标，投标策略在于提升投标企业的资质，不断提高企业和员工自身的综合素质。对于勘察设计类工程招标，一般不会将勘察设计费的投标报价作为主要定标因素，因为现行的工程勘察设计费只占整个工程造价的 5%～10%，而设计质量好坏对工程造价的影响则远比勘察设计费大得多，不是百分之几的问题，可以到百分之十几、二十几甚至三十几。越是大型项目、复杂项目，设计的优劣对造价影响就越大。同时，现在各地都在搞精品工程、样板工程、形象工程，因此勘察设计的技术和创意更加富有分量。在有些设计招标中，只要投标能入围，还可以得到一笔数量不菲的设计费。业主一般不会在乎一点设计费用。因此，对勘察设计类工程的投标，总的策略是投标人的投标文件在实质上响应招标文件要求，应着重从投标人的技术能力（包括投标人拟投入勘测设计的项目人员及设备仪器，项目负责人及分项负责人的资历、经验，投标人拟采用的勘测设计新技术、新方法、新设备等）方面考虑，从投标人勘测设计资历、信誉及获奖情况等方面进行策划。此外，投标人还应考虑从设计期服务及施工期的后续服务、工程技术设计方案的优劣、投资估算的经济性和合理性、设计进度计划、勘测设计技术方案的比较选择等方面进行策划。就项目本身来说，应该通过技术比较、经济分析和效果评价，实现在技术先进的条件下经济合理，在经济合理的条件下优先确保技术先进。在满足项目功能的前提下，注意设计理念的科学与统筹，以最少的投入创造最大的经济效益，真正实现经济效益、社会效益与环境效益相统一。

对勘察设计类工程的投标，一定要在弄清楚业主意图和要求后，把项目的可行性研究、勘察、设计、材料、设备采购等方面的工作做足，最好能在投标之前去现场勘察，多与业主接触，充分理解业主对工程项目的需求，并通过设计方案全面地表现出来，与业主一同沟通、确定。

6.3.3.2 土建施工类工程的投标策略

土建施工类工程的投标比较特殊，竞争非常激烈，是几种工程招标中竞争最激烈的。土建施工类工程投标的策略除了根据评标方法和公司战略外，还特别需要根据工程的特点来决定投标策略。此类工程招标的难度和效益与气候、地质、水文条件的关系很大，很多不确定性因素往往取决于工程项目本身。决定此类工程投标策略的自身条件有：一看该投标项目对需要的主要技术力量（包括技术指导和技术操作人员）的数量和质量的情况是否有特别要求；二看投标企业现有技术设备和能力是否能适应招标工程的需要；三看对投标项目的了解深度，要预计可能修改设计的情况及需要补充设计的工作量；四看投标企业主要领导人对投标项目的熟悉情况和管理人员的经验；五看招标单位供货条件（品种、数量和供货时间）、主要器材及社会商品可供应情况；六看中标后，对推进本单位技术进步、提高企业声誉和新的中标机会的影响；七看建设市场的竞争情况，重点了解报名参加投标的单位的技术、经济实力与本单位的差距；八看以往是否干过类似工程，指挥和管理经验是否适应，最重要的还是企业的质量保证和质量信誉是否能得到对方的认可。

对于比较重大的工程施工投标，要特别注意经济风险、技术风险和自然风险；要分析当前国家经济发展趋势对该项目的影响，哪些领域的建设是国家对该地区的投资重点和热点；要认真研究自然风险，分析该项目所在地的气候、水文、地质条件和其他自然环境因素对投标及将来中标后施工的影响；要注意技术风险，分析该项目中的高、大、精、尖工程科技含量给施工承包方技术能力要求带来的风险。将以上复杂的风险分解为若干层次和要素，进行比较、判断和计算，得到不同方案的权重，达到风险应对和风险转移，从而确定该投标项目的可行性，制定相应的投标策略。

对于施工类工程，如果对项目调查不够，对地理、水文、地质、气候不熟，那么即使中标，也会给企业带来极大的隐患，低价中标更加如此，往往费力不赚钱。例如，广州某施工企业本来很红火，公司发展如日中天，在某次投标中，顺利地中标了某地块的施工工程。中标后，公司顺利开工，但不久，该项目地基出现塌方，工地活埋了 4 个人，工期被拖，该公司被广州市建委通报批评并罚款，业主最终放弃了该项目。该公司对此项目的赔偿金额超过上千万元，最终公司被清算破产。原来该工程的地质条件不好，并且是在地铁上盖，非常容易塌方。这就是工程投标策略失误的结果，原因是没有详细调研，也没有足够的技术力量。

对施工类的工程投标，要注意以下几点：对招标单位的分析与评估，如招标单位近期经济效益是否良好，资金是否雄厚，是否提出承包商垫资要求，对工程报价要求是否十分苛刻；该工程地质条件如何，地下部分各种管线是否复杂，是否临街，基坑要求是否很高；施工场地是否狭窄，是否处于繁华地段，施工现场平面布置困难否，业主提供的施工条件怎样。

编制技术标书时，要求编写人员要有丰富的现场施工经验和应变技巧，要对该评分项目进行全面的分析，做好现场勘察，了解周围环境。在编写技术标书时，要考虑以下几个问题：

（1）根据工程的特点采用先进的施工方法（包括合理的技术措施和可靠的安全措施），并能针对工程实际情况提出建设性的意见。

（2）工期承诺：进度计划要合理，保证措施要具体，并能优化工期管理流程，缩短工期。

（3）施工总平面布置可行、合理、具体。

（4）配置数量足够的施工设备和机具，材料进场时间与进度要吻合。

（5）项目管理机构合理，主要管理人员及技术人员素质高，施工人员数量能满足施工要求。

（6）文明施工，有明确、具体、可行的质量和安全保证措施。

（7）设备、材料的品质要符合招标文件的要求。

（8）投标文件做到文字清晰工整、内容完整、装订整齐、编排合理。

6.3.3.3 机电安装类工程的投标策略

机电安装类工程的投标策略总体跟土建工程相类似，只是机电安装类工程的技术要求没有土建工程高，风险、成本相对容易预见和控制。目前，机电安装类工程的招标、评标办法不完全相同，虽然国家及一些主管部门发布了一些有关的执行管理办法、招标文件及范本，但是一定要根据业主或招标文件的要求去确定投标策略。机电安装类工程的投标要注意以下几个方面：

（1）资质：各种资质齐全，并尽可能拥有一级、甲级等高资质，如项目经理证书、安全证书、消防证书等。

（2）质量：为了提高中标概率，符合招标要求，必须采用高质量的目标，并提出保证质量的具体技术措施和交工后保修期内的保修承诺，使业主对质量放心。

（3）施工方案：施工技术方案必须先进合理。如何在施工组织设计中提出一项或多项先进的施工工艺，并附上过去施工工程的实例和录像以及该工程质量优良的证书复印件，已达到业主的要求。

（4）施工条件：从现场实际情况出发，合理规划施工平面布置，如钢筋尽量布置得既便于管理，又利于搬运，尽量减少临时设施费用。

机电安装类工程的投标策略可以归结为以下几点：

（1）透彻理解招标文件，合理安排人员。接到招标文件后，首先要认真阅读投标须知、技术规范和设计文件。对于需要澄清的问题，应及时以书面的形式向招标人提出。全面分析招标文件的内容，包括业主的意图、报价要求、合同条件、评标原则及准备提交的资料（如银行保函、资质证明等）。如果机电安装类工程涉及面广、技术要求高、难度大、时间短，就需要投标单位根据职员的特长建立完善的人才库，根据工程的内容合理安排负责人员，以便量标而用，做出更合理的标书。

（2）应符合招标文件要求，争取入围主动权。在详细评标之前，评标机构首先审定每份投标文件是否实质符合招标文件的要求，是否为有效标书，并对有效标书进行复核。因此，投标文件一定要符合招标文件的有关条款和规范等，否则投标文件将被业主拒绝，取消其资格。

（3）抓住重点，编写好技术标书。技术标书的编制，要求编写人员要有丰富的现场施工经验和应变技巧，要对该评分项目进行全面的分析，做好现场勘察，了解周围环境。在编写技术标书时，要考虑以下几个问题：

① 对主要竞争对手的分析与评估。分析竞争对手施工资质是否为一级，据此可得出对手报价是否会低于定额；分析竞争对手企业实力如何，是否具备较好的技术素质，在建筑界是否有较高的声誉；分析竞争对手与业主以往的交往经历，是否在场地或技术措施上具备有利条件。

② 自我分析与评估。计算报价的原则是：必须通过技术方案反复论证，在人员配备、施工进度、取费标准和该取的利润与施工管理费等方面想方设法降低造价，以达到工程报价优于竞争对手的目的。

③ 在确定工程工期时，必须首先核算招标单位要求工期与定额工期的差距，根据所了解的主要竞争对手和业主要求，分析本企业可能争取到工期缩短的可能性。所选定的工期目标只有优于对手，并尽量满足业主要求，才能提高中标概率。实际上缩短工期是一种非常好的投标策略。例如，一个机电施工项目，招标文件规定工期为 120 个日历天，只要投标人控制得好，一般就可以提前几天甚至半个月完工，特别是那种业主急切希望工期能提前的，往往还能获得提前完工奖励。

案例分析 某机电安装公司针对某高校实验室及办公室机电安装与装修工程投标。该公司通过认真阅读标书发现，该工程处于大学城校园内，要求文明施工，对噪音、扰民等方面特别敏感，且该校利用暑假进行机电安装和装修，要求开学后就能投入使用，对时间的要求比较紧（工期为 60 天）。招标书规定，每提前竣工一天，奖励 3 000 元，每推迟竣工一天，则罚款 1 000 元。该公司经研究，决定采用比较低的价格。同时在文明施工方面做出非常具体的承诺书，在措施费用方面加强说明，所损失的费用由提前竣工的奖励来补偿。最终，该公司的方案打动了所有评委，如愿以偿的中标。

6.3.3.4 监理类工程的投标策略

监理工作实际上是一种服务性的工作，而监理公司有点像管家，也类似于项目管理公司。

因此，监理类工程投标总的要求是服务好、清廉、正直，要在投标文件中明确要求提供的服务承诺。监理公司要完全站在业主方，替业主管好工程项目。

监理公司要中标，最主要的投标策略是在服务范围、服务质量、服务深度方面加强，同时费用要低廉。与其他投标不同的是，监理类工程投标的投标报价基本上体现在人工费用、办公费、车辆费等，所需要的机械、设备类的费用很少。施工监理类工程投标过程主要有资格审查、标前会议、编制标书、投标报价和标书的排版和包装。其中，标书中的施工技术建议书和财务建议书尤为重要。施工技术建议书是评标委员会自始至终要考察对比的对象。财务建议书中的投标报价代表着投标监理单位的最终竞争能力与水平。熟悉招标文件、了解投标的评标办法是增加中标机会的首要条件，并要在保证工期和工程质量的前提下，以最低成本完成业主委托的服务合同。

监理单位的质资代表着监理单位业务人员的数量、技术职称、专业组成、注册资金、测试仪器的配备、管理水平以及监理业绩等方面的综合能力。资格审查能否通过是投标申请人参与投标过程中的第一关。只有通过审查，才有资格被邀请参与投标。一般资格预审的内容包括：申请人的资质等级、营业执照、授权书；申请人在工程建设中的监理业绩；拟投的主要人员和仪器设备的情况；申请人信誉及履约情况；申请人的技术能力、监理经验、监理经历、财务状况等。对于上述内容，投标申请人平时就应注意将一般资格预审的有关资料准备齐全，并全部储存保管好，到针对某个项目填写资格预审调查时，再将有关资料调出来，并做好跟踪工作，以便及时发现问题，补充资料。

通过资格审查的监理单位将被邀请参加投标。现场考察是投标者必须经过的投标程序，也是投标报价的初步依据。按照惯例，投标者提交的报价一般认为是在现场考察的基础上编制的报价。现场考察时一般对以下几个方面进行了解：工程的性质、概况、主要工程量以及与其他工程的关系；当地的地方法规和政策；工程周围的地貌、地质、气候、交通、电力、水源等情况；工地附近的住宿和办公条件；工地附近的治安情况以及市场情况、民情等；当地经济状况、人均收入等。

监理投标策略还要做好技术建议书和财务建议书。对这类工程的投标，千万不能只做"规定动作"，最好还要有"自选动作"，以增加投标的特色。监理投标文件的编制原则要遵循两条原则，即公平、公正、诚实、信用原则和充分理解原则。在编制监理投标文件时必须首先遵循公平、公正、诚实、信用这基本的原则，这一原则是监理投标文件编制工作的一条重要准绳。所谓充分理解原则，是指投标人在编制投标文件前必须对招标人提供的招标文件进行仔细阅读，在充分理解招标人对招标文件编制。

监理单位的技术建议书是投标人对工程项目中监理任务的实施方案。它既体现监理服务的指导思想，也体现承接监理任务的经验和能力，同时还表明对该项监理任务的理解。监理技术建议书表明了工程监理工作中的进度监理、质量监理、费用监理和合同管理的流程和工作方法。它是投标人对业主的承诺，是业主据以判定监理工作的深度和广度，以便衡量监理费用的合理性，并作为选择监理单位的重要依据。一旦业主接受，它将成为业主检查施工过程中监理工作的依据。监理技术建议书关系到合同段施工监理组织合理与否，方案是否可行，报价是否合理。施工技术建议书不合理也不能中标。

监理技术建议书编制的原则是在满足招标文件要求的工期和工程质量的前提下，以最低成本，完成业主委托的服务合同。施工技术建议书里的人员机构设置、工作程序以及施工方案的建议应该是可行的，计划应该是合理的。

监理技术建议书的内容应包括以下几个方面：

（1）工程概述。主要对拟投监理工程的总体概况进行简单描述。

（2）监理工作范围。依据合同附件中的"监理服务的形式、范围与内容"中规定的监理服务的要求和范围，对拟投监理标段的监理工作、主要监理人员的岗位职责进行必要的阐述。

（3）监理机构的设置。最好通过框图的形式，直观而明确地表达拟投监理标段的组织机构设置，并对拟投入工程项目的主要监理人员的资质和相关经历给予简单描述。

（4）设备。根据监理单位自身的实力和拟投监理标段的现场工作需要，对拟投工程项目的试验检测设备作简要介绍。

（5）监理工作程序。分别对质量控制、进度控制、投资控制、合同管理、信息管理、组织协调等方面，结合监理工作的阶段划分，进行监理工作的方法与流程的详尽阐述。

（6）工程监理工作的重点与难点分析。根据招标文件及现场察看情况，对工程项目监理工作需要特别给予重视的问题逐一论述并给出解决难点的对策。

（7）对工程项目设计、施工方案的建设性意见。为更好地完成工程项目的监理工作，监理单位可按照自身的实际经验，对工程项目监理工作提出良好的建议。

（8）保证监理人员廉洁奉公方面的措施。

（9）还要有财务建议书。财务建议书是监理服务费用的依据，也就是监理单位为承担监理服务而要求得到的报酬及其支付条件。编制财务建议书时应根据业主招标文件的要求，编制与其监理技术建议书所承诺的工作相对应的报价。工程监理费要根据监理业务的范围、深度和工程规模、难易程度及工作条件而定，并根据招标文件确定的方法进行计算。财务建议书的主要内容包括财务建议书说明、监理费报价汇总、办公及生活设施报价、监理人员服务费报价、交通车辆使用费报价、日常办公用品报价、办公设备使用费报价以及试验检测设备使用费报价等。

案例分析　××区政府机电安装工程监理招标，采用综合评分法进行评标，共有 6 家监理单位参加了投标。按照招标有关规定，招标公司组织专家对各投标人递交的资格预审申报资料表进行符合性和强制性标准的摘要、整理、审查，专家组召开资格预审初评会，经资格预审专家组认真研究，对其中达不到符合性和强制性标准的 2 家监理单位予以剔除，通过符合性和强制性标准的单位计 4 家。评标采用综合评分法（百分制），技术、商务、价格分别占40 分、20 分和 40 分。最终，某公司以绝对优势胜出，顺利中标。该公司的资质最高，项目经理优势突出，管理人员、技术人员数最齐全，监理方案合理，因此技术得分最高。同时，该公司注册资金多，监理业绩多，履约能力强，商务得分高。最后，该公司报价虽然较高，但是因为是综合评分，所以总得分是最高的。

6.3.4　与公司发展战略相结合的投标策略

6.3.4.1　深入竞争对手腹地策略

所谓深入竞争对手腹地策略，是指投标企业利用各种手段，进入招标所在省、市或地区，使自己尽可能地接近或演化成当地企业，以谋取投标的有利条件。当前，在我国的各种招标中，有些地方存在保护主义，甚至以红头文件的形式限制外地企业参与，或者对外地企业设置种种障碍，而对本地企业有一些优惠。还有一些项目的招标，虽然当地政府没有设置限制，但是业主希望中标企业在本地设立办事处或售后服务点，以便中标人能提供及时、周到的售后服务。因此，对一些重要地区，如经济比较活跃、招标数量又多的城市或地区，不妨注册成立地方分公司或办事处，就可以消除或减少以上困难，在招标中争取主动。如果成立分公司有困难，则可以先成立办事处或售后服务点，对投标来说，会方便很多。有的招标文件规定，在本地没有售后服务点的投标人不符合资格性审查，还有的招标文件规定，在本地注册或纳税的投标人，商务得分有加分等。

6.3.4.2　生存策略

生存型策略是指投标报价以克服生存危机为目标而争取中标，可以不考虑各种影响因素。社会、政治、经济环境的变化以及投标人自身经营管理不善，都可能造成投标人的生存危机。这种危机首先表现在企业经济状况变差，投标项目减少；其次，政府调整基建投资方向，使某些投标人擅长的工程项目减少，这种危机常常会影响营业范围单一的专业工程投标人；再次，如果投标人经营管理不善，则会存在投标邀请越来越少的危机。这时投标人应以生存为重，采取不盈利甚至赔本也要夺标的态度，只要能暂时维持生存渡过难关，就会有东山再起的希望。

6.3.4.3　竞争型策略

投标报价以竞争为手段，以开拓市场、低盈利为目标，在精确计算成本的基础上，充分估计各竞争对手的报价，以有竞争力的报价达到中标的目的。投标人处在以下几种情况时，应采取竞争型报价策略：

（1）经济状况不景气，近期接收的投标邀请较少。

（2）竞争对手有威胁性。

（3）试图打入新的地区。

（4）开拓新的工程施工类型。

（5）投标项目风险小、施工工艺简单、工程量大、社会效益好的项目。

（6）附近有本企业其他正在施工的项目。

这种策略是大多数企业采用的，也叫保本低利策略。

6.3.4.4　盈利型策略

这种策略的投标报价充分发挥自身优势，以实现最佳盈利为目标，对效益较小的项目热情不高，对盈利大的项目充满自信。下面几种情况可以采用盈利型报价策略：投标人在该地区已经打开局面，施工能力饱和，信誉度高，竞争对手少，具有技术优势并对招标人有较强的名牌效应，投标人目标主要是扩大影响；或者施工条件差、难度高、资金支付条件不好，对工期质量等要求苛刻的项目等。

6.3.4.5　长远发展策略

长远发展策略实际上是先打开局面并着眼长远发展的策略。有些企业志向远大，不追求短期利润，不刻意追求现实利益，着眼于未来发展，为开拓市场、创造业绩，掌握技能，锻炼队伍、培养能力，以微利保本的价格参与竞争，争取将来的优势。投标人注重于长远发展，采取先亏后盈策略。对分期建设且具备一定技术含量的大型工程，在第一期工程投标时，可以将部分间接费分摊到第二期中去，少计算利润以争取中标。这样在第二期工程投标时，凭借第一期工程的经验、临时设施以及创立的信誉，比较容易中标。但应注意分析获得第二期工程的可能性，如开发前景不明确等。还有一种情况就是，前期工作做得好，和业主配合良好，或者业主为了使设备的统一，只能或倾向于前期的中标人，这样长远发展战略就成功了。

案例分析 在××省安全办组织的应急消防指挥车招标会上，来自南京的××公司就采取了长远发展战略。××省准备在 2013 年采购 2 台应急指挥车，以完善应急指挥系统。该公司得知该应急指挥车采购项目将是一次难得的发展机遇，因为该采购项目完成以后，领导将参观应急指挥车和应急指挥系统，并在该省召开现场交流会。另外，这样的指挥车在我国还没有使用过，而在现场交流会后，将在全国各省、市推广。因此，该公司志在必得，非常重视，派出精干力量，在专家评审会上又是用图片演示，又是提供实物模型，而且承诺提供 40h 的免费卫星信号租用，并且报价又低，最终顺利中标。

总之，投标策略是投标人经营决策的组成部分，指导投标全过程。影响投标策略的因素十分复杂，加之投标策略与投标人的经济效益紧密相关，所以必须做到及时、迅速、果断。投标时，根据经营状况和经营目标，既要考虑自身的优势和劣势，又要考虑竞争的激烈程度，还要分析投标项目的整体特点，按照工程的类别、施工条件等确定投标策略。

6.4　投标报价策略的运用

在满足招标单位对工程质量和工期要求的前提下，投标获胜的关键因素是报价。报价是工程投标的核心。报价一般要占整个投标文件分值的 60% ~ 70%，代表着企业的综合竞争力和施工能力。若报价过高，则可能因为超出最高限价而丢失中标机会；若报价过低，则可能因为低于合理低价而废标，即使中标，也可能会给企业带来亏本的风险。因此，投标企业应针对工程的实际情况，凭借自己的实力，综合分析，研究形成最终的报价，达到中标和赢利的目的。

投标报价策略是投标策略的一种。精明的报价既能对招标单位有较大的吸引力，又能使承包商得到足够多的利润。考虑到投标报价对投标的影响巨大，运用方法也较多，这里在投标策略之外，单独对投标报价进行讨论。

6.4.1　投标报价的前期工作

投标过程中最重要的一环就是投标报价，要以科学严谨的态度来对待，不能"头脑发热"或是领导一句话就草率定价。要以造价信息和市场实际的调研数据为依据，结合企业的实际情况来分析社会平均成本。

在投标报价的组织结构上，应当将报价小组分为两个层次，一是核心层，二是信息层。核心层是做具体工作的，负责施工图预算的编制和成本价的测算，在人员构成上要专业配套，选配精通于结算业务、熟悉招标投标知识、懂施工的骨干人员，并负责对信息层提供的信息进行筛选和判断。通过对行情的综合分析和对本企业自身及经营目标的权衡，得出工程成本价、预算价及优惠后的最终报价。信息层应做好以下几项工作：

（1）对工程的规模、性质、业主的资金来源和支付能力进行仔细的调查分析。

（2）了解业主在以往工程招标、评标上的习惯做法，对承包商的态度，尤其是能否及时支付工程款，能否合理对待承包商的索赔要求。

（3）认真研究招标文件，分清承包商的责任和报价范围，不要发生任何遗漏。

（4）查勘施工现场，考察其附近的农田房屋、构筑物以及地上地下设施对施工的影响。

要充分理解招标文件和施工图样。在投标决策下达并拿到招标文件和图样后，首先要认真熟悉和研究招标文件，把握工程建设中的重点和难点，然后逐行逐字研读招标文件，认真阅读其中所列的各项条款，吃透其内涵，还要充分理解招标文件及施工图样，对文件中清单项目组成的规定、定额选择的要求了然于心，否则容易造成报价偏离业主要求及其他投标人的报价而成为废标。对每项条款都要理解透彻，重新核算清单量，避免漏项或误解。

例如，某招标文件清单中的桩基础项目只列出桩基础的总长度，投标人在阅读招标文件时，就应该全面考虑到项目应包含桩孔钻进、混凝土浇筑、钢筋笼的制作和安装、入岩深度、泥浆外运、凿桩头及外运、钢护筒的制作和安装、钢筋笼运输等有关细项；还要弄清工程中使用的特殊材料，各项技术要求，以便调查市场价格；弄清招标文件中有问题或不清楚的内容，及时提出澄清；弄清各方的责任和报价内容，列出需要业主解答的问题清单和需要在工地现场调查了解的项目清单，以便确定经济可行的施工方案。

6.4.2 不平衡报价策略的运用

投标是为了中标，中标是为了盈利。在规则许可的框架内，通常是投标报价越低，中标概率越高，但获取的利润就会越低，反之亦然。

不平衡报价法是在一个工程项目总报价基本确定后，通过调整内部各个子项目的报价，以期在不影响中标的情况下既不提高总报价，又能在结算时得到更理想的经济效益。一般可以考虑在以下几方面采用不平衡报价：

（1）对能够早日结账收款的项目（如基础工程、土方开挖、桩基），可适当提高报价。因为一般的工程项目是按工程进度进行结算，所以容易结算的、单价高的工程可以先收到款，从而加快企业资金的周转和利用。

（2）将预计今后工程量会增加的项目的单价适当提高，这样在最终结算时可多赚钱；将工程量可能减少的项目的单价降低，这样在最终结算时损失不大。这是因为很多工程项目实行的是综合单价包干，结算时按实际工程量来结算。

另外还有一个不平衡报价的技巧：一般招标文件提供的工程量与实际操作中的工程数量都会存在差异，承包商在报价过程中若分析判断某一个项目的实际工程量会增加，则应相应调高单价，且工程量增加得越多，该项目单价的调整额度越大；对工程量可能降低的项目，相应降低其单价，从而保证工程实施后获得较好的经济效益。这里，分析判断的正确与否是至关重要的。它取决于对项目充分的调研、对准确信息的掌握以及经验的累积，并且与最终决策人的水平和魄力是分不开的。当然，在项目的操作运行过程中，项目经理也运用这一策略，对报价较好的项目，多方创造条件找寻合理理由说服业主增加工程量，同时尽力削减或变更报价中赔钱的项目，以获取最大利益。不过有矛就有盾，一些业主为了防止投标人过度使用不平衡报价法损害自身的利益，往往会在招标文件中说明不平衡报价的极限。因此，投标人必须仔细阅读招标文件，防止因过度使用不平衡报价法而失去中标资格。

6.4.3 盈利型报价策略的运用

这种报价策略以充分发挥企业自身优势为前提，以实现最佳盈利为目标。采用这种措施时，企业往往已经在市场上打开局面，施工能力强、信誉度高、技术优势明显、竞争对手少，或者工程项目较为复杂，施工条件差、难度大、工期紧。这种报价方法常为有强大技术与经济实力的集团所采用。

还有一种情况是施工企业的经营业务近期比较饱和，该企业施工设备和施工水平又较高，而投标的项目施工难度较大、工期短、竞争对手少，非我莫属。在这种情况下，所投标的标价可以比一般市场价格高，以获得较大利润。

如果投标人独此一家或没有多少竞争性，那么还可以把价格报高一些，最后提出某一降价指标。例如，先确定降价系数为 10%，填写报价单时可将原计算的单价除以（1% ~ 10%），得出填写单价，填入报价单，并按此计算总价和编制投标文件，最后在投标函中作出降价承诺。这样，投标人既不吃亏，又有实质性的让步。在国外，这种通过降价系数来调整最后总价的方法被大多数成功的投标人所采纳。

6.4.4 低报价、高索赔型报价策略的运用

目前，市场上的招标项目以单价合同发包为主，它强调量价分离，即工程量和单价分开，使用过程中是量变价不变。利用设计图样和工程量清单的不够准确有意提出较低的报价，中标后再利用现场与施工图设计的不符与矛盾，进行工程变更与索赔，从而提高造价。这也是一种报价策略。这种策略就是先中标再说，不可经常使用，以免对企业形象和口碑造成损害。为了防止和中标人扯皮、纠缠，现在很多业主和招标人已使用总价包干，避免了低报价、高索赔的风险。

一个有经验的报价者，往往会把报价单中先干项目的单价调高，如进场费、营地设施、土石方工程、基础和结构部分等，而把后干项目的单价调低，即"早收钱"。这样既能保证不影响总标价中标，又使项目早日收回资金，进而使项目资金良性周转，同时还有索赔和防范风险的意义在里面。如果承包商永远处于这种"顺差"状态下，一旦对方违约或出现不可控制的因素，主动权就掌握在承包商手中，随时可向监理或业主发函，提出停止履约和中止合同。当然，这种不平衡报价要有个适当的尺度，一般以调高 10%较为合理。

6.4.5 投标报价规律与统计

投标报价是有规律可循的，一般从投标保证金可以看出来。一些建筑设备类的招标，保证金一般是招标限价的 1%，工程类的投标保证金一般为招标限价的 0.5%~1%。现在一些招标人为了防止投标人猜到底价（预算价），有把投标保证金提高 2%的。更有一些招标人，为了违规让某投标人中标，故意使用高额保证金来吓退潜在的投标人，在这种情况下，投标保证金可以达到招标限价的 10%甚至 30%，已违反了《中华人民共和国招标投标法实施条例》等法规。

据分析，建筑工程类的中标价格一般比预算价格低 5%~30%，依工程项目的性质和竞争的激烈程度而定。××市房屋建筑和市政工程施工 2006—2008 年投标中标价情况分析见表 6-3。从表 6-3 可以看出，除个别工程外，中标工程的中标价一般要比预算价低 20%左右。

表 6-3　××市房屋建筑和市政工程施工 2006—2008 年投标中标价情况分析

工程项目			项数			中标价对比预算价的下浮率/%		
			2006 年	2007 年	2008 年	2006 年	2007 年	2008 年
建筑工程（含配套安装工程）	一般厂房配套宿舍	3 千万元以下	8	6	1	20.45	18.44	27.48
		3 千万元（含）以上	3	1	1	20.19	28.30	26.0
	其他建筑工程	3 千万元以下	33	31	34	17.95	16.41	20.47
		3 千万元（含）以上	14	19	20	16.05	13.64	22.26
安装工程（单独发包）	管道工程		12	4	2	23.78	32.22	25.91
	电气工程		4	4	4	15.44	9.30	17.85
市政工程	道路工程		47	24	35	13.36	19.74	25.58
	桥梁工程		3	8	3	5.62	17.95	1.58
	沥青工程		3	4	7	5.38	5.24	24.81
	给排水/燃气工程		4	4	2	23.71	26.85	36.45
	路灯工程		2	4	7	5.33	17.25	21.57

注：① 表中所指的预算价与中标价均不包含单列的安全生产、文明施工措施费。

② 表中一些案例偏少的项目分析结果缺乏代表性，因此在参考使用时需特别注意；一些历年均无案例的项目，请参照周边城市同类工程的下浮率。

③ 表中数据仅供参考，各招标人应充分考虑工程实际情况，合理确定工程造价。

6.5　投标时应注意的细节问题

在招标投标过程中，投标人提交的每一份投标文件都凝聚着投标决策者和众多相关工作人员的大量心血，也消耗了投标公司的大量财力、物力。虽然每次投标能否中标的因素很多，但是由于投标人对招标文件研究不够深入，细节处理失当，在资格预审或符合性审查过程中被刷下来的也屡见不鲜。笔者参与了大量的评标工作，对某些因为投标细节注意不够而被废标的情况进行了总结，希望能对广大投标人有所启示。只有成熟地处理投标的每一个细节，才能带来一次成功的投标。这里，不对投标人实力、投标策略等客观原因所造成的废标或不中标原因进行探讨，而专门讨论由于投标文件格式、细节等方面处理不当所造成的投标失败。

6.5.1 投标文件的格式不对

6.5.1.1 没有签章或签名

相关法律和招标文件对签章或签名都有规定，最好严格遵照执行。投标委托函没有签名，或者注明签名的地方使用了签章，或者用所谓的投标专用章等其他公章代替投标单位公章等情况，碰到一些评审严格的专家，必定过不了符合性审查关。例如，某次工程投标，招标文件明确提出投标授权函要有授权人的签名，并且在招标文件中提供了样本，但某公司的投标文件用签章代替签名，在评标会上 5 名专家各自有不同的看法，有的说问题大，有的说是明显错误，最后专家投票，以少数服从多数的方法否决了这家公司的投标，使其连符合性审查都没有过，实在可惜。

6.5.1.2 日期不对

投标文件中很多地方需要签署日期，如投标函、授权函等重要文件。一些投标人粗心大意，没有注意日期的前后对应。例如，某投标文件的法人代表授权书，授权日期竟然在开标日期之后，这样的签署当然是不对的，尽管评标专家都知道这是笔误，但是依照相关法律，这就是不合格的投标文件。又如，某投标文件的法人代表授权书和投标函签署的日期都是 2209 年×月×日，实际上评标专家都知道应该是 2009 年×月×日，最后经讨论，为维护评标的严肃性，废除了此投标人进入下轮评审的权利。再如，日期签署前后混乱、矛盾，有的投标人将投标函、授权书的日期签成不同的日期，这本来没有什么问题，但是授权日期加上有效期不能短于开标（评标）的日期。可见，一些投标人可能投的标比较多，每次都是用现成的模板或对以前的标书稍加修改，在用计算机复制时忘记了修改，或是为了偷懒插入计算机上的日期，而计算机上的日期又不对。所以，造成日期不对这些小毛病的原因主要是粗心，没有仔细检查，但后果有可能非常严重。

6.5.1.3 投标文件的目录、页码混乱

一些投标文件粗制滥造，既没有目录，也没有页码。理论上，没有目录和页码不能否决投标文件，但是会影响评标专家的心情和对投标人第一印象，既给评标专家造成阅读和评审的困难，也在客观上给评标专家造成不专业的感觉而影响其得分。有的投标文件，在目录中有某项资料，但是正文中根本找不到这些资料。更有甚者，将技术标和商务标装在一起，而招标文件已明确要求要将技术标、商务标分开装订。对于投标文件的装订，有的招标文件要求商务标、技术标同册装订，有的要求分别装订，有的招标文件禁止投标文件用可拆装工具装订等。投标书的格式、外观和目录等直接反映出一个投标人的整体素质，切不可轻视。

6.5.2 投标文件的内容前后矛盾

一些投标文件除了格式不对外，内容方面也有一些细节考虑不周。投标文件的内容前后矛盾也是经常见到的事情，如标书前后的数量对不上，总价和单价与数量的乘积或小计对不上；有的公司名字与公章不一致；也有的售后服务承诺前后不一致，维修服务项目前后矛盾；还有的业绩不对，前面的表格中列出了投标人的业绩，后面的合同中又没有显示出这些业绩。

评标过程中曾经见到过投标文件前后矛盾的标书。在某次评标过程中，B公司的资质、条件完全符合招标文件的要求，封面、执照等都没有问题，但是在后面的报价、工程量清单表格中，每个表格的标头和标题竟然全部写成的都是A公司的名字，而A公司也同样参加了这次投标，并且A、B两家公司都属于广州市××区。显然，出现这样的问题，原因是B公司使用了A公司的投标电子版材料，甚至说A公司和B公司串通围标，而B公司忘记修改表格的表头，只是简单修改了价格。实际上这是两份一模一样的标书，这样的投标人显然会受到处罚。

6.5.3 投标文件做得尽善尽美

投标文件通常大同小异，内容差不多，有经验的话，就可以省时省力，少犯错误。投标经验既要求理论又要求实践，往往一两个错误就可能导致废标。要根据招标文件，利用计算机及软件制作精美、客观、清晰的投标文件，最重要的是加强职业操守和敬业精神。特别是要对投标文件的编制要求，签署要求、密封要求、装订要求方面进行认真检查，以符合招标文件的要求，防止因"技术犯规"而被废标。投标人要按照招标文件要求的内容、顺序和标准格式编制投标文件，切忌想当然，避免漏项，错项，画蛇添足等现象。标书中招标文件要求必须提供的内容应当章节清晰、一目了然，以便于评标委员会审阅，并在无形中提高投标人的印象分。有的招标文件在投标人必须提交的资料外，还允许提交投标人认为应当提交的其他内容。该部分不是评审委员会评审的重点，若招标文件没有特殊要求，一般将其附在最后，在篇幅上也不宜喧宾夺主，以免造成滥竽充数之嫌。同时竞投多个标段的，还要注意是每个标段分别提交标书，还是汇总后提供一套标书等。

（1）注意语言规范和格式。招标文件中一般对投标资料都提供固定格式或有明确的要求，投标人应准备清晰明确的文件。投标文件的语言要严密，特别是关键细节处，不要给评委留下企图蒙混过关的投机之感。例如，招标文件中要求企业提供产品的生产许可证，而有的企业证件已经过期，却不做任何说明，给评委种企图蒙混过关之感，导致废标。

（2）投标文件要严谨周密。资料齐全、编码完整，不掉页、缺页、错页。首先是招标文件的外观。有的投标人把散页的招标文件送来参标，这样，专家评标时不会有好印象，同时也不便于专家查看招标文件。因此，投标文件应装订成册，外观上尽量做得精致些。其次是标书在编排、分类上应更有利于评委的阅读。毕竟评标的时间很短，感性认识的东西较多，应创造快捷的途径让评委很好地阅读标书。最后是投标文件的装订。标书装订时首先要用明显的标志，以区分投标文件的每个部分。在一般情况下，评标时间都很紧张，如果投标文件排列有序，查阅便利，这样就有利于评标人在较短的时间内全面了解投标文件的内容。另外，投标文件要避免差错，装订得要精致，这样会给评委一个非常认真严肃的印象，增加他们的信任感。有的企业就是因为制作的标书是没有装订的散页，影响了本企业给评委的印象，而早早地被淘汰。可以说，标书的装订、排版水平会影响评标的印象分。

投标文件的制作也是企业形象的一种展示，应尽量减少错误。这些错误主要包括：没发现招标文件中的实质性内容，没有作出相应的响应，报价前后不一致。根据《中华人民共和国招标投标法》，投标文件必须对所有实质性内容作出完全响应。若对实质性内容里有一条未作出响应，则可能导致废标；若实质性内容偏离过大，则也可能导致废标。因此，企业要认真搞清楚哪些是招标文件中的实质性内容，对不懂的内容可向招标人或招标机构询问，直至搞清楚，这对保证响应所有实质性要求有很大帮助。另外，评委评标时，若发现有不严密的地方，他会以质疑的方式提出来，此时投标人应在答疑时把遗漏的地方补上，中标后，在执行合同时不要留下不良记录。

（3）要尽量把有效资料提供齐全。要把企业的基本情况表述清楚，不应仅局限于招标文件中要求的内容。企业的基本情况包括企业的营业执照、法人代表授权书、企业的经营状况、中标情况等。有些企业的实力很强，业绩也不错，但提供的投标文件却不充分。例如，某些投标文件中的财务报表很厚，但没有提供审计证明；某些招标文件中的评分细则明明规定要提供中标证书或合同复印件，并提供业主评价或验收报告才算有效，而有些投标文件仅提供工程业绩；也有的招标文件要求的工程业绩是与某工程相类似的业绩或某个时段以后的业绩等，如果投标人缺少某些关键材料，是不会被评标专家认可的。再如，一些投标单位的人力资源和技术力量，招标人明明要求投标文件提供社保证明，那就要老老实实地提供社保证明文件。

总之，粗枝大叶、眼高手低是投标的大忌。正如著名教育家陶行知先生所说："本来事业并无大小；大事小做，大事变成小事；小事大做，则小事变成大事。"细节决定成败，每一个投标人都应当从高处着眼，从小处入手，深入研究招标文件，科学制定投标策略，以缜密的思维、认真的态度做好每一次投标，才能在激烈的竞争中立于不败之地。

6.5.4 给业主、招标机构和评标专家留下良好印象

尽量详细描述自己的情况，特别是突出展示自己优于竞争对手的性能和特点，同时，还应将自身业绩、在其他项目中中标的情况、有关方面的评价、产品样本等有关材料充实到投标文件中，并分别配上详细介绍，以便向评委和招标人充分展示自己的实力。

投标人在招标机构和采购单位的信用情况往往成为其能否中标的原因之一。以前投标的良好信用记录，会为下一次投标铺平道路。这种信用主要体现在自身业绩与投标文件的一致性上，标志着投标文件的信用度。一旦有了这方面的不良记录，该投标人则很难在下一次投标中获胜。售后服务更是衡量企业信用的重要方面。提供好的甚至是超过投标条件服务条款的售后服务，如提供周边设备、延长服务时间等，都会为投标人树立良好的信用。

6.6 本章案例分析

某建筑公司投标策略分析

1. 招标项目简介

广东省某大学位于××大学城的实验室、办公室装修与机电工程安装项目，建筑面积为2 200 m²，投资预算约为680万元（人民币，下同），工期为三个月共90天。招标项目包括内外墙装修、电梯、空调安装，以及试验台架、给排水施工。该项目的主要设备（如空调、电梯）已另行招标确定，本次招标的一些主要建材如瓷砖、门窗、涂料、电缆、开关、灯具、插座、水龙头等包含于该招标项目中。业主单位推荐了58项材料的品牌，每项材料均推荐了4个品牌。该项目由某招标公司代理招标，业主派出用户单位（下属学院）监察并参与评标，在评标专家库中随机抽取5名专家参与评标。

2. 投标单位概况

本工程发布招标公告后，共吸引了9家投标人购买标书，包括广东省内的7家单位以及江西省、广西壮族自治区各一家单位。这些单位中既有建筑工程公司，也有机电设备安装公司，还有装修、装饰类公司。到开标截止日期止，共有7家单位递交投标文件和参与开标会，另有2家公司觉得竞争对手太多，感到没有中标机会，自动放弃出席开标会。为分析方便，将7家投标单位依次命名为A、B、C、D、E、F、G。这里以中标单位C为主要分析对象，分析其投标策略及做得出色的部分，顺便分析其他单位中不中标的原因。

3. 评标原则与评标办法

评标工作根据《中华人民共和国招标投标法》和《评标委员会和评标方法暂行规定》进行，并遵循公开、公平、公正、择优、信用的评标原则。评标委员会将按规定只对通过实质上响应招标文件要求审查的投标文件进行评价和比较。

本次评标采用综合评价法，考虑的因素有工程报价、施工组织设计、投标人信誉及综合实力、项目班子配置等，最后以报价合理，能够保证质量、工期，施工方案可行，社会信誉等为评标和定标的标准。本次招标，设立最高报价和最低报价限制，上限不能超过预算价（680万元），下限不能低于预算价的70%（476万元）。对技术标、商务标分别评审（技术标满分60分，商务标满分为40分，技术、商务总分占综合得分的60%），技术分、商务分之和达到75分以上算合格，然后再开价格标，价格占40分，占综合得分的40%，其评标基准价以二次平均法确定。价格分的评审办法为：第一次平均值为所有通过符合性审查的所有投标人的投标报价的平均值（如果超过6家，则去掉最高、最低再取平均值），第二次平均值（评标基准价）则以第一次平均值与通过技术、商务评审的所有报价中第二低报价进行平均。然后，各投标人的报价与评标基准价进行比较，如果投标价等于评标基准价，则以总分40分，每高于评标基准价1%扣2分，每低于评标基准价1%扣1分，直至0分。最后，以技术、商务、价格三项计算综合得分，综合得分最高者为第一中标候选人，该项目采用总价包干的形式，投标人的中标价即为合同总价。

本项目的工程结算方式分 4 次进行，中标签订合同后支付合同价的 10%，工程进度达到 70% 支付合同价的 50%，工程全部完工验收后再支付 35%，余下的 5% 作为质量保证金，工程保修期满后支付。

4. 评标过程

评标专家根据招标文件，先对 7 家投标人进行符合性审查。其中，A 单位的投标书正、副本中均没有附消防资质证书复印件，虽然业主说明在报名时已经验证过，并且拿出了复印件给专家复核，但是专家们观点不一致，请示业主单位的监察、纪检领导，监察、纪检领导说尊重专家的意见，专家遂根据少数服从多数的原则，否决了 A 单位的技术、商务评审资格。在剩余的 6 家单位中，单位 E 在墙布、开关、插座、配电箱等 4 项材料中，都没有选用业主单位推荐的品牌；单位 G 的投标书非常差，投标书粗制滥造，技术不明确，承诺很模糊，大段大段地抄袭些技术标准，技术、商务分之和未达到 75 分。这样，进入最后评审阶段的单位有 4 家，分别为 B、C、D、F。经过最后评审、打分，C 公司的技术商务分最高，价格分第三，综合得分第一，最终击败其他所有投标人顺利中标。

5. C 公司投标策略与技巧

（1）资料齐全。C 公司的投标文件资料齐全，提供了公司营业执照、总承包一级、装修一级、机电安装一级、消防一级、项目经理一级等资质证书，还提供了给排水、弱电、园林等不要求的资质证，以及提供了企业 ISO9000 证书、ISO14000 证书、"重合同守信用"证书、银行的资信证明（3A 证书），并且企业财务报表经过会计师事务所审计，资料齐全，财务数据可信，同时提供了参与本项目的相关技术人员的学历证书、资质证书以及社保证明，对以前的业绩也提供了 24 项业绩合同的复印件。不仅如此，C 公司还认真提供了施工方案、技术措施、文明施工承诺、质量监控及设备配备等。针对该项目在校园施工的特点，C 公司还特意作出了文明施工、安静施工、安全施工的种种认真措施和承诺。在售后维修部分，特意延长一年。针对业主希望该项目在开学前完工的迫切要求，C 公司在标书中提出 80 天竣工，比原有工期缩短 10 天，而其他公司的工期都是 90 天。因此，C 公司的技术、商务打分遥遥领先。C 公司还例外地在投标文件中说明，如果中标，则保证项目经理在该项目的现场中每个工作日的工作时间不低于 4h。反观其他投标人，要么财务数据没有审核，无法被专家认可，要么无某些资质证书和社保证明，要么业绩条件差，在技术、商务部分丢了不少分。

（2）标书精美。C 公司显然经过了认真策划，体现在标书精美、合理、严谨等方面。首先是内容安排科学，该有的材料都有，如有目录、页码，并且内容前后对应，查找方便。其次是编排有序，公司资质、证明有条有理，有表格说明，有备注，跟复印件一一对应。再次，C 公司对投标文件的编制要求、签署要求、密封要求、装订要求等方面进行了认真设计和检查，符合招标文件的要求，没有任何"技术犯规"，给专家赏心悦目的感觉，专家只需要按照目录对照查找相关资料即可，无形中提高了其印象分。

（3）报价科学。C 公司的报价科学、合理，运用了多种报价技巧。虽然业主采用的是总价包干，但是C公司根据业主方在招标文件中提供的分部分项工程的工程量清单，依靠企业自身的竞价能力，并结合市场参考价，运用了不平衡报价等策略，确定了综合单价中人工、材料、机械台班单价的取定标准，在此基础上，对分部分项工程费用、措施费、其他项目费、规费和税金等进行了填报，最后得出了汇总的单位工程费。在报价过程中，考虑到采用综合评分法，价格分占40%，价格的权重适中，没有必要采取低价报价，而价格分的计算基准价为二次平均法，因此该公司的报价既不是最高价，也不是最低价，更远离了最低限价。这样报价的结果，一是容易中标，因为二次平均法一般是最接近平均价的报价得分最优；二是一旦中标，也不吃亏，价格不低，利润有保证。

小细节导致最有实力的投标人出局

1. 案例背景

2013年2月9日上午，××市××山庄安全技术防范系统及机电设备安装采购项目在某工程交易中心举行。该工程项目标底限价为470万元，共有12家投标人购买了招标文件。到截止时间为止，共有5家投标人递交了投标材料。投标竞争不算激烈。为叙述方便，依次把5家投标人编号为A、B、C、D、E。

5家投标人的报价非常接近。其中，A公司报价463.5万，B公司报价463.8万，C公司报价464.5万，D公司报价462.5万，E公司报价468.5万。综合起来，B公司的综合实力强，报价最接近平均价。而按照该招标工程的评标办法，采用综合评分法，即技术和商务占20%，价格占80%。在价格评审中，以所有投标人的平均价作为基准价，各投标人的报价每高于基准价1%，扣2分，每低于基准价1%扣1分。但是，B公司最后却失去了中标机会。

2. 案例分析

该招标项目采用资格审查、技术商务符合性审查、价格符合性审查和综合评分的评分办法，即先进行资格审查（审查营业执照、过往业绩等），确定若干投标人，进行技术商务审查（审查项目经理资质和公司资质等），接着进行技术商务打分，然后进行价格符合性审查（各投标人报价高于标底限价和低于基准价5%的无效，不进入下一轮评审）。进行资格审查后，A公司的项目经理名单与报名时不一致，A公司出局。然后4家公司进行技术商务打分，B公司得分最高，开价格标后，B公司最有希望中标。

B公司的投标书做得最好。公司实力最强，公司资质、业绩、技术力量、机械设备等都是最好的，评委对其印象最好。但是，在复核各小项的价格时，B公司犯了非常简单的错误，即进行经济符合性审查时，评委发现B公司的各小项合价与总价误差超过了5%，因此B公司失去了中标机会。

经分析发现，B公司为了中标，用了很多的策略。但是，因为一些细节的问题，B公司最后出局了。B公司除了报价前后不一致外，报价的大写和小写也对不上。评委们笑称，B公司要炒掉做标书的人，因为其连这简单的错误都没有发现。

思考与练习

1. 单项选择题

（1）建筑工程施工投标中，在研究招标文件后，确定投标策略前，需要完成的工作是（　　）。

    A. 招标环境调查   B. 计算投标报价

    C. 研究投标对策   D. 制定施工方案

（2）在其他项目工程量清单计价时，预留金和材料购置费必须按照招标文件中确定的金额填写，（　　）。

    A. 不得增加或减少   B. 可按实估算费用

    C. 可按增列项目计算   D. 根据取费标准调整

（3）工程量清单计价中加工及安装损耗费在（　　）中反映。

    A. 材料的单价   B. 材料的消耗量

    C. 人工单价   D. 机械单价

（4）在建筑工程的工程量清单计价模式中，分部分项工程量清单项目的综合单价由（　　）自主报价，并为此承担风险。

    A. 招标人   B. 投标人

    C. 业主   D. 监理单位

（5）工程量清单以综合单价计价，投标报价时，人工费、材料费、机械费均为（　　）

    A. 参考价格   B. 预算价格

    C. 市场价格   D. 可变价格

（6）投标人在计算措施项目费时，可根据施工组织设计采取的具体措施，在招标人提供的措施项目清单基础上增减措施项目。一般对（　　）的措施不进行报价。

    A. 措施项目清单中列出而实际采用

    B. 措施项目清单中未列出而实际采用

    C. 措施项目清单中不确定

    D. 措施项目清单中列出而实际未采用

2. 多项选择题

（1）在工程最清单计价实践中，分部分项工程量清单综合单价的组价方法主要有（　　）。

    A. 根据定额计算   B. 根据概算指标计算

    C. 根据投资估算   D. 根据实际费用计算

    E. 根据概算费用计算

（2）关于工程量清单计价的规定，以下说法正确的是（　　）。

    A. 编制标底和报价时，其计价的依据不同

    B. 工程量清单计价时，所用到的单价均为综合单价

    C. 投标报价时，投标人对业主提供的措施项目清单可根据情况进行选择性报价

    D. 投标报价不得低于社会平均成本

    E. 安全施工费、规费、税金必须计价且不得优惠和变更

（3）投标策略包括（　　　）。

    A. 报价策略   B. 商务策略

    C. 技术方案   D. 收买评标专家

（4）不平衡报价策略的运用包括（　　　）。

    A. 提高可以早日结算的工程报价

    B. 对容易结算的工程报高价

    C. 对中标后工程最会增加的项目报高价

    D. 要防止过度运用不平衡报价而废标

（5）在投标策略中，关于商务条款的策略，可以在（　　　）中做出让步。

    A. 工期或交货期   B. 保修或售后服务期

    C. 工程质量   D. 验收条款

3. 问答题

（1）建筑工程投标常用的投标策略有哪些？

（2）如何广泛地搜集建筑工程招标的各种信息和情报？

（3）建筑工程投标时，如何对社会和经济环境进行分析以便决定投标策略？

（4）勘察设计类的投标，在进行投标策略分析时，应注意哪些内容？

（5）投标时，为防止标书被废，应注意哪些细节内容？

4. 案例分析题

2013 年，广东省某市要对某路段进行大修和绿化改造，工程造价为 1 800 万元。由于该工程为市区主要交通要道，因此在施工过程中采用不断交通的施工方式，并根据各路段的不同情况采用不同的路面结构。其中一种结构为 4 cm 厚的改性沥青马蹄脂碎石 + 20 cm 厚的二灰碎石 + 40 cm 厚的 C20 混凝土 + 原槽压实。在施工图样和清单描述中，要求 40 cm 厚的 C20 混凝土均采用碾压混凝土。某公司在进行投标时，根据他们的施工经验，预测不可能采用碾压混凝土，在实际施工中很可能变更为 C20 商品砼。因此，该公司决定在投标报价中采用不平衡报价，采用先压低报价中标，然后按实际结算的策略。为此，该公司将此清单的单价压低为 205.97 元/m³。此项的分部分项清单工程量为 20 520 m³。后该公司果然顺利中标，且建设单位主动提出变更，该公司趁机提出变更单价。重新上报调整后的单价为 420.03 元/m³，共增加造价 439 万元。

问题：

（1）该公司在采用不平衡报价时应如何防止废标？

（2）建设单位应如何防止投标人采用不平衡报价法谋取中标后增加工程造价的现象？

（3）投标策略作为投标取胜的方式、手段和艺术，贯穿于投标竞争的始终。除该公司采用的策略外，常用的投标策略还有哪些？

7 建筑工程投标程序

7.1 投标信息的来源、管理及分析

投标企业一般都在经营部设立工程项目招标信息情况机构,广泛了解和掌握项目的分布和动态。投标人为了选择适当的投标项目,需要了解的内容有工程项目名称、分布地区、建设规模,以及工程项目组成内容、资金来源、建设要求、招标时间等。投标人通过及时掌握招标项目的情况,派人进行有效跟踪,掌握工程项目前期准备工作的进展情况,选择符合企业资格、技术装备、财务资金状况并能委派合适的项目负责人和技术人员的工程项目作为投标目标,并做好投标的各项准备工作。

7.1.1 投标信息的来源和管理

投标人要掌握招标项目的情报和信息,必须构建起广泛的信息渠道。根据我国的基本建设程序和法律法规的规定,项目建设施工前期的准备阶段,要经过可行性研究、环境保护评价、建设用地规划、消防及其他专业部门的行政审批或许可,并且政府行政部门在审批前后基本上都要向社会进行公示。在招标阶段,招标人必须在政府指定的媒介发布招标信息。因此,工程项目的分布与动态的信息渠道非常清楚且公开。投标信息的主要来源有:
(1)县级以上人民政府发展计划部门。
(2)建设、水利、交通、铁道、民航、信息产业等部门。
(3)县级以上人民政府规划部门。
(4)省、自治区、直辖市人民政府国土部门。
(5)县级以上人民政府财政部门。
(6)勘察设计部门和工程咨询单位。
(7)建设交易中心、信息工程交易中心、政府采购部门。
(8)政府指定的其他媒介。
投标人可经常从上述部门的网站或其他渠道搜集招标项目的信息。投标人要定期跟踪招标信息,可建立招标项目信息管理一览表,见表7-1。随着时间的推移,应根据项目行政审批情况和筹建变化情况,及时对招标项目信息管理一览表加以补充和修改,这对投标人在投标中取胜具有重要意义。

表 7-1　招标项目信息管理一览表

编号	项目名称	业主名称	地点	计划招标时间	资金来源	建设性质	建设规模	主要建设内容	项目筹建进展	跟进责任	备注
1											
2											
…											

7.1.2　招标信息的分析

企业在获得工程项目招标信息后，要对招标信息的准确性，工程项目的政治因素、经济因素、市场因素、地理因素、法律因素、人员因素，以及项目业主的情况、工程项目情况、其他潜在投标人情况作认真全面的调查和研究分析，为项目投标决策提供依据。

企业可以根据投标信息的来源以及通过核查政府行政审批文件或许可证件的途径，对投标信息的准确性进行判断。

1. 通过发展计划部门调查

根据我国国民经济建设规划和投资方向，建设项目投资必须经发展计划部门核准备案，财政性资金项目建设需纳入年度计划，并经同级人民代表大会审查通过，建设项目可行性研究分析要报发展计划部门审批。因此，发展计划部门对工程项目的建设性质、建设内容、建设规模、资金来源、建设时间非常清楚。

2. 通过国土管理部门调查

我国的土地利用规划管理和建设用地的审批均由国土管理部门负责。国土管理部门要对新建项目用地进行审查，看其是否符合土地利用规划。另外，工程项目建设必须取得土地使用证或建设用地批准通知书。建设项目用地的面积、地点、权属关系，以及建设用地是否取得审批手续，在审批前是否对社会进行了公示，国土管理部门的信息最准确。

3. 通过城乡规划管理部门调查

按照 2008 年 1 月 1 日施行的《中华人民共和国城乡规划法》，建设项目选地要经规划行政部门审查，并取得用地规划选址意见书，建设用地经国土管理部门审批后由规划行政部门核发建设用地规划许可证，项目业主完成规划设计和建筑方案设计后要报规划行政部门审批，核发建筑工程规划许可证，且在审批前后都向社会进行公示。投标人可以通过规划部门核查投标工程项目的建筑物名称、功能、建筑面积、建筑物层数和高度，甚至外立面装修情况。

4. 通过建设行政或行业主管部门调查

按照《关于国务院有关部门实施招标投标活动行政监督的职责分工意见》，工业（含内贸）、水利、交通、铁道、民航、信息产业等行业和产业项目的招标投标活动的监督执法，分别由经贸、水利、交通、铁道、民航、信息等行政主管部门负责；各类房屋建筑及其附属设施的建造以及与其配套的线路、管道、设备的安装项目和市政工程项目的招标投标活动的监督执法，由建设行政主管部门负责；进口机电设备采购项目的招投标活动的监督执法，由外经贸行政主管部门负责。投标人可以根据投标信息所属行业，核查工程项目招标信息的准确情况。不过，在《中华人民共和国招标投标法实施条例》实施以后，由各地发改部门统一协调本地招标投标活动，有加速整合本行政区域建筑工程招标和政府采购招标的趋势，并加速组建区域内的公共资源交易中心。投标人可以更多地登录各地的公共资源交易中心网站获取有价值的信息。

7.2 投标资格预审

投标人参加资格预审的目的有两个。首先，投标企业只有通过了业主（即招标人或委托的招标代理人）主持的资格预审，才有参加投标竞争的资格。也就是说，资格预审合格是投标人参加招标工程项目投标的必要条件。其次，当投标人对拟投标工程项目的情况了解得不全面，尚需进一步研究是否参加投标时，可通过资格预审文件得到有关资料，从而进一步决策是否参加该工程项目的投标竞争。

通过研读资格预审文件，可以重新决定对此工程是否投标。当然仅仅通过资格预审文件，仍不能全面、系统地掌握招标工程的自然、经济、政治等详细情况，但可以先填报资格预审文件，争取投标资格，通过了资格预审，再购买招标文件，然后在充分研究招标文件的基础上拟定调查提纲，在参加了业主主持的现场勘察之后，最终确定是否参加投标。

7.2.1 资格预审申请

投标人编报的资格预审申请文件，实际上就是招标人为考查潜在投标人资质条件、业绩、信誉、技术、设备、人力、财务状况等方面的情况所需的资料。资格预审申请文件要包括以下内容：

（1）资格预审申请表。

（2）独立法人资格的营业执照（必须附工商行政管理局登记年检页）。

（3）承接本工程所需的企业资质证书。

（4）安全生产许可证。

（5）建造师注册证书，项目负责人安全考核合格证，同类工程经验业绩。

（6）有效的 ISO 9001 质量管理、1SO 14001 环境管理、OHSMS 18001 职业健康安全管理体系认证，重合同守信用荣誉证书和银行信用等级证书。

（7）企业负责人、项目负责人、专职安全员均取得有效的安全生产合格证书。

（8）企业近三年的工程项目业绩情况。

（9）安全文明：近一年无重大安全事故和质量事故发生。

（10）没有因腐败或欺诈行为而仍被政府或业主宣布取消投标资格（且在处罚期内），近一年没有发生过质量安全事故。

（11）企业财务状况，企业财务审计报告。

（12）没有参与本项目设计、前期工作、招标文件的编制及监理工作的证明或承诺。

（13）没有财产被查封、冻结或者处于破产状态的情况。

（14）拟投入到本工程的组织机构、施工人员、设备等资料表。

招标人在发售的资格预审文件中将所有的表格、要求提交的有关证明文件和通过资格预审的条件作了详细的说明。这些表格的填报方法在资格预审文件中都逐表予以明确，投标企业取得资格预审文件后应组织经济、技术、文秘、翻译等有关人员严格按资格预审文件的要求填写。其资料要从本单位最近的统计、财务等有关报表中摘录，不得随意更改文件的格式和内容，对业绩表应结合本企业的实际实力和工程情况认真填写。

一般来说，凡参加资格预审的投标企业，都希望取得投标资格。因此作为策略，在填报已完成的工程项目表时，投标企业应在实事求是的基础上尽量选择评价高、难度大、结构多样、工期短、造价低、有利于本企业中标的项目。

7.2.2 资格预审取胜的技巧

7.2.2.1 平时积累，加快速度，保证申请文件正确完整

资格预审申请文件格式和内容一般变化不大。投标人应在平时将资格预审的资料准备齐全，有关材料可以通过扫描建立电子文件，在参加资格预审时，结合招标人资格预审文件和资格预审评审办法的要求将有关资料调出来，并加以补充和完善。这一办法既可以加快编制资格预审申请文件的速度，又可以提高预审申请文件的正确性和完整性，确保资格审查合格。虽然《中华人民共和国招标投标法实施条例》规定资格预审文件与招标文件的发售期均不得少于 5 日，但很多地方政府并不是很严格地执行，一般资格预审公告 3 日后就开始接受资格预审报名申请，接受申请的时间一般只有 2 天，如果平时不将资料准备完善，等到发布招标公告时再搜集整理资格预审材料，往往会因时间紧迫而仓促上阵，使自己处于被动状态，就有可能造成失误或失去投标机会。

7.2.2.2 根据招标项目特点将资格预审申请文件尽量完善

资格预审申请文件对投标人的资质范围、业绩、信誉、技术力量、设备、人力、财务状况往往都作了要求，投标申请人除应对照全部要求将相关资料准备齐全外，还应根据工程项目的特点和性质，将本企业相同工程的经验、技术水平和组织管理能力证明材料、同类工程获奖或其他社会评价情况准备齐全。

7.2.2.3 提交建设业主特别关注的某些方面的材料要详细

有些业主根据工程特点和施工需要，对投标人的某些方面特别关注，如大型设备安装工程招标时，业主对投标人的机械设备情况特别关注，大型土石方工程招标时业主对投标人的土方施工机械型号和数量特别关注，房地产项目招标时业主对投标人可调用流动资金特别关注。这时投标申请人应尽可能详细地提供这些方面的材料并要提供有证明力度的材料，取得招标人的认同，从而顺利地通过资格预审。

7.2.2.4　对照评审条件，将相应资料准备齐全

投标申请人应对资格预审文件的条件，将相应资料准备齐全。对于符合性审查（必备条件），申请文件中必须具备所需资料并符合要求，若达不到要求，则不用参加资格预审了，以免浪费时间，造成经济损失。对于评分审查，申请文件除全部具备所需资料并符合要求外，应尽量增加内容。有时某一项资格条件要求有多项材料，当某一材料不符合要求时，可用另一材料替补。

7.2.2.5　灵活沟通，礼貌询问

当招标人在资格预审文件中对投标人的强制性标准要求过高时，投标申请人可以将自己已完成的类似工程项目的情况，以书面方式告知招标人，并礼貌询问，提示招标人的标准要求太高，争取招标人对其业绩的认同。

7.2.2.6　合法诉请，争取机会

在资格预审过程中，招标人无论是在编制资格预审文件的过程中还是在评审的过程中，都不得抑制和排斥潜在的投标人，更不能排斥已经评审合格的投标人。按照《中华人民共和国招标投标法》和各地的招标投标管理办法，招标人设置不合理条件或其他情况排斥潜在投标人时，投标人可及时向相关行政监督部门投诉，以保护自己的合法权益。

7.2.2.7　积极参加资格预审，争取更多的投标机会

经过资格预审，一般都能把不够资格、无实力、经济状况差、信誉程度低的投标人排除，使正式投标成为有实力的投标人之间的竞争。这时竞争的对手少了，中标的概率相应也高了，且通过投标竞争，也可以发现企业自身的不足，以便日后提高投标人自身的管理水平和专业施工技术水平，在竞争中将整个行业技术和管理水平推上一个台阶。

7.3　对招标文件的检查与理解研究

投标企业收到招标人的资格预审合格通知书或投标邀请书后，要及时根据其中载明的地点、时间、联系方式和其他要求，委托代表携带授权书、有效证件、购买标书的费用和图样押金等，及时购回招标文件。

投标人在取得招标文件后要组织专门投标小组认真研读招标文件，采用分工研究、集体讨论分析、统一集中汇总的方法理解研究招标文件。投标人要通过对招标文件的理解研究，做到对工程的总体概况心中有数，对业主的要求理解透彻，对评标内容和方法熟悉清楚，为参加现场考察标前会议做好准备，为作出合理恰当的投标策划和分工提供参考，为作出准确的投标决策提供依据。

7.3.1 对招标文件的检查

投标人在取得招标文件后，首先对招标文件的齐全性、正确性进行审查。

7.3.1.1 检查招标文件是否齐全

招标文件的主要内容有：招标公告或投标邀请书，投标人须知，开标、评标、定标办法，合同条款，投标书及各种附件文件格式，技术规范，图样及勘察资料，工程量清单，其他要求和说明等。投标人要检查其内容是否齐全，有无缺页码和遗漏，并做好检查记录。

7.3.1.2 检查相关内容是否填写全面、正确

国家建设行政主管部门对工程项目招标文件提供了范本并作出了相关要求，即投标人须知中应将工程名称、建设地点、建设规模、承包方式、质量标准、招标范围、工期要求、奖金来源、投标人资质等级、项目负责人等级要求，资格审查方式，报价、单价和总价计算方式，投标有效期，投标担保，踏勘现场和投标答疑的时间、地点、方式，投标文件的组成、份数，投标文件的提交地点及截止时间，开标时间，开标、评标办法，履约担保，投标最高限价和最低限价，保修期，评标委员会人数等，作出全面的说明和要求。投标人应审查其内容是否齐全，表达是否清楚、准确，是否有违反法律法规的不合理要求。

7.3.1.3 检查图样、地质勘察报告等的内容是否齐全和正确

图样、地质勘察报告等技术文件都是由其他专业技术服务单位完成的，招标人在发售招标文件之前根据报名招标单位的数量委托他人复制整理，一般因数量较大，招标人在发售时不能及时检查清理，因此投标人在购回招标文件后要检查招标图样和地质勘察报告是否有错漏的情况。

7.3.1.4 检查招标文件的各部分内容是否前后一致

投标人在购买到招标文件后，应认真检查招标文件的各部分内容是否前后一致，是否存在矛盾。例如，投标须知中对承包方式、质量标准、工期要求、计价方式、履行担保、保修期等作了要求，合同条款对上述内容将进一步作出详细、严谨、准确的阐述和要求，投标人要检查该部分内容是否前后一致。在中标后，将以招标文件中的合同条款为签订合同的主要依据，如果此部分内容前后不一致，将影响工程成本分析的正确性，影响正常招标、投标和评标，甚至在签订合同时引发纠纷。

7.3.2 对招标文件的理解研究

为了在投标竞争中获胜，投标人必须对招标文件的每句话、每个字都要认认真真地研究理解，掌握和摸透招标人的意图和要求。投标时，要响应招标文件的全部要求，如果误解招标文件的内容和要求，将会导致失标或其他经济损失。对招标文件的理解研究主要包括以下几个方面的内容：

7.3.2.1 对招标程序各工作的时间、地点、联系方式的理解

招标文件对踏勘现场和招标答疑的时间、地点、联系人及提出问题和获得答复的时间方式都作了详细的规定，投标人要及时参加，以便准确获得相关信息，为编制投标文件提供依据。

招标文件对投标文件提交的时间、地点、联系方式及截止时间，以及开标时间、地点、参加人员作了规定，投标人必须及时准确送达投标文件和参加开标，否则将会失去中标机会。

7.3.2.2 对投标担保和履约担保的理解

投标担保是要求投标人在投标过程中遵守《中华人民共和国招标投标法》和相关法律法规的规定，保证在投标过程中不串通投标、不排挤其他投标人、不以低于成本的报价竞投、不向招标人或者评标委员会成员行贿、不以他人名义或者以其他方式弄虚作假、骗取中标、不在投标有效期内撤回投标标书，在规定期限内按要求提交履约保证金，在规定期限内签署合同协议等的经济担保和经济制裁的一种手段。

履约担保是为了约束合同双方按合同约定履约各自的职责和义务，当一方出现违约情况时给对方经济赔偿的一种保证。

上述担保方式一般采用保证金（含现金、银行支票或汇票）和银行保函。投标人要理解招标文件规定的投标担保和履约担保的方式、金额的形式，应按规定的方式、时间足额交纳。

7.3.2.3 对投标文件组成内容和格式的理解研究

招标文件对投标文件的组成内容和格式以及要求投标人提交的电子材料要按《招标投标管理办法》作出具体的规定，投标人应严格按招标文件规定的格式和内容编制投标文件，如开标一览表，法定代表人证明书及授权书，技术投标书，投标保证书，项目经理承诺书，拟投入的项目机构管理人员、劳动力、主要材料、机械设备的计划表，投标报价的各种表格，合同条款响应书等。评标办法规定，投标文件未按规定的格式填写、内容不全或关键字迹模糊无法辨认的按无效标处理，所以投标人要特别谨慎。

7.3.2.4 对投标报价的理解研究

我国现阶段工程项目承发包价是在政府宏观调控指导下，由市场竞争形成的。招标投标工程一般采用工程量清单计价模式编制招标标底和投标报价。《建设工程工程量清单计价规范》规定了工程量计算规则、工程项目划分和编码方法、项目特征描述方式、计量单位等。招标人对工程量负责，投标人对投标报价承担风险。投标人应仔细研究招标文件对计价方式、承包方式、所采用的指导价格、现场条件、现场踏勘情况、可调价格因素、工程量偏差、漏项、工程变更调价方式和依据等作出充分的研究和分析，并研究分析施工现场情况和招标人对材料设备规格品质的要求、质量验收标准要求、工期要求、技术措施、地方政策性因素等对投标报价的影响，要研究分析评标方法中对投标报价评审、计分排名的要求。对投标报价的研究分析是对招标文件阅读理解和编制投标文件最关键的一步，不仅决定着能否中标。更重要的是中标后能否获得利润和具备较强的抗风险能力。

7.3.2.5　对评标办法的理解研究

《中华人民共和国招标投标法》规定，招标文件应当包括评标标准，评标办法是招标文件的一部分。评标委员会应按照招标文件确定的评标标准和方法，对投标文件进行评审和比较。招标文件中没有载明的不得作为评标依据。

评标通常采用综合评分法、经评审的最低投标价法、平均值评标法及其他法律允许的评标办法。

综合评分法对投标文件提出的工程质量、施工工期、投标价格、主要材料品种和质量、施工组织设计或者施工方案，以及投标人企业信誉、技术力量、技术装备、经济财务状况、企业业绩、已完工程质量情况、项目经理素质和业绩等因素，按满足招标文件中各项要求和评价标准进行评审和比较，以评分的方式进行评估。

经评审的最低投标价法是在投标文件能够满足招标文件实质性要求的投标人中评审出投标价格最低的投标人，但投标价格不能低于企业成本。

7.4　投标工作的分工与策划

投标人通过投标取得工程项目承包权是市场经济的必然趋势。投标人要想中标并从承包的工程项目中赢得利润，应该在收到招标文件和搜集招标项目信息后进行分工和策划，以决定采用哪些方法措施以长补短、以优胜劣，

7.4.1　组建投标机构

投标人在确定参加某一项目的投标后，为了确保在投标竞争中获胜，必须在本企业中精心挑选具有丰富投标经验的经济、技术、管理方面的业务骨干组成专项投标组织机构，并抽调计划派驻该项目的经济、技术、管理的主要负责人作为投标组织机构成员。该工程项目的投标机构应对投标人的企业资质、企业信誉情况、技术力量情况、技术装备情况、企业业绩和在建工程分布情况、技术工人和劳动力组织分布情况、企业财务资金情况等非常清楚，对招标项目的审批情况、资金情况、地理环境、人文环境、政治环境、经济环境等情况熟悉或能准确快捷地调查了解清楚，能及时掌握市场动态，了解价格行情和变动趋势，能判断拟投标项目的竞争态势，注意搜集和积累有关资料，熟悉《中华人民共和国招标投标法》、国家及地方招标投标管理办法和招标投标的基本程序，认真研究招标文件和施工图样，善于运用竞争策略，能针对招标项目的具体特点和招标人的具体要求制订出技术先进、组织合理、安全可靠，进度有保障、成本较低的施工方案和恰当的投标报价，能让自己的资格审查文件完全符合招标公告或招标文件资格审查的标准，顺利通过资格审查，能让自己的投标文件具有很强的竞争力，在竞争对手中位居前列。

投标工作机构通常应由下列成员组成：

1. 投标决策人

在一般工程项目投标时，投标决策人由经营部经理担任，重大工程项目或对投标企业的发展有着重要意义的项目（如投标企业拓展进入一个新的市场、新区域的第一个项目）可由总经济师担任。

2. 技术负责人

技术负责人由投标企业总工程师或主任工程师担任，主要是根据投标项目的特点、项目环境情况、设计的要求制定施工方案和各种技术措施（如质量保证措施、安全保证措施、进度控制和保证措施）。

3. 投标报价负责人

投标报价负责人由经营部门主管工程造价的负责人担任，主要负责复核清单工程量，进行工程项目成本单价分析和综合单价分析，汇总单位工程、单项工程的工程造价和成本分析，为投标报价决策提供建议和依据。

4. 综合资料负责人

综合资料负责人可由行政部副经理担任，主要负责资格审查材料的整理，投标过程中涉及企业资料的组合，签署法人证明及委托，以及投标书的汇总、整理、装订、盖章、密封等工作。

各位负责人的小组要根据投标项目情况配备足够的成员，以完成具体的工作。各小组又要分成两个支组，一个支组负责编制，一个支组负责编辑审核。拟委派项目部的技术、经济、管理人员要根据各自的岗位、专业情况分配到各小组中参与投标书的编制，物资供应部门、财务计划部门、劳动人事部门、机械设备部门要积极配合，提供准确的资源配置数据，特别是在提供价格行情、工资标准、费用开支、资金周转、成本核算等方面为投标提供依据。

投标机构人员应精干，具有丰富的招标投标经验且受过良好的教育培训，有娴熟的投标技巧和较强的应变能力。这些人应社会交际广、信息灵通、工作认真、纪律性强。在投标策划、投标技巧使用、投标决策及投标文件汇总定稿时，最好严格控制参与的人数，以确保投标策略和投标报价的机密性。

7.4.2 投标策划

投标人为了增大中标的机会，必须对招标文件和项目信息进行深入的调查研究。投标人只有结合投标企业的自身情况，采用适当的技巧和策略，才可以达到出奇制胜的效果。反过来说，如果投标人在投标阶段就认真、细致、主动地进行投标策划和周密准备，也能为项目中标后在项目实施运作和完成合同约定等方面提供坚强的保障。

7.4.2.1 投标策划的依据与资料

（1）对招标文件、设计文件的理解和研究。

（2）有关法律法规、建设规范。

（3）招标工程项目的地理、地质条件和周围的环境因素。

（4）招标项目所在地材料、设备价格行情、劳动供应情况及劳动力工资情况。

（5）业主的信誉情况和资金筹措到位情况。

（6）投标人企业内部消耗定额及有参考价值的政府消耗量定额。

（7）投标人企业内部人工、材料、机械的成本价格系统资料。

（8）投标人自身的技术力量、技术装备、类似工程承包经验、财务状况等各方面的优势和劣势。

（9）投标竞争对手的情况及对手常用的投标策略。

投标人只有全面掌握与投标工程项目有关的信息、资料，才能正确地作出投标策划，并采用恰当的投标技巧和策略，显示投标人的核心竞争力，在投标中获胜。

7.4.2.2 投标策划的方式

从投标性质方面考虑，投标可分为风险标和保险标。

投标人明知工程承包难度大、技术要求高、风险大，且技术、设备和资金上都有未解决的问题，但考虑到已近尾声的临近项目的人员、设备、周转材料暂时无法安排，或因为工程盈利丰厚，或为了开拓新技术领域，决定参加投标，同时设法解决存在的问题，这就是风险标。投标后，如问题解决得好，则可取得较好的经济效益，可锻炼一支好的施工队伍，使企业更上一层楼；如果问题解决得不好，则企业的信誉和经济将受到严重损害，严重者可能导致企业陷入经营困境甚至破产倒闭。投风险标的决策必须具有高瞻远瞩的才华和胆量，必须做好风险预警和应急备案，必须谨慎从事。

保险标是指投标人在技术、设备和资金等重大方面都有解决的对策。如果企业经济实力较弱，经不起失策的打击，最好投保险标。

从投标效益方面考虑，投标可分为盈利标和保本标

以盈利为目的的投标。如果招标项目是本企业的强项，并且是竞争对手的弱项，或者本单位任务饱满、利润丰厚，而招标项目基本不具有竞争性，投标企业在这些情况下考虑让企业超负荷运转，这种情况下的投标称为盈利标。

以保本为目的的投标。当企业后续工程不足或当前工程已经出现部分窝工时，必须争取中标，而招标的项目本企业又没有明显优势，竞争对手多，投标人只是考虑稳定施工队伍、减少机械设备闲置而采取的按接近施工成本报价的投标称为保本标。

7.4.2.3 投标策划实务与注意事项

1. 根据设计文件的深度和齐全情况进行策划

招标人用于招标的设计图样可能没有进行施工图审查或图样会审，设计图样往往达不到

施工图深度，或各专业施工图之间存在矛盾，甚至本专业施工图存在错漏或不符合规范要求，不符合现场施工条件。例如，施工设计图样上基础采用静压预应力管桩，而通往施工现场的某一路段道路宽度不够，或途中有一座限载为 5 t 或 10 t 的小桥，静压桩机无法运到施工现场，在施工期间必须对图样进行修改或补充。投标人可以在投标之前就对施工图结合工程实际进行分析，了解清单项目在施工过程中发生变化的可能性，对不变的项目的报价要适中，对估计工程实施时必须增加工程量的项目的综合单价报价可适当提高，对有可能降低工程量或者施工图上工程内容说明不清的项目的综合单价报价可适当降低。这样可以降低投标人的风险，使投标人获得更大的利润。

2. 结合工程项目的现场条件进行投标策划

投标人应该在编制施工方案和分析综合单价报价之前对工程项目现场的条件进行踏勘，对现场和周围环境及对此工程项目有关的资料进行搜集。在编制施工方案时，基础的开挖方法、排水措施、基坑支护措施等都要结合地质、地形地貌、地下水文情况等作出策划，主要工序的施工时间和质量措施要结合气候条件（如最高气温和最低气温的分布情况、雨雪期的分布情况）作出策划安排。工程项目所在地主要材料的供应地点和价格，以及材料的采购地点和价格、供应方式、质量情况、货源供应量情况，既是施工方案策划的依据，更是投标报价的决定性因素。

3. 依据工程项目的环境因素进行投标策划

投标人应在投标报价和编制施工方案前了解项目所在地的环境，包括政治形势、经济环境、法律法规和民俗民风、自然条件、生产和生活条件、交通运输、供电供水、通信条件等，这些都是合理编制施工方案的依据，也影响投标报价。例如，某招标工程项目所在地只是采用山坡地上某座小型水库引出的管道供水，供水管道水压很小，工程施工时只有采用加压设备才能保证施工用水和混凝土养护等用水，则投标报价策划时就应考虑加压设备的费用。对于这些环境影响因素，投标人在制定施工方案、施工进度计划、投标报价策划时都要周密分析。投标人还要结合招标文件说明和招标文件中拟订合同条款的要求制订出投标策略。对于法律法规和标准合同条款规定的应由业主承担的风险，为了能中标，投标人在编制施工方案和投标报价时可以不予考虑，而对于要由承包人承担的风险，投标人要充分考虑，并采用相应的策略在施工方案中予以体现，在投标报价中应予以分解。

4. 根据业主的情况进行投标策划

投标人要根据业主的项目审批情况、资金筹措到位情况、信誉情况、员工的法律意识和管理能力等进行多方面分析。有些业主只到位了 30% ~ 40% 的资金，后期资金筹措没有着落，这时投标人可将前期施工的项目（如土方、基础等）的报价适当提高，将后期施工项目的报价适当降低。这样一方面可以及早收回资金，有利于资金周转，也能够减少因业主资金不到位而引发拖欠工程进度款，造成对承包人的损失。

5. 从竞争对手考虑作出投标策划

对竞争对手的考虑应包括：投标的竞争对手有多少，其中优势明显强过本企业的有哪些，特别是工程所在地的潜在投标人可能会有多少下浮优惠，竞争对手的明显优势和明显缺点以及以往同类工程投标方法和投标策略。投标人要用自己的优势制订切实可行的策略，提高中标的可能性。

6. 从工程量清单着手作出投标策划

招标工程量清单的准确性由招标人负责。投标人在研究和复核工程量清单时，若发现工程量清单中的工程量与施工图对比有误差，或发现清单工程量少于施工图上的工程量且估计必须按图施工的项目，如钢筋工程、混凝土工程、屋面防水工程，投标人可以适当提高报价；若发现清单中的工程量多于施工图上的工程量，或清单中部分项目有可能会被取消，则可以将综合单价适当报低。无工程量而只报单价的项目，如计日工资、零星施工机械台班小时、土方工程中淤泥或岩石等备用单价宜适当高一些，这样既不影响投标总价，以后此种项目施工时也可多得利润。对工程量大的项目报清单项目报价分析表时，人工费、机械设备费等可报高价，而材料费报低价，因为材料费一般容易获得调整价差。暂定工程或暂定数额的项目要具体分析，因为这类项目要待开工后再与业主研究是否实施，其中肯定要做的项目的单价可报得高些，不一定要做的项目的单价则应降低一些。

7.5 投标可行性研究

投标人的投标是签订合同的要约。要约生效以后即对要约人产生约束。投标人编制的投标文件是要约的书面形式，又是合同的组成部分。投标人应当按照招标文件的要求编制投标文件。投标文件应当对招标文件提出的实质性要求和条件作出响应，并一一作出相应的回答，不能存在遗漏或重大的偏离，否则将被评标委员会作为废标，从而使投标人失去中标的可能。因此，投标人在编制投标文件时要结合自身的实力作出响应，如果签订合同后不能完成自己的责任和义务，将要承担违约责任或不能实现预期利润甚至亏损，失去投标的意义。投标人应根据自身的经济、技术、设备、人员和管理能力，汇总分析各种因素对工程成本的影响并作出合理的报价；应在工程项目实施组织方面作出合理的部署，确保项目能按招标文件的要求和投标文件予以实施；在分析投标报价和签订合同时价格要合理，降低自身经济风险，确保实现预期利润。在工程项目实施过程中能否实现招标人和投标人双赢，需要投标人对投标方案和投标文件可行性作出分析。

7.5.1 投标人自身条件的可行性研究

投标人对自身条件的研究是投标研究的重要条件。一般来说，投标人对自身条件应研究以下几个方面的内容：

（1）投标人应根据招标文件的规定或工程规模情况，考虑企业施工资质是否满足规定和需要。

（2）投标人应研究分析项目负责人和项目部管理人员的专业素质、管理能力、工作业绩情况，能否承担招标工程项目的管理、指挥、协调需要，若不能满足，能否及时通过招聘解决。

（3）投标人应研究分析企业各工种技术工人的数量和调配情况，劳动力能否满足工程项目建设施工的需要，当工人数量不足时，能否及时通过招募补充。

（4）投标人应研究分析能否对工程项目实施有效的管理，管理的方案是否可行。

（5）投标人应研究分析机械设备、周转材料能否满足工程项目需要，不能满足时，在经济上、时间上能否及时解决。

（6）投标人应根据招标文件的说明，分析流动资金是否满足需要，是否有流动资金的计划方案。

7.5.2　对项目业主的研究

对工程项目业主的研究包括以下内容：

1. 项目资金来源是否有保障以及工程款项的支付能力

要重点研究工程项目的资金是什么性质，资金是否落实，工程款项是否能够按时支付，还要研究业主的企业实力和社会信誉等。

2. 研究业主的管理水平

工程项目业主的社会信誉、技术能力、管理水平在很大程度上决定了工程项目能否按招标投标文件和合同顺利实施。有些项目业主的技术和管理水平都很低，法制意识淡薄，又不讲道理，这样的项目业主会将中标人的计划全部打乱，给中标人带来不可估量的损失。

7.5.3　对竞争对手的研究

对竞争对手的研究包括以下内容：
（1）该公司的能力和过去几年内的工程承包业绩，包括已完成和正在实施的项目。
（2）该公司的主要特点，包括其突出的优点和明显的弱点。
（3）该公司正在实施的项目情况，对此投标项目中标的迫切程度。
（4）该公司在历次投标中的投标策略、方法、手段。

7.5.4　对投标技术方案的可行性研究

投标人要根据工程项目的特点和招标文件的规定，结合工程项目的地理、环境、人文、自然条件和设计图样的情况，在编制技术方案（或施工组织设计）时对工程进度、工程质量、工程安全、文明施工、工程成本控制等技术措施和组织措施周密可行，要确保能达到招标文件的要求。投标人要研究分析自身条件能否保证这些措施实施，能否按施工组织设计实现人财物的供应，能否实现工程项目的质量、进度、安全、造价等方面的目标计划。

7.5.5 对投标报价的可行性研究

投标人按招标文件和企业的技术实力、企业定额及市场价格，对工程量清单进行成本计价核算，考虑适当的利润，最终形成工程项目的投标报价。投标报价不得低于企业成本价，因为投标人参与投标的最终目的是获得合理利润。若报价太低，则企业会损失利润；若报价太高，则企业将失去中标机会。投标报价的可行性研究是投标的重要一步。

现行工程量清单计价所采用的方式有两种：

1. 方案法

即用所编制的工程量、施工工艺、技术方案来计算工程耗用的人工量、材料实用量、材料工艺损耗量、辅助材料耗用量和使用机械台班量，并将其作为核算工程量清单耗用各项费用的依据。

2. 定额法

即将工程量施工工艺技术定额作为核算工程量清单耗用各项费用的依据。

7.6 本章案例分析

本节以一个大型工程公司公路投标项目为例，来分析建筑工程项目的投标程序和注意事项。

1. 投标组织机构

××公路工程公司是一家具备国家公路工程施工总承包特级资质，拥有对外经营权的特大型国有施工企业。该公司具有雄厚的实力，取得了辉煌的业绩，培植了良好的社会信誉，在我国建筑行业享有盛誉。该公司的悬索桥、斜拉桥及大跨径连续刚构桥施工技术，高速公路水泥混凝土、沥青混凝土路面摊铺技术，海水造浆、挂篮悬臂施工、桥梁抗风减振、氧化沥青钢桥面铺装等技术，均居国内同行业先进水平。

公司资产总值 55 亿元，资产净值 9.8 亿元。该公司职工 2 000 多人，其中各级专业技术管理人员 1 000 多人，拥有技术实力雄厚、经验丰富、高素质、高效率的专业技术队伍。该公司同拥有国内外先进的大型桥梁安装设备、海上施工设备、路面施工拌和摊铺及隧道施工设备等 2 000 多台（套），年土建施工能力 45 亿元。

该公司设立经营部，工作人员有 40 多人，专门负责工程投标工作。投标过程中的各环节除技术标的编审由技术中心组织外，其他均由经营部负责。

2. 投标程序

对于 1 亿元以上的工程项目，该公司经营部配两三名专职人员负责投标前期的信息管理和投标过程中的外部联络工作，并按图 7-1 所示的投标程序进行投标。

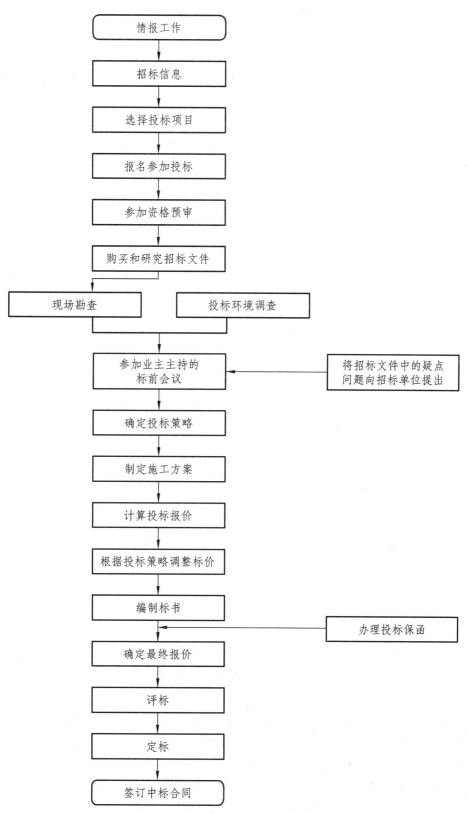

图 7-1　某公路工程投标的基本流程

3. 投标项目信息的获得和筛选

经营部人员通过报刊、电视等信息渠道广泛了解和掌握国家基础设施投资动态，通过交通部计划司和工程管理司，各省（市）自治区的交通厅计划处，各地的公路管理部门，各地的公路勘察设计部门，有关公路建设的咨询公司，各类经济和专业刊物、杂志网络等，掌握公路工程项目的分布和动态，了解工程项目名称、分布地区、建设规模、大致工程内容、资金来源、建设要求、招标时间等。通过及时掌握招标项目的情况，对其进行有效跟踪，选择对自己有利的招标项目，有目的地做好投标的各项准备工作。对大型高速公路建设项目来说，等到发布招标公告时再搜集和整理资格预审材料，往往会因时间紧迫而仓促上阵，使自己处于被动状态，造成失误或失去投标机会。

经营部从上述渠道搜集招标项目信息，搞清楚公路工程项目的分布与动态，并把它编制成招标项目情况信息管理一览表，并且随着时间的推移和情况的变化，及时加以补充和修改。

经营部对招标工程项目进行全面的调查和分析，及时地了解并掌握与项目有关的各种信息，为选择投标项目提供更加充分的依据。为了正确选择投标项目，提高中标率，确保中标后能获得良好的经济效益，经营部在选择投标项目时主要考虑以下因素。

（1）投标企业自身的因素。主要是考虑本企业的施工特点和施工能力能否承担招标工程。

① 企业有无类似工程的经验。

② 若工程资金前期到位情况差，则需考虑是否有足够的流动资金。

③ 如果招标工程有后续工程项目，则考虑低价中标，力争取得后续项目施工任务的有利地位。

④ 在基本建设规模相对缩减时，施工企业为了保证任务来源，也要考虑在不利条件下参加投标。

（2）工程方面的因素。

① 工程的性质、等级和规模是否适合本企业。

② 工程的自然环境，如工程的地理位置、气象、水文、地质等自然条件。这些条件直接关系到工程能否顺利进行和工程费用的高低。

③ 工程现场工作条件，即交通、水源、电力是否方便。

④ 工期是否适当。

⑤ 竞争对手的实力。

（3）业主方面的因素。

① 项目资金来源是否可靠，以及其对工程款项的支付能力。

② 业主的技术能力、管理水平和信誉。

（4）投标决策。是否参加一项工程项目的投标取决于多种因素，但投标企业最终应从经济角度和战略角度来权衡各种因素，从而选定理想的投标项目。

企业是否参加某一工程项目投标的决策，一般分三个阶段进行：

① 首先是通过对招标项目的调查、跟踪，对招标项目进行表面分析，综合考虑上述各项影响因素，对投标项目作出初步决策。

② 其次是在研究资格预审文件的基础上，对有关情况进一步了解后进行再决策。

③ 最后是在仔细研究招标文件后，在考察现场后，再对部分竞争对手作具体分析，作出最后决策，决定是否参加该工程的投标。

该公司经营部通过前期的全过程跟踪获得了广东某高速公路工程招标公告（见下文），决定予以投标。

广东某高速公路工程招标公告

① 某高速公路××至××连接线公路，按一级公路技术标准设计，路基宽度为 33.5 m，行车道宽度为 22.5 m，全长 37.31 km，工程投资约为 35 000 万元人民币。本项目已经上级主管部门批准建设，建设资金现已落实。

② 本次招标是沥青混凝土路面工程，设 1 个施工合同标段，预计工期：××年××月至××年××月。

③ 本工程面向全国公开招标，凡具有公路路面工程专业承包一级以上（含一级）施工资质的潜在投标人可对本工程提出资格预审申请，不接受联合体投标。

④ 潜在投标人资质的合格条件主要取决于所提供的真实材料，以证明其在本工程实施之前已经具有相应的资质和类似的工程履历，并有足够的能力承担本工程。这些能力包括设备、人力和财力。

⑤ 有意向的潜在投标人请携带企业资质等级证书、营业执照、安全生产许可证等副本的原件及复印件，法定代表人证明书、法人委托证明书及其本人身份证的原件及复印件，项目经理证、安全生产考核合格证书的原件及复印件（所有复印件要加盖单位公章）于××年××月××日至××年××月××日建筑工程交易中心购买资格预审文件。资格预审文件每套售价为 500 元人民币，售后不退。

⑥ 潜在投标人的资格预审申请文件必须于××年××月××日递交至××建筑工程交易中心，逾期不予受理。

⑦ 购买、递交资格预审文件的联系方式：

招标人：××　　　地址：××　　　邮编：××

通过研读招标公告，该公司报名并购买资格预审文件。通过对资格预审文件的研究分析该公司认为该工程项目与自己的企业同处一个地区，能全面、系统地掌握招标工程的自然、经济、政治等详细情况，决定先填报资格预审申请文件，争取投标资格。

4. 参加资格预审

该公司买到资格预审文件后，详细阅读和研究资格预审申请人须知、工程概况以及合同内容简介，认真准备并及时提交了资格预审申请书（主要是资格预审申请表），包括以下内容：

（1）资格预审申请表。

（2）独立法人资格的营业执照（附工商行政管理局登记年检页）。

（3）承接本工程所需的企业资质证书。

（4）安全生产许可证。

（5）建造师注册证书、项目负责人安全考核合格证、同类工程经验业绩。

（6）有效的 ISO 9001 质量管理、ISO 14001 环境管理、OHSMS 18001 职业健康安全管理体系认证，重合同守信用荣誉证书和银行信用等级证书。

（7）所有企业负责人、项目负责人、专职安全员取得的安全生产合格证书。

（8）企业在近三年的工程项目业绩情况。

（9）安全文明生产情况：近年没有发生重大安全事故、质量事故。

（10）没有因腐败或欺诈行为而仍被政府或业主宣布取消投标资格（且在处罚期内），近年没有发生过质量安全事故的证明。

（11）企业财务状况、企业财务审计报告。

（12）没有参与本项目设计、前期工作、招标文件编制及监理工作的证明或承诺。

（13）没有财产被查封、冻结或者处于破产状态的证明。

（14）拟投入到本工程的组织机构、施工人员、设备等资料表。

该企业凭优秀的资质、良好的财务状况和社会信誉、丰富的业绩，以及强厚的技术实力、设备、人力等方面的优势通过了资格预审。

5. 研究招标文件

××公路工程公司收到业主的投标邀请书后，根据其中标明的招标文件发售地点、时间、价格、联系单位和其他要求，及时派人购回了招标文件。

经营部合理地组建了投标小组并进行了分工，分为商务组、经济组、技术组、信息组、审核组。投标人员对购回的招标文件进行认真研读，并检查招标文件是否齐全，有无缺页码和遗漏，对疑问之处进行整理并记录，通过研究招标文件对工程的总体概况做到了心中有数，为参加现场考察和标前会议做好了准备。

研究招标文件时重点研究了投标人须知、特别条款、设计图样、工程范围、工程量清单、对技术规范是否有特殊要求、各种附件格式、补充资料及参考资料。

该公司在研究招标文件的同时派人认真地进行施工现场踏勘，全面、细致地了解工地及周围的经济、地理等情况，并对踏勘现场和标前答疑会议做好了准备。

6. 踏勘现场和参加答疑会议

投标信息组成员按时参加了由业主安排的正式现场考察，并且就编制标书需要的许多数据和情况及对招标文件中部分内容的疑问，在现场踏勘现场和答疑会议中也都逐一提出，特别是对工程范围、特殊条款以及设计图样和说明的疑问并针对影响制订施工方案和投标报价的条款及不清晰的地方作重点询问，要求招标人明确。

投标人完成投标前的调查和现场勘察工作后，根据调查和考察的结果对是否参加此项工程的投标作出最终决策。此时尚可因某些不利于投标人的因素而不参加投标，但标书一旦递交，在投标截止日期与标书规定的投标有效期终止之间的这段时间，投标人不能撤回标书否则投标保证金将被没收。

投标信息组在现场考察时注意了以下几点：

（1）现场考察人员的任务应各有侧重。

（2）现场考察时口头提问要避免暴露本企业的真实意图，以防给其他投标人分析本企业报价水平和施工方案留下依据。

（3）在现场考察之前把需要搞清的问题理出，做到心中有数，有重点地勘察。

在招标答疑会议上，由招标人以正式会议的形式口头解答了投标人提出的各种问题，并在会议结束后以会议纪要的文字形式通知投标人，投标人及时进行了签收。

7. 校核工程量、编制施工方案

招标文件中，工程量清单所列的工程数量和项目特征由招标人提供。一般来说，招标文件中给出的工程量都比较准确。工程量是投标人计算项目措施费和其他措施费的主要依据，如果存在错误，根据合同价款承包方式可知，会给中标的企业造成不应有的经济损失甚至亏本。工程数量和项目特征也是投标人采用投标策略的重要依据。

投标人核实工程量不是重新计算一遍，而是只选择工程量较大、造价高的项目抽查若干项，按图样核对工程量。核对工程量的主要任务有：

（1）检查有无漏项或重复。

（2）工程量是否正确。

（3）施工方法及要求与图样是否相符。

如果发现工程量有重大出入特别是漏项，则可向招标人提出，要求招标人认可或在标前函中说明，待中标后签订合同时再加以认证，不要随意更改或补充，以免造成废标。

施工方案是标书的重要组成部分，包括下列内容：

（1）施工总体布置图。

（2）施工机械配置情况及水电容量。

（3）主要施工项目的施工方法、工艺流程。

（4）工、料、机的来源及运输方式。

（5）临建工程及其他。

投标人可用网络图表示各项工作之间的相互关系，找出控制工期的关键路线，在一定工期、成本、资源条件下获取最佳的计划安排，达到缩短工期、提高工效、降低成本的目的。

对于比较简单的工程，投标人应结合已有的施工机械及工人技术水平来选择和确定施工方法，以节省开支，加快施工速度；对于复杂的工程项目，则需考虑多种方案，综合比较，择优选择，结合施工进度计划及施工机械设备能力进行研究，充分考虑可能发生的情况，并采取相应措施后确定施工方法。

在该公路工程施工项目投标时，由于我国定额消耗量的水平差别不太大，因此该公路工程公司投标时以施工方案和措施费报价取胜。

8. 计算报价

该公路工程公司采用先进合理的施工方案和工程实施计划，编制和合理确定工程造价，并把自拟的施工方案和工程实施计划作为报价的编制依据。

计算标价的步骤：

（1）研究招标文件。

（2）复核工程量。

（3）编制初步的施工方案。

（4）分析单价。

（5）根据标书格式及填写要求进行标价计算。

9. 投标报价策略的运用

投标人要使自己的报价有竞争力，应设法使自己的预算成本尽可能低，同时为了在合同实施过程中获取较大效益，还应确定适当的利润率和充分考虑风险，最后进行报价平衡。

该公路工程公司采用降低预算成本的策略：首先要编制出先进合理的施工方案，在此基础上计算出能确保合同要求工期和质量标准的最低预算成本。降低公路工程预算成本主要从降低直接费和间接费入手。其具体措施和技巧方法为发挥优势、降低成本。

投标人利用自己的优势来降低成本，从而降低报价。这种优势在投标竞争中起到实质性的作用，即把投标人的优势转化为价值形态。投标人的优势主要从以下几个方面考虑：

（1）职工队伍：文化技术水平高，劳动态度好，工作效率高，工资相对较低。

（2）技术装备：适合投标工程项目的需要，性能先进，配套使用效率高。

（3）材料供应：有一定的周转材料，有稳定的来源渠道，物美价廉，运输方便，运距短，费用低。

（4）施工技术组织：施工技术先进，方案切实可行，组织合理，经济效益好。

（5）管理体制：劳动组织精干，管理机构高效精干。

投标人具有这些优势时，在计算报价的过程中就不再照搬统一的国家统一消耗定额，而是结合本单位实际情况将优势转化为较低的报价。需要说明的是，投标人利用优势降低成本进行降低报价，与减少应得到利润而降低报价相比有本质的区别。利用本单位优势进行报价既可提高投标的竞争能力，又可避免利润损失。

10. 投标技巧的运用

投标人在从领取资格预审文件到签订合同的过程中运用的技巧有以下几个方面。

（1）资格预审阶段。

① 注意所采用方法的切实可行性和前后一致性，即在资格预审、投标、施工这三个阶段基本采用资格预审文件中所述的施工方案，以免引起不必要的合同纠纷。

② 编报资格预审文件时，文字应规范、严谨，翻译准确，装帧精美，力争给业主留下深刻的印象。

③ 在填报已完成的工作项目表等公司业绩和项目负责人业绩时，在资料真实的条件下，应选择那些评价高、难度大、结构多样、工期短、造价低等有利于中标的项目。

（2）研究招标文件。在购买招标文件后，将其研究透彻，弄清承包人的责任和报价范围，不应发生任何遗漏。

① 弄清各项技术要求，以便确定合理的施工方案。

② 找出需要询价的特殊材料与设备，及时调查价格，以免因盲目估价而失误。

③ 理出含糊不清的问题，及时提出并请招标单位予以澄清。

（3）澄清问题。

① 注意礼貌，不让招标人为难。

② 不让竞争对手从自己的提问中觉察出自己的设想和施工方案，甚至得到自己的报价信息。

③ 请业主或监理工程师对所作的答复给出书面文件，并宣布与标书具有同样效力，或由投标人整理一份谈话记录送交业主，由业主确认，并在签字盖章后送回。绝对不能以口头答复为依据来修改投标报价。

④ 不擅自修改招标文件。

（4）计算投标报价。

① 计算和核实工程量。工程量是投标报价工作的基础，施工方法、用工量、材料用量、机械设备使用量，以及脚手架、模板和临时设施数量等，都是根据工程量来确定的。计算和核定工程量，一般可从两方面入手：一方面要认真研究招标文件，复核工程量，吃透设计技术要求，改正错误，检查疏漏；另一方面要通过实地勘察取得第一手资料，掌握一切与工程量有关的因素。

② 计算基准价格。工、料、机的基价是计算公路工程报价的基本要素。基价的计算准确程度直接影响报价水平。在计算人工费时，应按本企业各项开支标准算出工日基价；计算材料基价时，应在材料价格的基础上结合市场调查和询价结果，并考虑运输条件等因素计算出运抵现场的各种材料基价；对于机械使用基价，应按照所选用机械设备的来源和相应的费用计算。

（5）编制投标文件。

① 反复核对，在编标人编完后，由另一组人复核单价并逐项审查是否有错误。

② 要防止丢项、漏项和漏页。

③ 填表时不要改变标书格式，如果原有的格式不能表达投标意图，则可另附补充。

④ 字迹清晰、端正，不应有涂改和留空格的现象，语言讲求科学性和逻辑性，投标书装帧庄重、美观、大方，力求给业主留下严肃认真的良好印象。

该公司凭借自身的实力，并在投标过程中恰当运用各种投标策略，最终从众多公司中胜出，拿到了该公路工程的施工合同。

思考与练习

1. 单项选择题

（1）投标人按照建筑工程施工投标程序，应依次完成的工作是（ ）。

    A. 调查招标环境→研究招标文件→制订施工方案→确定投标策略

    B. 研究招标文件→调查招标环境→确定投标策略→制订施工方案

    C. 确定投标策略→研究招标文件→调查招标环境→制订施工方案

    D. 研究招标文件→调查招标环境→制订施工方案→确定投标策略

（2）在建筑工程施工投标程序中，在确定投标策略后和计算投标报价前需要完成的工作是（ ）。

    A. 调查招标环境   B. 研究招标文件

    C. 参加投标答疑会   D. 制订施工方案

（3）用于指导建筑工程施工投标全过程活动的工作是（ ）。

    A. 研究招标文件   B. 调查投标环境

    C. 确定投标策略   D. 制订施工方案

（4）工程量清单漏项或设计变更引起的新工程量清单项目，其相关综合单价由（　　　）提出，经业主或监理工程师确认后作为结算的依据。

　　A. 承包人　　　　　　　　　B. 发包人

　　C. 监理单位　　　　　　　　D. 建设单位

（5）工程量清单漏项、设计变更引起的新增工程量清单项目（　　　）进行工程价款结算。

　　A. 应给承包人　　　　　　　B. 不应给承包人

　　C. 应给招标人　　　　　　　D. 不应给招标人

2. 多项选择题

（1）建筑工程施工投标的程序包括（　　　）。

　　A. 研究招标文件　　　　　　B. 调查招标环境

　　C. 参加答疑会　　　　　　　D. 确定投标策略

　　E. 制订施工方案

（2）采用工程量清单计价编制的主要材料价格表中的材料费单价包括（　　　）。

　　A. 材料运杂费　　　　　　　B. 运输损耗费

　　C. 加工及安装损耗费　　　　D. 一般的检验试验费

　　E. 特殊要求的检验试验费

（3）投标人参加依法必须进行招标的项目投标，不受（　　　）的限制或非法干涉。

　　A. 任何地区　　　　　　　　B. 任何部门

　　C. 任何单位　　　　　　　　D. 任何个人

（4）考察时应对（　　　）进行了解。

　　A. 工程性质以及与其他工程间的关系

　　B. 投标的工程与其他承包商或分包商的关系

　　C. 工地地貌、地质、气候、交通、电力、水源等情况，有无障碍物等

　　D. 工地附近的治安情况

　　E. 工地面积

（5）投标决策包括的内容有（　　　）。

　　A. 针对招标项目确定投标还是不投标

　　B. 倘若去投标，去投什么性质的标

　　C. 投标中如何采用以长制短、以优胜劣的策略和技巧

　　D. 投标的范围

　　E. 投标的目的

3. 问答题

（1）建筑工程的投标程序包含哪些步骤？

（2）投标的可行性研究要进行哪些内容的分析？

（3）招标信息的来源有哪些？

（4）在投标过程中，对招标文件的理解要注意哪些方面？

（5）《中华人民共和国招标投标法实施条例》对踏勘现场有哪些规定？

4. 案例分析题

某招标人找到建筑学院毕业生张三做顾问，帮业主解决工程建设方面的有关问题，张三提出了两点建议：一是施工招标程序是很重要的，程序为委托招标代理机构→申请招标→委托勘察和设计→办理立项手续→发布招标公告和发售招标文件→进行资格预审→招标答疑→现场勘察→投标文件投送截止→委托编制标底→开标、评标→定标；二是施工招标、评标办法也是重要的，应选择报价最低的施工单位来进行工程建设。

请分析张三的建议是否正确，若不正确，则写出正确的建议。

8 建筑工程投标文件

本章将介绍建筑程投标文件的编制、提交、修改、撤回等内容。由于投标文件的编制也涉及投标策略和投标有效性的问题，因此本章也将介绍关于投标保证金、投标文件的法律等相关内容。

8.1 概　述

8.1.1 合格投标人的条件

投标人是指响应招标并参加投标竞争的法人或其他组织。所谓响应投标，是指获得招标信息或收到投标邀请书后购买投标文件，并在接受资格审查后按照招标文件的要求编制投标文件等系列活动。

按照《中华人民共和国招标投标法》的规定，除依法允许个人参加投标的科研项目外，其他项目的投标人必须是法人或其他经济组织，自然人不能成为建筑工程的投标人。为保证招标投标的"三公"原则，《工程建设项目施工招标投标管理办法》规定："招标人任何不具备独立法人资格的附属机构（单位），或者为招标项目的前期准备或监理工作提供设计、咨询服务的任何法人及其任何附属机构（单位），都无资格参加该招标项目的投标。"

为保证建筑工程施工的顺利完成，《中华人民共和国招标投标法》第二十六条规定："投标人应当具备承担招标项目的能力；国家有关规定对投标人资格条件或者招标文件对投标人资格条件有规定的，投标人应当具备规定的资格条件。"

投标人在向招标人提出投标申请时，应附带有关投标资格的资料，以供招标人审查。这些资料应表明自己存在的合法地位、资质等级、技术与装备水平、资金与财务状况、近期经营状况及以前所完成的与招标工程有关的业绩。

《中华人民共和国招标投标法实施条例》规定：投标人参加依法必须进行招标的项目的投标，不受地区或者部门的限制，任何单位和个人不得非法干涉；与招标人存在利害关系可能影响招标公正性的法人、其他组织或者个人，不得参加投标；单位负责人为同一人或者存在控股、管理关系的不同单位，不得参加同标段投标或者未划分标段的同一招标项目。违反这些规定的，相关投标均无效。

值得注意的是，投标人发生合并、分立、破产等重大变化的，应当及时书面告知招标人、投标人不再具备资格预审文件、招标文件所规定的资格条件或者其投标影响招标公正性的，其投标无效。

8.1.2 投标联合体

有些招标项目，招标人为保证工期、质量，减少建筑工程施工过程中的摩擦和工作量，明确禁止和反对联合体投标。但是，有些大型和超大型的建筑工程项目，往往不是一个投标人所能完成的，所以招标人（业主）往往允许几个投标人组成联合体共同参与投标。法律上也允许投标人组成联合体，并对联合体投标的相关问题进行了明确规定。

《中华人民共和国招标投标法》第三十一条规定："两个以上法人或者其他组织可以组成一个联合体，以一个投标人的身份共同参与投标。"

8.1.2.1 联合体各方的资格要求

《中华人民共和国招标投标法》第三十一条规定："联合体各方均应当具备承担招标项目的相应能力；国家有关规定或招标文件对招标人资格条件有规定的，联合体各方均应当具备的相应资格条件。由同一专业的单位组成的联合体，按照资质等级较低的单位确定资质等级。"为了防止资质优秀的投标人组成联合体而排斥其他投标人以获得优势地位，也为了防止以高等级资质获取招标项目，法律规定以资质等级较低的单位来确定资质。可见联合体是由多个法人或经济组织临时组成的，但它在投标时是作为一个独立的投标人出现的，具有独立的民事权利能力和民事行为能力。

8.1.2.2 联合体协议的效力

《中华人民共和国招标投标法》第三十条规定："联合体各方应当签订共同投标协议，明确约定各方拟承担的工作和责任，并将共同投标协议连同投标文件并提交招标人，联合体中标的，联合体各方应当共同与招标人签订合同，就中标项目向招标人承担连带责任。"

联合体各方签订共同投标协议后，不得再以自己的名义单独投标，也不得组成新的联合体或参加其他联合体在同项目中投标。联合体协议签订后，若参加资格预审并获得通过，其主体的变更必须在提交投标文件截止之日期以前征得招标人的同意。在资格预审后，联合体增减、更换成员的，其投标无效。

8.1.2.3 投标人组成联合体的意愿

《中华人民共和国招标投标法》第三十一条规定："招标人不得强制投标人组成联合体，不得限制投标人之间的竞争。"因此，投标人是否组成联合体以及与谁组成联合体，都由投标人自行决定，任何人不得干涉。但是，有些建筑工程的招标文件要求，联合体不得投标，这并不违反法律规定，因为法律只规定了不得强制投标人组成联合体。

《中华人民共和国招标投标法》第五十一条规定："招标人以不合理的条件限制或者排斥潜在投标人的，对潜在投标人实行歧视待遇的，强制要求投标人组成联合体共同投标的，或者限制投标人之间竞争的，责令改正，可以处一万元以上五万元以下的罚款。"

8.2 投标文件的编制

8.2.1 投标文件的要求

8.2.1.1 投标文件的内容要求

《中华人民共和国招标投标法》第二十七条规定："投标人应当按照招标文件的要求编制投标文件。投标文件应当对招标文件提出的实质性要求和条件作出响应。"招标项目属于建设施工的，投标内容应当包括拟派出的项目负责人和主要技术人员的简历、业绩和拟用于完成招标项目的机械设备等。所谓实质性要求和条件，是指招标项目的价格、项目进度计划、技术规范、合同的主要条款等，投标文件必须对之作出响应，不得遗漏，回避，更不能对招标文件进行修改或提出任何附带条件。投标人拟在中标后将中标项目的部分非主体、非关键性工作进行分包的，还应在投标文件中载明。

8.2.1.2 投标文件的时间要求

《中华人民共和国招标投标法》第二十八条规定："投标人应当在招标文件要求提交投标文件的截止时间前，将投标文件送达投标地点。招标人收到投标文件后，应当签收保存，不得开启。"该条还规定："在招标文件要求提交投标文件的截止时间后送达的投标文件，招标人应当拒收。"因此，以邮寄方式递交投标文件的，投标人应留出足够的邮寄时间，以保证投标文件在截止时间前送达。另外，如果发生地点方面的错送、误送，那么其后果应由投标人自行承担。

8.2.1.3 投标文件的数量要求

《中华人民共和国招标投标法》第二十八条规定："投标人少于三个的，招标人应当依照本法重新招标。"当投标文件的数量少于三个时，就会缺乏竞争，投标人可能会提高承包条件，损害招标人的利益，从而与招标项目的初衷相背离，所以必须重新组织招标，这也是国际上的通行做法。在国外，这种情况称为流标。不过，以笔者多年来从事招标投标评审工作的实践来说，我国建筑工程招标时，土建类的招标竞争非常充分，一个施工类的招标往往有数十家甚至上百家公司参与投标，而电力安装类的工程招标竞争非常不充分，往往由于投标人数量少而流标，甚至出现围标、串标等现象。

8.2.1.4 投标文件的其他要求

1. 保密要求

由于投标是一次性的竞争行为，为保证其公正性，就必须对当事人各方提出严格的保密要求。例如，投标文件及其修改、补充的内容都必须以密封的形式送达，招标人签收后必须原样保存，不得开启。对于标底和潜在投标人的名称、数量以及可能影响公平竞争的其他招标投标的情况，招标人必须保密，不得向他人透露。在实践中，投标人很少采用邮寄的方式递交投标文件，也是出于保密的考虑。另外，一些地方规定，投标文件采用电子文档形式递交的，一定要设密码，否则不予接收，也是为了投标文件的保密要求。投标文件的保密，既对招标人有利，因为可以防止各投标人相互串通报价，也对投标人有利，因为可以防止招标人和某些投标人相互串通。

之所以没有将对投标文件的密封性进行检查的人规定为招标人，是因为在投标截止时间以前提前送达招标人的任何投标文件，都是由招标人保存的，如果再由招标人检查这些投标文件的密封情况，就难以杜绝招标人在保存期间作弊。

《中华人民共和国招标投标法》第五十二条规定："依法必须进行招标的项目的招标人向他人透露已获取招标文件的潜在投标人的名称、数量或者可能影响公平竞争的有关招标投标的其他情况的，或者泄露标底的，给予警告，可以并处一万元以上十万元以下的罚款；对单位直接负责的主管人员和其他直接责任人员依法给予处分；构成犯罪的，依法追究刑事责任。"

2. 合理报价要求

投标文件的重要部分之一是价格文件或报价文件。《中华人民共和国招标投标法》规定："投标人不得以低于成本的价格报价、竞争。"投标人以低于成本的价格报价是种不正当的竞争行为，因为在这种情况下投标人可能会通过偷工减料、以次充好等不正当手段来降低成本从而避免亏损。这样，就会给市场经济秩序造成损害，给建筑工程的质量带隐患，必须禁止。不过一些投标人从长远利益出发，放弃短期利益，不要利润，仅以成本价投标，这也是合法的竞争手段，是受法律保护的。这里所说的成本应该包括社会平均成本，并综合考虑各种价格差别因素，关于合理报价的策略，在其他章节也有介绍，本章不再赘述。

8.2.2 投标文件的编制步骤

对确定投标的工程，要及时向招标单位提出投标申请。投标申请书应附带企业资格审查资料，包括企业营业执照和资质证明书、主要施工经历与技术力量、自有资金、企业信誉度、机械设备，现有主要施工任务等，投标文件的编制要跟整个投标程序结合起来，基本步骤如下：

（1）申请投标。

（2）领取招标文件，交投标保证金。

（3）研究招标文件，调查工程环境，确定投标策略。

（4）投标人按照招标文件的要求编制投标文件。

由于投标过程和投标策略在其他章节已进行了详细的介绍，本章仅介绍投标文件本身的编制过程。

建筑工程（施工）的投标文件一般可以分为技术文件、商务文件和价格文件。国际上，对于建筑工程的投标文件，规定价格文件和技术文件、商务文件要分开密封。我国借鉴了类似的做法，如有些招标文件和评标办法规定，价格文件和技术文件、商务文件没有分开装订的，投标文件无效。

8.2.2.1 建筑工程投标文件的主要内容

建筑工程的投标文件一般包括以下内容：

（1）投标函。

（2）施工组织设计或者施工方案。

（3）投标报价。

（4）商务和技术偏差表。

8.2.2.2 投标文件的编制方法

1. 技术文件

技术文件可以参照以下结构和内容编制。

（1）概述：介绍本公司名称、地址、技术说明书的结构与主要内容，说明公司概况等。

（2）投标人的技术力量：介绍公司的资质、人员、设备等技术力量。对于拟投入的人员力量，最好以框图的形式说明，尤其要说明公司的主要技术力量，以及管理人员的数量，资质和名单，提供项目经理的资质证书。要根据招标文件的要求附上证明材料。

（3）工作进度计划：介绍投标人的工作计划和施工计划，对机械台班的使用等作出说明和介绍。

（4）文明施工、安全施工措施：详细说明文明施工、安全施工措施，做到有根有据不要抄袭一些规章制度，如对淤泥、渣土和噪声的管理等。

（5）质量保证措施和售后服务措施：详细说明建筑工程各质量保证措施和售后服务措施。

（6）技术偏差表：以表格的形式列出技术偏差，即使没有偏差，也要列出无偏差，千万不能省略。

（7）需要使用的机械、设备：对建筑工程中所需要的机械设备，投标人自身有的设备和机械最好列出，以显示自身的实力。

（8）需要业主配合的条件：在投标文件中要列出要求业主提供和配合的条件，以及免费提供的文件和资料等。不过，以笔者多年的评标经验来看，普通的水，电、气等条件并不需要专门列出，而需要业主提供的特殊条件又会影响评分，所以应慎重列出需要业主配合的条件。

2. 商务文件

商务文件在一些招标文件中有时是和技术文件列在一起的，但是，对于大型的建筑工程，往往独立成为文件的比较多。商务文件可以参照以下结构和内容编制。

（1）投标人的财务报表：如营业执照、注册资金、经审计的财务报表（资产负债表，损益表、现金流量表）等。

（2）投标人的过往业绩：投标人在以往年度的业绩必须根据招标文件的要求提供，如有些招标文件规定提供三年内的业绩或提供营业额在 1 000 万元以上的业绩等。这些只需要根据招标文件的规定提供即可。在实践中，有些投标人往往在投标文件中仅以表格的形式列出一些业绩和项目，却不能提供合同复印件，这是不能作为证据认定的。

（3）交货日期：列明交货日期或工期或交付使用日期等。

（4）商务文件偏差表：要列出商务文件的偏差表，如付款条件等，即使没有偏差，也要列上。

（5）其他项目的评价：在一些建筑工程中，招标文件往往要求投标文件中提供其他用户的满意度调查结果、用户评价或奖项等，这时投标文件要按招标文件的要求提供。

3. 价格文件

价格文件包括以下主要内容：

（1）分项、分部价格表：要根据招标文件的要求或工程计价的要求，列出建筑工程各分部、分项的价格和总价，如各种人工费、材料费等。

（2）各种规费、税费：要列出各种规费、社保、公积金等的费用等。

（3）设备、材料表：列出主要材料、原材料的价格。

8.2.2.3 研究招标文件

招标文件规定了投标人的职责和权利，必须高度重视，认真研读。招标文件的内容虽然很多，但是总的来说不外乎商务条款、标的工程内容条款和技术要求条款。

（1）商务条款。商务条款主要是指合同条款。对合同条款的研究一般应包括以下内容：

① 要核准投标日期、时间，投标有效期，工程保修期等。

② 要核准工期赔偿和提前竣工奖励的有关规定。

③ 要明确付款条件、付款方法、保证金的额度等。

④ 关于物价调整条款，要核准有无对材料、设备和工资的调整等。

（2）标的工程内容条款主要是指投标人的责任范围和报价要求，对它的研究一般应包括以下内容：

① 总价包干还是单价包干。

② 认真落实投标的报价范围，不应有含糊不清之处：应将工程量清单（如有）与投标须知、合同条件、技术规范、图样等认真核对，以保证在投标文件中不错、不漏。

③ 要认真计算、核对工程量。核算工程量不仅是为了便于计算投标价格，而且是今后在施工过程中核对工程量的依据，同时也是安排施工进度计划，选定施工方案的重要依据。对工程量巨大的项目，要力争做到工程量与实际工程的施工部位能"对号入座"。当发现工程量清单中的工程量与实际工程量有出入时，应向招标人及时提出质询。

（3）技术要求条款主要是指技术规范和图样。

8.2.3 投标文件举例

本节以某医院勘察设计工程的投标文件为例来说明投标文件的组成和内容。

8.2.3.1 投标文件的语言及度量衡

该投标文件使用简体中文。投标人随投标文件提供的证明文件和产品说明书若使用另一种语言，则应配有恰当的中文翻译，并且投标人对翻译的准确性负责，技术标文件的解释以中文为准。除技术规范另有规定外，投标文件使用的度量衡均采用中华人民共和国法定计量单位。

8.2.3.2 投标文件的组成

该投标文件由唱标信封、商务标和技术标三部分组成。

1. 唱标信封

包括以下内容：

（1）投标函。

（2）投标报价表。

（3）投标保证金支付的凭证（复印件）。

（4）退还投标保证金的声明。

（5）电子文件。

2. 商务标部分

包括下列内容：

（1）法定代表人证明书。

（2）投标文件签署授权委托书。

（3）营业执照副本复印件（加盖投标人法人公章）。

（4）资质证书、企业组织机构代码证书复印件（加盖投标人法人公章）。

（5）税务登记证副本复印件（加盖投标人法人公章）。

（6）投标人基本情况表。

（7）本项目主要设计人员简历表。

（8）近三年内完成类似工程项目的情况表。

（9）投标承诺书。

（10）中标服务费承诺书。

（11）设计概算书（针对所提交的设计方案编制的设计概算文件，格式参照招标文件上所提供的工程项目投资分解表）。

3. 技术标部分

主要由文本文件、计算机文件、展示图样、设计模型（如果有）组成。

（1）文本文件：以 A2 规格编排装订成册，一式 6 份。其中正本部分，封面标注正本字样，副本 5 份，封面标注"副本"字样，正本与副本不符的以正本为准。文本文件的内容包括：

① 封面。封面上写明项目名称、设计作品主题，编制年月。

② 目录。

③ 设计说明书。

④ 设计图样。

⑤ 投标人提供的其他资料。

（2）计算机文件：文字内容采用 Word 文件，设计图形文件采用 AutoCAD 文件，表现图、渲染图采用 JPG 或 TIF 格式，手绘图、手绘建筑画扫描成 JPG 格式的计算机图形文件。投标文件配有全方位表达建筑空间的演示动画，用较为普及的应用软件制作，时间不超过 5 min。

该投标文件同时附送说明设计方案的多媒体、幻灯片等资料。全部文本文件、设计成果均应制作成计算机文件，提交光盘 1 套。

（3）设计方案展示图样：投标人已制作了一套（包含总体规划方案、医院大楼外立面效果）设计方案展示图样。图样内容为表现图、分析示意图等，可以水平或垂直展示，投标人已将展示图样裱在轻质板上。

设计方案展示图样包括以下内容：

① 总平面设计的布置图。

② 规划总平面图、立面图。

③ 竖向规划图。

④ 重点部位效果图（含鸟瞰图及夜景效果图）。

投标人已按设计任务书要求的方案提供了设计方案。设计方案均按技术标的格式与内容进行了编制，并单独装订成册，分别密封包装。

8.2.3.3 投标报价

该项目的工程设计费以《工程勘察设计收费管理规定》为依据，为此，投标人在投标报价时将按照该标准下浮 20%，该工程投标报价为 200.97 万元人民币。

设计费计算系数按以下所给系数计算：建筑工程专业调整系数为 1.0；工程复杂程度系数为 Ⅱ 级时，调整系数为 1.0；建筑工程附加调整系数为 1.0。该工程钻孔单价根据《工程勘察设计收费管理规定（2002 年修订本）》规定的岩土工程勘探实物工作收费基价（不包括技术工作费）的收费标准，投标人在投标报价时不得超过该标准的 75%（暂按岩土 Ⅱ 级计算）。

该项目的勘察设计费已按照设计任务书的要求计算，包括完成投标阶段的方案设计、中标后对该项进行的深化设计、施工图设计、施工配合服务以及其他与该项目有关的设计服务的全部费用，是唯一的报价。

8.2.3.4 投标文件的有效期

该投标文件的有效期为投标截止日后 90 天。在此期限内，凡符合招标文件要求的投标书均保持有效。

8.2.3.5 投标保证金

投标人已按照投标保证金金额提供投标保证金，此投标保证金是投标文件的组成部分。投标文件中附有由 ×× 市城建工程管理局财务科开具的投标保证金收据的复印件。

8.2.3.6 投标文件的份数和签署

投标人递交包括唱标信封 1 份，商务标正本 1 份和副本 5 份，技术标正本 1 份和副本 5 份。投标文件清楚地标明"商务标正本"或"商务标副本"，"技术标正本"或"技术标副本"。若正本和副本不符，则以正本为准。

下面附上部分该投标文件的一些附件。

1. 投标书封面

投　标　书

　　项目名称：

　　投标单位：

　　投标单位全权代表：

　　投标单位：　　　　　　　（公章）

　　　　　　　　　　　　　　　　　　年　　月　　日

2. 投标书正文

投 标 书

致：××市××有限公司（招标方）

根据贵方为××市医院大楼工程勘察设计的投标文件_____（招标编号）要求，全权代表_____（全名）_____（职务）经投标方正式授权并代表依据中华人民共和国法律在_____（注册地址）注册的投标方_____（投标方名称）提交下述文件正本一份和副本一式_____份。

在此提交的投标文件，包括唱标信封、商务标、技术标及其电子文件光盘。

我方已完全明白招标文件的所有条款要求，并重申以下几点：

（1）我方决定参加招标编号为_____号的投标。

（2）我方承诺：工程设计费和勘察费以合同价款一次包干。

（3）本投标文件的有效期为投标截止日后 90 天，如中标，有效期将延至合同终止日为止。

（4）我方已详细研究了招标文件的所有内容，包括修改（如果有）和所有已提供的参考资料以及有关附件，并完全明白我方放弃在此方面提出含糊意见或误解的一切权力。

（5）如果我方在规定的开标时间之后的投标有效期之内撤回投标，则投标保证金被贵方没收。

（6）我方同意按照贵方可能提出的要求而提供与投标有关的任何其他数据或信息。

（7）我方如果中标，则将按照规定提交履约担保，并保证履行招标文件以及招标文件修改书（如果有的话）中的全部责任和义务，按质、按量、按期完成任务。

（8）我方承诺按业主对中标方案的修改意见，并结合实际情况，对设计方案和设计图样进行修改完善。

（9）若招标人按招标文件要求向我方支付方案补偿与使用费，我方同意招标人、中标人在本工程中使用我方投标方案的全部或部分，我方不再收取其他费用。

（10）我方承诺：收到招标人支付的方案补偿与使用费后，不再将本次投标方案用于其他任何项目的投标和设计。

（11）所有与本次招标有关的函件请发往下列地址：

地　　址：_____

电　　话：_____

传　　真：_____

代表姓名：_____

职　　务：_____

邮政编码：_____

投标人（盖章）：

投标人地址：

授权代理人（签名）：

日　　期：

3. 投标报价总表格式

投标报价总表格式   人民币/元

序号	分项内容	人民币金额	大写	备注
一				
二				
…				
投标报价总计			大写：_____ （￥：_____）	
投标保证金			形式：_____大写：_____ （￥：_____）	

备注：

① 设计费计算系数按建筑工程专业调整系数为 1.0；工程复杂程度系数为Ⅱ级时，调整系数为 1.0；建筑工程附加调整系数为 1.0。

② 勘察费计算暂按岩土Ⅱ级计算，最终以实际岩土类别为准。

③ 以上报价已包含合同所发生的一切税金和费用等。请报价人按项目的实际情况认真报价，由此费用所产生的一切后果由报价人自己承担。

投标人（法人公章）：
授权代表（签字或盖章）：
日　　期：

4. 法定代表人证明书格式

法定代表人证明书

单位名称：_____

单位性质：_____

地　　址：_____

成立时间：_____年_____月____日

经营期限：_____

姓　　名：_____　性别：_____　年龄：_____　职务：_____

系_____（投标人名称）_____的法定代表人

特此证明。

投标人：　　　　（投标人法人公章）
日　　期：

5. 投标承诺书

投标承诺书

工程名称：××市医院工程勘察设计招标项目

我单位已详细阅读上述工程之招标文件，现自愿就参加上述项目投标有关事项向招标人郑重承诺如下：

（1）遵守中华人民共和国、××省、××市有关招标投标法律法规的规定，若有违反，同意被废除投标资格并接受处罚。

（2）服从招标有关议程事项安排，服从招标有关会议现场纪律，若有违反，同意被废除投标资格并接受处罚。

（3）接受招标文件全部条款及内容，未经招标人允许，不对招标文件条款及内容提出异议，若有违反，同意被废除投标资格并接受处罚。

（4）保证投标文件内容无任何虚假。若评标过程中查有虚假，同意作无效投标文件处理并被没收投标保证金；若中标之后查有虚假，同意被废除授标并被没收投标保证金。

（5）保证无论中标与否，都不向招标人查询追问原因。

（6）保证按照招标文件及中标通知书的规定商签合同及提交履约保证金，如有违反，同意接受招标人违约处罚并被没收投标保证金。

（7）保证按照工程设计合同约定完成设计合同范围之内的全部内容，履行相关责任，如有违反，同意接受建设单位违约处罚并被没收履约保证金。

（8）保证中标之后不转包。

（9）保证中标之后按照投标文件的承诺履行职责，如有违反，同意接受建设单位违约处罚并被没收履约保证金。

（10）保证按照招标文件及设计合同约定原则处理设计，不会发生签署设计合同之后恶意提高费用的行为。

投标人名称：　　　　　　（投标人盖章）

投标人授权代表签字：

承诺日期：

6. 投标文件签署授权委托书格式

投标文件签署授权委托书

本授权委托书声明：我_____（姓名）系_____（投标人名称）的法定代表，现授权委托_____（单位名称）_____的_____（姓名）为我公司签署本次招标项目投标文件的委托代理人，我承认代理人全权代表我所签署的本项目的投标文件的内容。代理人无转委托权，特此委托。

授权代理人：___（签名）___性别：_____年龄：_____

身份证号码：_____职务：_____

投标人：_____（盖章）_____

法定代表人：_____（签字或盖章）_____

授权委托日期：_____年_____月_____日

7. 中标服务费承诺书

中标服务费承诺书

致：××国际招标公司

我们在贵公司代理的_____项目招标中若获中标（招标编号：_____）、我们保证在收到中标通知书原件的同时按招标文件的规定，以支票、汇票、电汇、现金或经贵公司认可的一种方式，向贵公司即××招标公司指定的银行账号，一次性支付中标服务费（按国家计委文件"计价格〔2002〕1980号文"以及国家发展和改革委员会办公厅颁布的《国家发展改革委办公厅关于采购代理服务收费有关问题的通知》的规定执行，详见招标文件下述附件）。

特此承诺。

投标人法定名称（法人公章）：

投标人法定地址：

投标人授权代表（签字）：

电话：

传真：

承诺日期：

8.3 投标文件的提交

8.3.1 投标文件提交的规定

投标人应当在招标文件要求提交投标文件的截止时间前，将投标文件送达投标地点。在截止时间后送达的投标文件，招标人应当拒收。若发生地点方面的误送，则由投标人自行承担后果。投标人若对招标文件有疑问，则应于投标截止日期前 3~15 日（具体见招标文件）以书面形式向招标人（或招标代理机构）提出澄清要求，并送至招标代理机构。招标人应当自收到异议之日起 3 日内作出答复，并且在答复前，应当暂停招标投标活动。

在实践操作中，也有些业主苦心设计来规避法律法规的限制，以抢时间为名，不顾实际工作要求，故意缩短购买标书或投标截止的日期，将购买标书截止的时间安排在公告的次日，使大多数有竞争力的投标人无法购买，只有那些与业主有关系的投标人因事先获得消息，才可以应对自如。《中华人民共和国招标投标法》第二十四条规定："招标人应当确定投标人编制投标文件所需要的合理时间；但是，依法必须进行招标的项目，自招标文件开始发出之日起至投标人提交投标文件截止之日止，最短不得少于二十日。"资格预审文件或者招标文件的发售期不得少于 5 日。

8.3.2 投标文件提交的案例分析

在实践中，很多投标人乃至招标代理机构并不清楚投标文件提交的相关规定。例如，在某建筑工程招标的过程中，招标文件规定各投标人的投标文件中必须提交投标人单位的国税和地税纳税证明的复印件（作为合格投标人的必要条件）。很多投标人由于理解出现偏差，只提交了国税纳税证明的复印件，而有的投标人则只提交了地税纳税证明的复印件。开标以后，评标委员会发现合格的投标人不够 3 家。在此情况下，招标代理机构打电话给各投标人，要求各投标人通过传真提交国税或地税纳税证明的复印件。由于有评标专家不同意招标代理机构这么做，因此招标代理机构又打电话请示监管机构，要求修改评标委员会的意见。监管机构通过电话回复，说一切听从评标委员会的意见。于是评标委员会以少数服从多数的原则，通过了允许各投标人提交国税或地税证明复印件的决议。

实际上，只要是合法注册的公司肯定可以提供地税和国税的纳税证明。但是，评标的依据是国家的法律法规和招标文件的规定。在本案例中，评标专家提出了不同意见，相关专家也知道投标人没有国税、地税纳税证明文件会影响评标结果。但是，规定就是规定，不是儿戏。本案例中，开标以后再允许提交地税、国税纳税证明，相当于允许某些投标人分两次提交投标文件，这就不行了。本案例中，那些不同意提交国税地税纳税证明的专家的做法是正确的。

8.4 投标文件的补充修改和撤回

8.4.1 法律规定与操作实务

根据契约的自由原则，我国法律规定，《中华人民共和国招标投标法》第二十九条规定："投标人在招标文件要求提交投标文件的截止时间前，可以补充、修改或者撤回已提交的投标文件，并书面通知招标人。补充、修改的内容为投标文件的组成部分。"

在提交投标文件截止时间后，投标人不得补充、修改、替代或者撤销其投标文件，投标人补充、修改、替代投标文件的，招标人不予接受；投标人撤回投标文件的，其投标保证金将被没收。若投标人想撤回已提交的投标文件，则应当在投标截止时间前书面通知招标人，招标人已收取投标保证金的，应当自收到投标人书面撤回通知之日起 5 日内退还。

8.4.2 投标文件的案例分析

某项土建工程项目招标，某投标人在提交了投标文件后，在开标前又递交了一份折扣信，以表明在投标报价的基础上，工程量单价和总价报价各下降 3%。但是招标单位有关工作人员认为，根据"一标一投"的惯例，一个投标人不得递交两份投标文件，因而拒绝了该投标人的补充材料。那么这种行为是否合法呢？下面来分析一下。

根据《中华人民共和国招标投标法》第二十八条的规定："在招标文件要求提交投标文件的截止时间后送达的投标文件，招标人应当拒收。"而第二十九条又明确规定："投标人在招标文件要求提交投标文件的截止时间前，可以补充、修改或者撤回已提交的投标文件，并书面通知招标人。补充、修改的内容为投标文件的组成部分。"因此，在提交投标文件的截止时间之前，投标人可以补充、修改或者撤回已提交的投标文件。换句话说，在提交投标文件的截止时间之前，投标人爱换几次投标文件就换几次，招标单位或代理机构不能拒绝。不过，有的招标文件制作不严谨，只是说明投标的截止时间是开标前，而投标截止时间过后，招标人收取投标文件后封存起来，并不立即开标，导致两个时间不一致，这样很容易就投标的截止时间发生纠纷。

本案例中，该投标人将报价下降 3%是对已提交投标文件的修改，如果招标文件明确规定投标的截止时间就是开标时间，则这种做法完全合法，所以招标单位有关工作人员拒绝该投标人的补充材料的做法是错误的。但是，如果招标文件规定的投标文件递交截止时间在开标以前，则过了投标文件递交的截止时间，即使还没有开标。也不能再递交补充文件了。不过由于很多工程招标，投标文件递交的截止时间往往就规定为开标时间，因此这样的投标策略在国际、国内招标中经常出现。因此这也提醒招标人和投标人，在开标前做好保密工作是非常重要的，以防止某些投标人窥探到招标人的标底或其他投标人的报价后作出临时决定而损害自己的利益。

8.5 投标保证金

8.5.1 投标保证金的概念

所谓的投标保证金，就是投标人保证其在投标有效期内不随意撤回投标文件或中标后按招标文件签署合同而提交的担保金。提交投标保证金是国际惯例，也是保证投标人遵循诚实信用原则的体现。投标保证金将促使投标人以法律为基础进行投标活动，在整个投标有效期内如果不遵守招标文件的约定，将受到没收保证金的处罚。

因此，从法律角度上，投标属于要约。设立投标保证金，就是对要约应承担法律责任的担保，约束投标人在投标有效期内不能撤出投标，或中标后按时与业主签订合同，一旦违反，投标保证金将被没收。投标人应当按照招标文件要求的方式和金额，将投标保证金与投标文件一起提交招标人。未提交投标保证金或未按规定方式、额度提交的，又或者提交的投标保证金不符合招标文件约定的，则该投标文件被拒绝，作为废标处理。

值得注意的是，除了投标过程中所交的投标保证金外，还有中标以后所递交的履约保证金，这是不同阶段的保证金形式。招标文件要求中标人提交履约保证金的，中标人应当按照招标文件的要求提交。履约保证金不得超过中标合同金额的 10%。

8.5.2 投标保证金的形式和额度

8.5.2.1 投标保证金的形式

投标保证金可以选择现金、现金支票、银行汇票、保兑支票、银行保函或招标人认可的其他合法担保形式。值得注意的是，若采用现金支票或银行汇票，则投标人应确保将上述款项在投标文件提交截止时间前能够划拨到招标人的账户里，否则，其投标担保视为无效。依法必须进行招标的项目的境内投标单位，以现金或者支票形式提交的投标保证金应当从其基本账户转出。

若使用银行保函，其格式必须采用招标文件中所给出的标准格式。银行的级别由招标人根据招标项目的情况在投标人须知资料表中规定。银行保函的原件应在递交投标文件截止时间前由投标人单独密封到开标一览表中并递交给招标人。总之，投标保证金的相关证据要作为投标文件的一部分列出。

8.5.2.2 投标保证金的额度

投标保证金的额度应由招标人在"投标人须知"前的附表中写明。投标人在递交投标文件的同时，应当按照"投标人须知"前的附表中规定的数额和方式提交投标保证金。为了平衡招标人与投标人的利益，根据有关法规规定，施工项目招标或货物采购招标的，投标保证金一般不得超过投标总价的 2%（国际上最多可以为 10%），但最高不得超过 80 万元人民币；勘察设计项目招标的，保证金额一般不超过勘察设计费投标报价的 2%，最多不超过 10 万元人民币。在一些大的招标项目中，投标保证金一般为投标报价的 0.5%~1%的比较常见，而一些小的工程项目，投标保证金一般为投标报价的 1% ~ 2% 的比较常见。《中华人民共和国招标投标法实施条例》规定，投标保证金不得超过招标项目估算价的 2%，上限没有进行规定，也就是说，在不超过估算价的 2% 的情况下，可以突破 80 万元。投标保证金有效期应当与投标有效期一致。但是，在各地的招标实践中，某些招标人为了某些不可告人的目的，不惜以高额的投标保证金来吓退潜在投标人的情况也不少见。

8.5.2.3 投标保证金额度案例

在某医院的工程招标中，招标文件规定投标保证金占整个工程造价的 33% 多，超过了履约保函最高限制（一般为合同价的 10%）的两倍多。原来，这是业主与意向中标单位勾结起来设的陷阱，其用意就是用巨额保证金吓退不知内幕的潜在投标人。

8.5.3 投标保证金的期限和退回

8.5.3.1 投标保证金的期限

在实践中，投标保证金的有效期一般与投标有效期相同，这是最常见的情况，也有的规定投标保证金有效期应当超过投标有效期 30 天。《中华人民共和国招标投标法实施条例》规定，投标保证金有效期应当与投标有效期一致。

8.5.3.2 投标保证金的退回

招标人最迟应当在书面合同签订后 5 日内向中标人和未中标的投标人退还投标保证金及银行同期存款利息。

8.5.3.3 投标保证金被没收的情况

当发生以下情况时，招标人有权没收投标人递交的投标保证金：
（1）投标人在招标文件规定的投标有效期内撤回其投标文件的。
（2）中标人未能在招标文件规定的期限内提交履约保证金或签署合同协议的。

8.6 投标人应禁止的行为

8.6.1 禁止投标人之间串通投标

《中华人民共和国招标投标法》第三十二条规定："投标人不得相互串通投标报价，不得排挤其他投标人的公平竞争，损害招标人或者其他投标人的合法权益。"《中华人民共和国招标投标法实施条例》对投标人之间串通投标作了详细的规定。有下列情形之一的，属于投标人相互串通投标：

（1）投标人之间协商投标报价等投标文件的实质性内容。

（2）投标人之间约定中标人。

（3）投标人之间约定部分投标人放弃投标或者中标。

（4）属于同一集团、协会、商会等组织成员的投标人按照该组织要求协同投标。

（5）投标人之间为谋取中标或者排斥特定投标人而采取的其他联合行动。

如果出现下列情形之一的，则视为投标人相互串通投标的证据，可以直接认定为串通投标：

（1）不同投标人的投标文件由同一单位或者个人编制。

（2）不同投标人委托同一单位或者个人办理投标事宜。

（3）不同投标人的投标文件载明的项目管理成员为同一人。

（4）不同投标人的投标文件异常一致或者投标报价呈规律性差异。

（5）不同投标人的投标文件相互混装。

（6）不同投标人的投标保证金从同一单位或者个人的账户转出。

8.6.2　禁止投标人与招标人之间串通投标

《中华人民共和国招标投标法》第三十二条规定："投标人不得与招标人串通投标，损害国家利益、社会公共利益或者他人的合法利益。"《中华人民共和国招标投标法实施条例》总结了招标人与投标人之间串通中标的实践，在实施细则中也禁止招标人与投标人串通投标。

有下列情形之一的，属于招标人与投标人串通投标：

（1）招标人在开标前开启投标文件并将有关信息泄露给其他投标人。

（2）招标人直接或者间接向投标人泄露标底、评标委员会成员等信息。

（3）招标人明示或者暗示投标人压低或者抬高投标报价。

（4）招标人授意投标人撤换、修改投标文件。

（5）招标人明示或者暗示投标人为特定投标人中标提供方便。

（6）招标人与投标人为谋求特定投标人中标而采取的其他串通行为。

使用通过受让或者租借等方式获取的资格、资质证书投标的，属于《中华人民共和国招标投标法》第三十三条规定的以他人名义投标。

8.6.3　禁止投标人弄虚作假投标

《中华人民共和国招标投标法实施条例》对投标人弄虚作假谋取中标的行为也进行了总结。投标人有下列情形之一的，属于《中华人民共和国招标投标法》第三十三条规定的以其他方式弄虚作假的行为：

（1）使用伪造、变造的许可证件。

（2）提供虚假的财务状况或者业绩。

（3）提供虚假的项目负责人或者主要技术人员简历、劳动关系证明。

（4）提供虚假的信用状况。

（5）其他弄虚作假的行为。

8.7 本章案例分析

因投标文件没有签名盖章而废标

1. 案例背景

2013 年 8 月 27 日，市快速交通轨道 3 号线延长线××区间建筑电气及机电设备招标在某工程交易中心举行。在评标会上，专家发现某公司的投标承诺书没有签名。于是评审专家查找投标文件的正本，发现也没有签名盖章。后来，评审专家还发现，这家公司的投标文件法人代表授权书、投标函等都没有签名盖章。因此，评审委员会在初审中依规否决了这家投标人，这家公司遗憾地失去了进行下一步评审的权利。

2. 案例分析

《中华人民共和国招标投标法》和《中华人民共和国招标投标法实施条例》都没有规定投标文件是否需要签名盖章才算有效。但是，一般情况下地方政府在招标投标法的实施细则和招标文件中都会明确规定：未按照招标文件规定要求密封、签署、盖章的，应当在资格符合性检查时按照无效投标处理。

因此，在实际操作中，招标文件规定要按相关规定进行签字盖章。从法律上说，法人代表授权书、投标函等，如果没有盖章和签名，则无法确认是否代表投标人公司的行为，所以进行签名盖章是必要的。

但是，在一些招标过程中，规定投标文件的封面要签名盖章，甚至要盖骑缝章或每页都要盖章、签名的做法，确实是不应该的和没有必要的。不过，投标人最好按照招标文件的要求签名盖章，以避免不必要的麻烦。

因多家招标工程同时要资质原件而废标

1. 案例背景

2013 年 3 月 3 日，××市××污水处理工程招标在某市政府采购中心紧张举行。某公司因为在报名时招标代理公司已经查看过资质原件，加之该公司在当天也要参加另外一个工程的投标，就没有携带资质原件，结果，业主代表以招标文件规定为由，判该公司因没有携带资质原件而失去中标资格。

2. 案例分析

该招标案件违法违规的地方有多处。首先，业主代表仅为监督方，不能影响甚至干扰评标委员会评标，更不能推翻评标委员会的意见。其次，该业主有歧视倾向，这是因为该公司以前也参加过该招标代理公司的投标，以前的惯例是招标代理公司在资格预审时查看资格证原件，在正式投标时，只需要在投标文件中附上复印件即可。

目前，异地投标项目日益增多，但许多招标单位要求现场开标时必须携带资质原件，否则不予加分甚至废标。施工企业的各种资质证书、获奖证书一般只有一份原件，如果一个企业在同一日期或相邻日期内遇上两个以上的异地投标，因时空距离，就只能选择其一，对于其他项目，即使前期已投入很大的人力财力，也无可奈何。因此，招标人或业主、招标代理机构的这些规定确实有不合理之处，不够人性化，应该改进。

因投标文件缺保证金文件复印件而废标

1. 案例背景

2012 年 11 月，××市××区××路路灯设备采购及安装招标项目在某市工程交易中心举行。评标委员会按程序审查、评审各投标人的投标文件时，发现某公司的投标文件正、副本都缺少保证金复印件，于是按相关规定，否决了该公司的评标资格。

2. 案例分析

在本案例中，评标会在周一下午举行，而该投标人是在上周五通过银行将保证金汇出的。按常理来说，上周五汇出的保证金，在这周一上午到达是没有问题的。由于上周五下午银行停电，该投标人的保证金没有通过银行进入招标代理机构的账户上。尽管该投标人手里提供了汇款的凭证，但是由于招标代理机构没有查到保证金到账，因此该公司失去了进一步投标的资格。

通过本案例可以看出，为确保不发生意外事件，汇保证金时要预留充足的时间，以免失去了进一步评标的资格。

因投标文件装订混乱而废标

1. 案例背景

2012 年 12 月 13 日，××市××区××变电站安装工程项目在某招标代理公司举行。在评标委员会专家仔细认真地进行评审时，有专家发现 A 公司的投标文件中，投标货物价格明细表的表头竟然用的是 B 公司的名字。于是，评标委员会以 A、B 两家公司的投标文件存在串标嫌疑为由，依法将 A、B 两家公司的投标文件作废标处理。

2. 案例分析

因 A、B 两家公司的投标文件上的公司名称混乱，评标委员会给予 A、B 两公司废标的处理是非常正确的。之所以出现这样的问题，一种情况是，A、B 两公司的投标文件是同一家打字社制作的，打字社给 A 公司做了投标文件后，为了偷懒采用原来的表格，忘记修改表格了；另外一种情况是，A、B 两公司的投标文件是同一个人或同一批人做的，这些人也犯了和打字社同样的错误。不过，就本案例来说，后一种情况的可能性更大、属于典型的串通投标行为。《中华人民共和国招标投标法》规定的串通招标投标行为的法律责任是中标无效，罚款的数额为招标项目金额的千分之 5 以上千分之 10 以下，并对投标人、招标人或直接责任人的违法行为规定了一系列的行政处罚，如停止一定时期内参加依法必须进行招标项目投标的资格。

思考与练习

1. 单项选择题

（1）以下不属于建筑工程施工投标文件内容的是（   ）。

    A. 投标函   B. 商务标

    C. 技术标   D. 评标办法

（2）在工程量清单计价模式下，单位工程费汇总表不包括的项目是（   ）。

    A. 措施项目清单计价合计   B. 直接费清单计价

    C. 其他项目清单计价合计   D. 规费与税金

（3）措施项目组价的方法一般有两种，其中采用综合单价形式组价方法主要用于计算（   ）。

    A. 临时设施费   B. 二次搬运费

    C. 安全施工费   D. 施工排水费

（4）措施项目清单计价表以（   ）为计量单位。

    A. 自然单位   B. 物理单位

    C. 项   D. 个

（5）下列属于主要材料价格表中的材料费单价组成的是（   ）。

    A. 一般的检验试验费   B. 新材料的试验费

    C. 构件做破坏性试验的费用   D. 有特殊要求的材料的检验费

（6）在采用预算定额计价时，材料的加工及安装损耗费在（   ）中反映。

    A. 材料的单价   B. 材料定额消耗量

    C. 人工单价   D. 机械单价

2. 多项选择题

（1）单位工程工程量清单计价的费用是指按招标文件的规定完成工程量清单所列项目的全部费用，包括（   ）。

    A. 分部分项工程费   B. 分部工程费

    C. 措施项目费   D. 规费和税金

    E. 其他项目费

（2）根据《建筑工程工程量清单计价规范》的要求，综合单价包括（   ）。

    A. 人工费   B. 材料费

    C. 机械使用费   D. 间接费

    E. 税金

（3）建筑工程施工投标文件的组成内容包括（   ）。

    A. 投标文件格式   B. 投标保证金

    C. 资格审查表   D. 合同主要条款

    E. 投标书附录

（4）属于工程量清单计价中的其他项目费的有（　　　）。

    A. 预留金　　　　　　　　　　B. 甲供材料的材料购置费

    C. 总承包服务费　　　　　　　D. 零星工作项目费

    E. 规费

（5）施工招标文件应包括的内容有（　　　）。

    A. 工程综合说明　　　　　　　B. 设计图样及技术说明书

    C. 工程设计单位概况　　　　　D. 投标须知

（6）在开标时，如果发现投标文件出现（　　　）等情况，应按无效投标文件处理。

    A. 未按招标文件的要求予以密封

    B. 投标函未盖投标人公章和法定代表人（或其委托代理人）未签字

    C. 联合体投标未附联合体协议书

    D. 完成期限在招标文件规定的期限外

3. 问答题

（1）合格投标人的条件是什么？

（2）《中华人民共和国招标投标法实施条例》对联合体有哪些新的规定？

（3）编制投标文件时要注意哪些方面？

（4）《中华人民共和国招标投标法实施条例》对投标保证金有哪些具体的规定？

（5）投标人之间串通投标的行为有哪些？试举例说明。

（6）招标人与投标人串通投标的行为包括哪些方面？

4. 案例分析题

某省山区公路建设工程属于该省 2013 年重点工程项目，计划于 2013 年 9 月 28 日开工。

由于工程复杂，技术难度高，该工程受到社会的普遍关注。建设方委托招标代理机构进行招标。2013 年 6 月 10 日，招标人通过代理机构发布招标公告，共有 A、B、C、D、E 五家施工承包企业购买了标书并认真准备投标。招标文件中规定，2013 年 7 月 18 日下午 4 时是招标文件规定的投标截止时间，并于 2013 年 8 月 10 日发出中标通知书。在投标截止时间之前，A、B、D、E 四家投标人提交了投标文件，并 C 投标人的投标文件于 2013 年 7 月 18 日下午 5 时才送达，原因是中途堵车。2013 年 7 月 21 日，由当地招标投标监督管理办公室监督，招标人主持，在该省的工程交易中心进行了公开开标和评标。评标时发现，E 投标人的投标文件虽然无法定代表人签字和委托人授权书，但是投标文件均已有项目经理签字并加盖了公章。

问题：C 投标人和 E 投标人的投标文件是否有效？分别说明理由。

9 建筑工程开标、评标与定标

本章将介绍开标、评标与定标的法律操作和实务，并就开标过程的注意事项进行介绍。本章还将重点介绍评标过程中容易发生失误的环节，并且对定标环节容易发生模糊的地方也将进行重点介绍。

9.1 开标前的工作

9.1.1 标前会议与踏勘现场

标前会议是指开标之前招标人或招标代理机构召开的标前答疑会。如果招标公告发出后投标人的疑问比较多，并且不适合通过文字的形式加以说明，则招标人或招标代理机构可以召开标前会议，对投标人的答疑进行解答。招标人可以根据招标项目的具体情况，组织潜在投标人到现场考察活动。《中华人民共和国招标投标法实施条例》规定，招标人不得组织单个或者部分潜在投标人踏勘现场。可见，标前会议或踏勘现场并不是硬性规定的程序，如果一定要进行，关键是要确保公平、公正和公开。

9.1.2 质疑与澄清

质疑是指投标人购买招标文件以后，对招标文件的公正性或某些有歧义、不清楚的内容提出疑问和进行质询。澄清是招标人或招标代理机构面对投标人提出的疑问，公开进行统一答复的形式。这里的澄清不包括评标过程中的澄清，评标过程中的澄清下节再介绍。

9.1.2.1 相关法律、法规与条例关于质疑与澄清的规定

《中华人民共和国招标投标法》第二十三条规定："招标人对已发出的招标文件进行必要的澄清或者修改的，应当在招标文件要求提交投标文件截止时间至少15日前，以书面形式通知所有招标文件收受人。该澄清或者修改的内容为招标文件的组成部分。"《中华人民共和国招标投标法实施条例》第二十条也规定："招标人可以对已发出的资格预审文件或者招标文件进行必要的澄清或者修改。澄清或者修改的内容可能影响资格预审申请文件或者投标文件编制的，招标人应当在提交资格预审申请文件截止时间至少3日前，或者投标截止时间至少15日前，以书面形式通知所有获取资格预审文件或者招标文件的潜在投标人，不足3日或者15

日的，招标人应当顺延提交资格预审申请文件或者投标文件的截止时间。"

可见，无论是《中华人民共和国招标投标法》还是《中华人民共和国招标投标法实施条例》，对澄清的论述都符合以下5个方面：

（1）对已发出的招标文件进行修正，没有发出的招标文件进行修改不叫澄清。

（2）招标人认为有必要修改或澄清的。

（3）澄清的时间限制为至少在递交投标文件15个日历天之前。

（4）以书面形式通知所有投标人。

（5）澄清或修改的内容是招标文件的一部分。

在建筑工程的招标投标实务中，招标人要特别注意澄清或修改招标文件时的不规范行为，以免造成工作失误乃至被投标人投诉或起诉；投标人则应重视澄清公告，及时修改投标文件，以免因投标文件不响应招标文件而造成投标工作被动、不中标乃至直接废标。

9.1.2.2　澄清或修改招标文件时的注意事项

1. 把握澄清或修改的必要性

从澄清的内容上看，相关法律的规定要求是必须澄清的内容才澄清。但是，无论是《中华人民共和国招标投标法》还是《中华人民共和国招标投标法实施条例》，都未对哪些内容才属于"必要的"澄清内容作具体规定，因此，在实际操作中，相关人员往往很难准确界定。那么，什么是必要的内容呢？如数量、型号、规格、品牌等模糊不清，图样与文字说明不一致，或者招标文件太简单，投标人无法根据招标文件进行投标价格和数量的计算。

招标文件的每一个部分、每一句话、每一个词语都应十分考究，以免"错之毫厘，谬之千里"，并避免对招标文件进行大量的澄清或修改，使招标文件的澄清成为"家常便饭"。笔者见过某个招标文件有过连续5次澄清的记录。澄清过多显得招标工作很草率，对招标人的形象和招标工作的公信力都会造成负面影响。在招标实务中，要正确把握澄清必要性的分寸，避免澄清工作走极端。

第一种极端是事无巨细，投标人只要有一点疑问就发澄清公告。尽管这种做法可以将招标文件做得近乎完美，但是却牵扯招标采购单位和投标人的很多精力，招标投标双方极可能将时间花费在澄清或修改上，而对评标工作的组织、技术方案的编写等其他更为关键的工作研究不够。有的招标单位事无巨细，大到采购标的物的调整，小到投标文件的字体，凡需调整的一律采用澄清或修改的方式处理。有的招标单位对一些枝节性的内容通过正式方式进行澄清或修改，这是完全没有必要的。对投标或者个别投标人的理解能力无实质性影响的，可以不必要进行澄清，以免细枝末节干扰招标工作。

第二种极端是漠视投标人的正当质疑，对明显有歧义的关键环节或所有投标人面临的共性问题拒绝澄清，对应该澄清或修改的内容视而不见，对应该更正的不更正，对应该澄清的不澄清，还有的招标单位认为招标文件只要一旦发售就不应该再变动，即使错了，也将错就错。这是一种不负责的行为，甚至是严重的不作为，同时，也会使投标人无所适从，只能靠投标人的自我揣摩或投标人之间以讹传讹，最终使招标人的采购需求得不到很好的实现，使正常的招标秩序得不到很好的维护，同时也直接影响招标单位的声誉和生存发展。

2. 把握好澄清时间

相关法律法规明确规定了招标人对招标文件的澄清和修改时间。招标单位对已发出的招标文件进行必要澄清或者修改的，应当在招标文件要求提交投标文件截止时间 15 天前进行。但是，相关法律又规定，自招标文件发出之日起至投标人提交投标文件截止之日止，最短不得少于 20 天。如果从招标文件发出之日起至投标人提交投标文件截止之日止刚好 20 天，则招标人需对招标文件作出澄清或修改的，必须在招标文件发出之日起 5 天内进行，时间就会过于短暂。在工程招标和政府采购工作中，由于招标时间紧迫，一般也就是取下限的 20 天时间，所以实际操作时，澄清时间要尽早提前，既要有足够的时间让投标人来发现问题，也要避免无休止的无谓纠缠，对个别问题个别答复，对共性问题要向全体收受招标文件的投标人作出澄清或修改，否则要么延长投标时间，要么耽误招标工作。

3. 要以书面形式通知所有投标人

对于必要的澄清，规范的做法应是一边发布更正公告，一边以书面形式通知收受招标文件的投标人。在实际工作中，有的做法缺乏严谨性，以口头或电话告知者居多，还有的不是通知所有投标人，而是有选择地通知投标人。另外，在指定媒体上发布更正公告的也较少。还有一种观点认为标书如果出售结束，那么变更时只要买了标书的投标人都同意就没问题了，无须采用什么方式。

9.1.2.3　做好澄清或修改招标文件的前提

要减少澄清环节的失误和纠纷，最重要的是要尽量提高招标文件制作的规范化水准。招标人要力求准确地描述招标需求、质量标准、售后服务、合同主要条款等对潜在投标人的投标行为可能产生实质性影响的内容，尽量从源头上减少澄清或修改。如果迫不得已要进行澄清，则要做到澄清的必要性、适时性、公开性、规范性等几个方面的要求。

首先，必要性。澄清或修改的内容应是对投标人的投标行为有实质性影响的部分，若不及时作出澄清或修改，则可能影响公正采购，产生误导，直接决定投标人中标与否。这部分内容主要包括资格条件、标的物、质量要求、售后服务、付款方式等合同主要条款等，而对投标文件的用纸、字体等枝节性问题则没有必要作出变更。招标采购单位对哪些属于必要性的内容应作出较准确的界定，不能搞模糊操作。

其次，适时性。澄清或修改的时间必须严格依照相关法律法规的规定执行，既不要提早以草草收兵，要让出一定的时间以便于招标投标双方发现招标文件存在的问题并及时更正，也不要滞后，截止时间到了就要立即打住，过时不候，无须瞻前顾后。招标文件的内容需要更正的应及时地更正，以让投标人有足够的时间寻求相应的对策。若澄清时间过早，则招标文件制作中的问题可能来不及发现和纠正。因为早期购买招标文件的投标人数量较少，质疑相应也少，招标文件可能存在很多需要澄清或修改的内容，但由于时间关系而得不到彻底暴露。如果澄清时间太长，则为各投标人与招标人相互串通、违规操作提供了空间，招标人有充分的时间应个别或少数投标人的要求，对原本并不需澄清或修改的内容却作出调整，借以误导其他投标人或实行差别待遇，以达到保护某一或少数投标人利益的目的，形成不平等竞争。因此，政府监管部门要注意澄清时间的滞后现象，从中发现问题。

再次，公开性。对招标文件进行澄清或修改必须坚持公开操作，相关更正信息应首先及时地在指定的媒体上发布，不但要让已收受招标文件的投标人知晓，而且要让更多的潜在投标人知晓，还要让其他关联方知晓，决不能作为秘不外宣的信息仅透露给有限范围内的投标人。

最后，规范性。澄清或修改行为是否规范往往直接决定整个招标活动规范与否。招标人务必在思想上高度重视，一切依规范程序操作，该公开的不能有所保留，该采用书面形式的决不能用口头形式。在投标人收到修改后的招标文件后，招标人要明确告之应当在多长时间内以书面形式给予确认，以避免纠纷。尤其要注意的是，是否需要作出正式的澄清或修改应以法律法规的规定为准，即使已收受招标文件的全部投标人都表示无需作出正式更正，澄清或修改的程序也绝不能省略。投标人对招标人提供的招标文件所作出的推论、解释和结论，招标人可以概不负责，招标人只需要对招标文件本身的问题进行澄清。招标文件的澄清、修改、补充等内容均以书面形式明确的内容为准。当招标文件与招标文件的澄清、修改、补充等对同一内容的表述不一致时，应明确说明以最后发出的书面文件为准。

9.2 开 标

9.2.1 开标的一般规定

招标机构在预先规定的时间将各投标人的投标文件正式启封揭晓，就是开标。良好的开标制度与规则是招标成功的重要保证

《中华人民共和国招标投标法》第三十五条规定："开标由招标人主持，邀请所有投标人参加。"第三十六条同时规定："开标时，由投标人或者其推选的代表检查投标文件的密封情况，也可以由招标人委托的公证机构检查并公证；经确认无误后，由工作人员当众拆封，宣读投标人名称、投标价格和投标文件的其他主要内容。招标人在招标文件要求提交投标文件的截止时间前收到的所有投标文件，开标时都应当当众予以拆封、宣读。开标过程应当记录，并存档备查。"开标时未宣读的投标价格、价格折扣和招标文件允许提供的备选投标方案等实质内容，评标时不予承认。

《中华人民共和国招标投标法实施条例》第四十四条规定："招标人应当按照招标文件规定的时间、地点开标。投标人少于3个的，不得开标；招标人应当重新招标。"如果投标人对开标过程有异议，应当在开标现场提出，招标人应当当场作出答复，并制作记录。在这种情况下，投标人对开标过程的质疑或投诉，应先向招标人或招标代理机构当场提出。

9.2.2 开标操作实务

（1）应按招标文件中规定的日期、地点和程序进行开标。按照规定，开标应当在招标文件确定的时间公开进行。实践中开标日期一般与招标公告中规定的提交投标文件截止日期同一时间。

（2）开标应采取公开形式，即应该允许投标人或其代表出席。投标人代表必须持本人身份证参加开标会。若投标人代表为非法定代表人，则应持法定代表人授权书。

（3）应做好开标记录。开标前，投标方必须派法定代表人或其委托代理人（具有法定代表人签署的授权书）参加并签到，以证明其出席开标会议，否则视为该投标方自动退出投标。规定日期之后收到的投标文件及开标时没有宣读的投标文件均不应予以考虑。

（4）开标时，先由投标方检查投标文件的密封情况，确认无误后由工作人员当众拆封并唱标。

（5）开标后，招标代理机构打印投标文件符合性审查表给各投标人签名确认。开标记录表见表9-1。

表9-1　开标记录表

序号	投标单位名称	投标保证金/投标保证函	报价文件（唱标信封）	密封是否完好	投标文件（1正×___副）	投标人代表签字确认
1						
2						
……						

9.2.3　开标会议程序

开标会议的一般程序和内容见表9-2。

表9-2　开标会议的一般程序和内容

序号	程序内容	主持人讲话提要（参考）
1	宣布开标会议开始	今天，由我代表××主持××开标会议，现在我宣布开标会议正式开始。
2	宣布开标会议纪律	宣布开标会议纪律。
3	介绍与会人员，宣布唱标、记录人员名单	（1）介绍出席本次开标会议的各有关部门的领导 （2）介绍参加投标的单位 （3）本次开标会议由××招投标管理中心的××唱标，××记录
4	介绍工程基本情况及评标办法	主要介绍工程概况、建筑面积、建设地点、质量要求、工期要求、评标办法及其他需要说明的情况。
5	检查标书的密封情况并签字确认	请投标人或其推选的代表或招标人委托的公证员检查标书的密封情况，并在检查结束后到记录人员处签字确认。
6	资格审查（可选）	进入资格后审程序，请各投标人不要离开开标现场，随时接受招标人的质询。
7	公布资格后审结果	合格的有××，不合格的有××。原因是……
8	唱标	下面进行唱标，由工作人员当众拆封，宣读投标人名称、授权委托人、项目经理、投标报价和投标文件的其他主要内容。
9	宣读标底（如有标底）	宣读本工程的标底。
10	宣布开标会议结束	开标会议结束，进入评标程序，请各投标人原地休息。

某建筑工程招标开标会议实录

各位领导、各位代表上午好！

××工程在××举行招标开标会议。投标文件递交截止时间已到，共收到该工程××份投标文件。招标人将拒绝接收在此时间之后送达的投标文件。

根据××工程招标文件的规定，开标会议于××年××月××日××时整在××准时召开。受招标人××委托，××公司对本项目招标进行全过程代理。同时，××对本项目招标进行依法监督。在此，我们对各位领导对本项目给予的支持表示衷心的感谢！开标会正式开始。

1. 宣布开标会议纪律

（1）请与会各方代表关闭通信工具或设置为振动状态，在会议进行过程中请勿接打电话。

（2）在会议进行过程中，请勿在会场内随意走动、大声喧哗，请听从工作人员安排。

（3）会议结束前请勿提前退出会场，任何单位和个人不得扰乱会场秩序。

（4）如对开标过程有异议，请于唱标结束后举手示意，待允许后方可发言，或者以书面形式向招标人陈述。

2. 介绍参加会议的领导和各方代表

（1）招标人代表：××。

（2）招标监督机构代表：××。

（3）投标人代表：××。

3. 开标过程

（1）请投标人代表检查投标文件的密封情况。

（2）投标人对投标文件的密封情况有无异议？如有异议，请举手示意！

（3）本次开标会议，到投标文件截止时间为止，共收到投标文件××份，招标人、监督人及各投标人对投标文件的密封情况均无异议，投标文件密封符合招标文件要求，密封完好。

（4）唱标开始。唱标顺序按照先投后开，后投先开的原则进行。

（5）唱标完毕。请各投标人检查本单位的投标文件主要内容的记录情况，并在开标记录上签字。请记录人、唱标人、监标人分别在开标记录上签字。

（6）各投标人对开标过程有无异议？如果有，请举手示意。投标人对开标过程均无异议，开标完毕。

（7）开标会议至此结束。会议结束后，将进入评标程序（各投标人准备好原件在会场外等候验证）。评标结果将在××予以公示。谢谢大家！

9.2.4 开标时特殊情况的处理

某项工程招标工作正在进行，递交投标文件的截止时间及开标时间为中午 12 点整。有 6 个投标人出席，共递交 37 份投标文件，其中有一个出席者同时代表两个投标人。招标人通知此投标人代表，他只能投 1 份投标文件而应撤回 1 份投标文件。另一名投标人晚到了 10 min 送达投标文件，原因是门口警卫搞错了人，把他阻拦了。随后警卫向他表示了歉意，并出面证实了他迟到的原因，但招标人拒绝接收他送达的投标文件。针对以上两种情况，问招标人的做法是否正确？

第一种情况，同一投标人只能单独或作为合伙人投 1 份投标文件，不可以委托别人代他递交投标文件并出席开标会。在开标过程中，需要投标人代表签名核对，而投标人代表是需要法人授权的。所以第一种情况，招标人不允许该投标人投 2 份投标文件的做法是对的。

第二种情况，在预定递交投标文件截止时间及开标时间已过的情况下，不论由于何种原因，招标人可以拒绝递交的投标文件。理由是开标时间已到，部分投标文件的内容可能已宣读，迟交投标文件的投标人就有可能做有利于自己的修改。《中华人民共和国招标投标法》第二十八条规定："在招标文件要求提交投标文件的截止时间后送达的投标文件，招标人应当拒收。"所以第二种情况招标人的做法也是对的。

9.3 评　标

9.3.1 评标委员会的组成

评标委员会由招标人代表和有关技术、经济等方面的专家组成，人数应当为五人以上的单数。其中，技术、经济等方面的专家不得少于成员总数的 2/3。招标金额在 300 万元以上且技术复杂的项目，评标委员会中技术、经济方面的专家人数应当为五人以上的单数。招标人就招标文件征询过意见的专家，不得再作为评标专家参加评标。招标代理机构工作人员不得参加由本机构代理的招标项目的评标，评标委员会成员名单原则上应在开标前确定，并在招标结果确定前保密。

9.3.1.1 评标专家库

《中华人民共和国招标投标法实施条例》规定："国家实行统一的评标专家专业分类标准和管理办法。具体标准和办法由国务院发展改革部门会同国务院有关部门制定。省级人民政府和国务院有关部门应当组建综合评标专家库。"当然，很多地方政府尤其是县级地方政府，可能没有足够数量的专家建立专家库，并不能完全依照法律的规定去操作，这需要尽量完善。

9.3.1.2 评标专家的抽取

除《中华人民共和国招标投标法》第三十七条第三款规定的特殊招标项目外，依法必须进行招标的项目，其评标委员会的专家应当从评标专家库内相关专业的专家名单中以随机抽取的方式确定。任何单位和个人不得以明示、暗示等方式指定或者变相指定参加评标委员会的专家。

对于依法必须进行招标的项目，除《中华人民共和国招标投标法》和《中华人民共和国招标投标法实施条例》规定的事由外，招标人不得更换依法确定的评标委员会成员。评标委员会成员与投标人有利害关系的，应当主动回避。

有关行政监督部门应当按照规定的职责分工，对评标委员会成员的确定、评标专家的抽取和评标活动进行监督。行政监督部门的工作人员不得担任本部门负责监督项目的评标委员会成员。

9.3.1.3 评标专家的更换

在评标过程中，评标委员会成员有回避事由、擅离职守或者因健康等原因不能继续评标的，应当及时更换。被更换的评标委员会成员作出的评审结论无效，由更换后的评标委员会成员重新进行评审。评标委员会成员不得私下接触投标人，不得收受投标人给予的财物或者其他好处，不得向招标人征询确定中标人的意向，不得接受任何单位或者个人明示或者暗示的倾向或者排斥特定投标人的要求，不得有其他不客观、不公正履行职务的行为。

9.3.1.4 评标专家的回避

一些地方政府对评标委员会的组建还有细化规定，如一些地方规定评审委员会专家（不含招标人代表）与评审项目有以下情形之一的，应当主动提出回避：

（1）近三年内曾在参加该招标项目的单位中任职（包括一般工作）或担任顾问的。

（2）配偶或直系亲属在参加该招标项目的单位中任职或担任顾问的。

（3）配偶或直系亲属参加同一项目评审工作的。

（4）与参加该招标项目的单位发生过法律纠纷的。

（5）在评审委员会中，同一任职单位的评审专家超过两名的。

（6）任职单位与招标人或参加该招标项目的投标人存在行政隶属关系的。

这些规定就是为了让评标专家客观、公正地履行职责。

9.3.2 评标程序

评标是招标投标程序的重要组成部分。评标是一项关键而又十分细致的工作，它直接关系到招标人能否得到最有利的投标。招标投标的工作流程如图 9-1 所示。

招标人应当向评标委员会提供评标所必需的信息，但不得明示或者暗示其倾向或者排斥特定投标人。招标人应当根据项目规模和技术复杂程度等因素合理确定评标时间。超过 1/3 的评标委员会成员认为评标时间不够的，招标人应当适当延长评标时间。

评标委员会成员应当依照相关法律法规和招标文件规定的评标标准和方法，客观、公正地对投标文件提出评审意见。招标文件没有规定的评标标准和方法不得作为评标的依据。

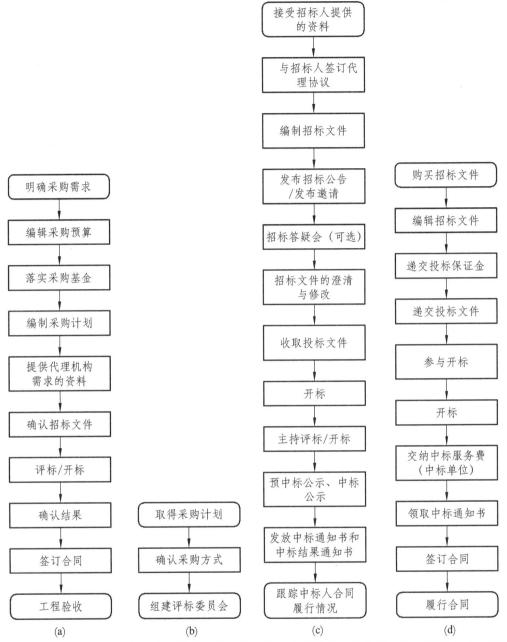

（a）招标人工作流程 （b）管理机构工作流程 （c）代理机构工作流程 （d）投标人工作流程

图 9-1 招标投标的工作流程

9.3.2.1 评标内容

1. 资格审查或符合性

评标委员会审查投标文件是否符合招标文件要求，并作出评价。

（1）基本要求。主要考察投标人是否符合相关法律法规和招标文件的规定，即考察投标人是否具备下列条件：

① 具有独立承担民事责任的能力。

② 具有良好的商业信和健全的财务会计制度。

③ 具有履行合同所必需的设备和专业技术能力。

④ 有依法纳税和社会保障资金的良好记录。

⑤ 在参加政府采购活动的前三年内，在经营活动中没有重大违法记录。

⑥ 法律、行政法规规定的其他条件。

（2）项目要求。有些招标项目设有注册资金的门槛（现在一般不允许这么做），有相应的设备生产或经营许可证、资质证书等与本项目有关的要求等。

此阶段主要审查投标书是否完整，有无计算上的错误，是否提交了投标保证金，文件签署是否合格，投标书的总体编排是否有序等。

2. 技术评审

技术评审的目的在于确认备选的中标人完成招标项目的技术能力以及其所提供的方案的可靠性。与资格评审不同的是，这种评审的重点在于评审投标人将怎样实施招标项目。技术评审的主要内容有：

（1）投标文件是否包括了招标文件所要求提交的各项技术文件，它们与招标文件中的技术说明和图样是否一致。

（2）实施进度计划是否符合业主或招标人的时间要求，这一计划是否科学和严谨。

（3）投标人准备用哪些措施来保证项目实施进度。

（4）控制和保证质量的措施，这些措施是否可行。

（5）如果投标人在正式投标时已列出拟与之合作或分包的公司名称，则审查这些合作人或分包公司是否具有足够的能力和经验来保证项目的实施和顺利完成。

（6）投标人对招标项目在技术上有何种保留或建议，这些保留或建议是否影响技术性能和质量，其建议的可行性和技术经济价值如何。

总之，评标内容与招标文件中规定的条款和内容相一致。除对投标报价进行比较外，还应考虑其他有关因素，经综合考虑后，选取最低报价的投标。因此，技术评审时并非将投标报价最低作为选取标准，而是将各种因素转换成货币进行综合比较，并选取成本最经济的投标。

3. 商务与经济评审

商务评审的目的在于从成本、财务和经济分析等方面评定投标报价的合理性和可靠性，并估量授标给各投标人后的不同经济效果。参加商务评审的人员通常要有成本、财务方面的专家，有时还要有估价以及经济管理方面的专家。商务评审的主要内容如下：

（1）将投标报价与标底价进行对比分析，评价该报价是否可靠合理。

（2）审查投标报价构成是否合理。

（3）分析投标文件中所附资金流量表的合理性及其所列数字的依据。

（4）审查所有保函是否被接受。

（5）进一步评审投标人的财务实力和资信程度。

（6）审查投标人对支付条件有何要求或给招标人以何种优惠条件。

（7）分析投标人提出的财务和付款方面建议的合理性。

关于价格的评审，招标文件一般这么规定：投标文件中开标一览表（报价表）内容与投标文件中明细表内容不一致的，以开标一览表（报价表）为准；投标文件的大写金额和小写金额不一致的，以大写金额为准；总价金额与按单价汇总的金额不一致的，以单价金额计算结果为准；单价金额小数点有明显错位的，应以总价为准，并修改单价；对不同文字文本投标文件的解释存在异议的，以中文文本为准。

9.3.2.2　关于实质性响应

评标委员会对投标人的投标文件进行评审，其中一点就是看其是否实质性响应招标文件。所谓的实质性响应，是指投标文件与招标文件要求的全部条款、条件和规格相符，没有重大偏离。对关键条文的偏离、保留或反对（如对投标保证金、付款方式、售后服务、质量保证、交货日期、设备数量的偏离）可以认为是实质上的偏离。

9.3.2.3　评审过程中的澄清

《中华人民共和国招标投标法》第三十九条规定："评标委员会可以要求投标人对投标文件中含义不明确的内容作必要的澄清或者说明，但是澄清或者说明不得超出投标文件的范围或者改变投标文件的实质性内容。"评标过程的澄清是投标人的澄清，和招标过程中招标人对招标文件的澄清是两码事。在评标过程中，投标人的澄清要注意以下几点：

1. 澄清内容和范围的把握

相关法律法规明确规定，只对投标文件中含义不明确的内容作必要的澄清或者说明，或同类问题表述不一致或者有明显文字和计算错误的内容可以进行澄清。如果投标文件前后矛盾，评标委员会无法认定以哪个为准，或者投标文件正本和副本不一致，投标人可以进行澄清。但是，在评标过程中，投标人补充递交文件（如业绩复印件），是不允许的。

2. 澄清要采用书面形式

澄清过程中的资料一定要采用书面形式。但是，书面形式未必一定要亲自在现场签署。实践中，评标时，投标人可能不在现场，此时采取发传真的形式补交澄清文件是允许的。

9.3.3　述　标

9.3.3.1　一般要求和形式

在有的评标过程中，还安排了述标环节。所谓的述标，就是投标人派出代表，在评标现场向评标委员会介绍投标方案和相关的资源、力量等。在述标过程中，要重点介绍投标单位的施工资质、技术力量构成、公司业绩、公司准备在该工程中实施的计划和方案，尤其是在施工过程中如何保证工程质量、有什么技术手段、有什么组织保证、如何努力实现建设方提出的工程建设目标。

关于述标,《中华人民共和国招标投标法》和《中华人民共和国招标投标法实施条例》都没有专门要求,一般比较重要的招标,才会安排述标程序。例如,一些建筑方案设计、城市规划设计的招标,仅靠评审专家阅读投标文件,可能不容易掌握投标人的情况,或不好与投标人进行沟通,在这种情况下,安排述标程序就能更好地与投标人进行沟通,了解投标人的思路和目的。述标有两种形式:一种是必须到现场述标,每个投标人有 5~30 min 的述标时间,一般要求用多媒体演示的方式进行述标,有的还要求拟派往现场述标的人员为一定层次的负责人;另外一种是述标时不需要投标人到场,仅允许采用光盘的形式述标,时间一般为 5~15 min,述标光盘随投标文件一同提交。

9.3.3.2 述标时的组织和注意事项

对招标代理机构来说,良好的述标秩序和组织是评标顺利进行的保证。如何进行人性化的安排,减少投标人的述标精力消耗,是考验招标代理机构的重要环节。对投标人来说,如何在述标环节减少失误,尽可能在最短的时间内陈述自己的优势,是值得注意的事情。

如果不需要现场述标环节,则操作相对容易,投标人将述标光盘文件交给招标代理机构,招标代理机构只需要在评标现场播放就可以了。在这种情况下,投标人有足够的时间进行修改和压缩投标人的材料,投标人只需要确保述标光盘能顺利播放就可以了。

如果需要现场述标环节,特别是在投标人比较多的情况下,则需要招标代理机构安排科学、合理、妥当、衔接严密。一般情况下,各投标人述标顺序可以通过抽签的方式决定,或按开标的顺序确定。这样,各投标人心中有数,招标代理机构可以提前提醒下一个述标者进行准备。

对投标人来说,要在有限的时间内将尽量多的信息展示出来给专家增加印象和好感,首先要精选材料,只说重点和亮点;其次要尽量把 PPT 做得好一点,清楚、美观、顺畅是基本要求;再次,要把握好时间,适当打感情牌,不要引起评标专家的反感。

9.3.4 评标过程举例

下面以某建筑工程项目招标为例,介绍评标过程。

9.3.4.1 评审内容

评标委员会在开始评标工作之前,必须首先认真研读招标文件。招标人或者其委托的招标代理机构应当向评标委员会提供评标所需的重要信息和数据,以及清标工作组关于工程情况和清标工作的说明,协助评标委员会了解和熟悉招标项目的以下内容:

(1)招标项目规模、标准和工程特点。

(2)招标文件规定的评标标准、评标办法。

(3)招标文件规定的主要技术要求、质量标准及其他与评标有关的内容。

该建筑工程招标项目评审的主要内容为初步评审、技术文件评审和经济评审。

9.3.4.2　评审程序

第一阶段进行技术文件（含部分商务）的评审，第二阶段进行报价文件的评审。

1. 初步评审

评标委员会首先对投标文件的技术文件（含部分商务）进行初步评审，只有通过初步评审才能进入详细评审。通过初步评审的主要条件为：

（1）投标文件按照招标文件规定的格式、内容填写，字迹清晰可辨。

① 投标文件按招标文件规定填报了工期、项目经理等，且有法定代表人或其授权的代理人亲笔签字，盖有法人章。

② 投标文件附录的所有数据均符合招标文件规定（表格不能少，若没有相关数据则填无）。

③ 投标文件附表齐全完整，内容均按规定填写。

④ 按规定提供拟投入主要人员（以资格预审时强制性条件中列明的人员为准）的证件复印件，证件清晰可辨、有效。

⑤ 投标文件按招标文件规定的形式装订，并标明连续页码。

（2）投标文件（正本）上法定代表人或法定代表人授权代理人的签字齐全，符合招标文件要求投标书、投标书附录、投标担保、授权书、投标书附表、施工组织设计的内容必须逐页签字。

（3）法人发生合法变更或重组的，与申请资格预审时比较，其资格没有实质性下降。

① 通过资格预审后法人名称变更的，应提供相关部门的合法审批文件及营业执照和资质证书的副本变更记录复印件。

② 资格没有实质性下降是指投标文件仍然满足资格预审中的强制性条件（经验、人员、设备、财务等）。

（4）按照招标文件规定的格式、时效和内容提供了投标担保。

① 投标担保为无条件式投标担保。

② 投标担保的受益人与招标人规定的受益人一致。

③ 投标担保金额符合招标文件规定的金额。

④ 投标担保有效期为投标文件有效期加 30 天。

⑤ 投标担保为银行汇票，出具汇票的银行级别必须满足投标人须知中资料表的规定。

（5）投标法定代表人的授权代理人，其授权书符合招标文件规定，并符合下列要求：

① 授权人和被授权人均在授权书上亲笔签名，不得用签名章代替。

② 附有公证机关出具的加盖钢印的公证书。

③ 公证书出具的日期与授权书出具的日期相同或在其之后。

（6）以联合体形式投标的，提交了联合体协议书副本，且与通过资格预审时的联合体协议书正本完全一致。

（7）有分包计划的提交了分包协议，且分包内容符合规定。

（8）投标文件载明的招标项目完成期限没有超过规定的时限。

（9）工程质量目标满足招标文件要求。

（10）投标文件没有附有招标人不能接受的条件。

投标文件不符合以上条件之一的，评标委员会应当认为其存有重大偏差，并将该投标文件作废标处理。

2. 详细评审

评标委员会还应对通过初步评审的投标文件的技术文件（含部分商务）从合同条件、技术能力以及投标人以往施工履约信誉等方面进行详细评审，并按通过或不通过对技术文件进行评价。

（1）对合同条件进行详细评审的主要内容。

① 投标人应接受招标文件规定的风险划分原则，不得提出新的风险划分办法。

② 投标人不得增加招标人的责任范围或减少自己的义务。

③ 投标人不得提出不同的工程验收、计量、支付办法。

④ 投标人对合同纠纷、事故处理办法不得提出异议。

⑤ 投标人在投标活动中不得含有欺诈行为。

⑥ 投标人不得对合同条款有重要保留。

若投标文件有不符合以上条件之一，则属于重大偏差，评标委员会应对其作废标处理。

（2）对财务能力、技术能力、管理水平和以往施工履约信誉评审的主要内容。

① 在相对资格预审时，其财务能力具有实质性降低，且能满足最低要求。

② 承诺的质量检验标准低于国家强制性标准要求。

③ 生产措施存在重大安全隐患。

④ 关键工程技术方案不可行。

⑤ 施工业绩、履约信誉证明材料存在虚假。

在评审过程中，若发现投标人有以上情况之一，且 2/3 以上（含）的评委认为不通过的，则应对其作废标处理。

3. 报价文件的评审

评标委员会对通过技术文件（含部分商务）评审的投标文件进行报价文件的评审。

首先对报价文件按下列条款进行初步评审（符合性审查），不符合这些条款之一的，评报价文件的评审标委员会应当认为其存在重大偏差，并对该文件作废标处理。

（1）投标文件中的报价单按招标文件规定填报了补遗书编号、投标报价等，且有法人代表或其授权的代理人亲笔签字，盖有法人公章。

（2）工程量清单逐页有法人代表人或者授权的代理人的亲笔签字。

（3）投标人提交的调价函符合招标文件要求（如有）。

（4）一份投标文件中只有一个投标报价，在招标文件没有规定的情况下，没有提交选择性报价。

4. 评标价的评审

（1）招标人开标宣布的投标人报价，以数字表示的金额与文字表示的金额有差异时，以文字表示的金额为准。经投标人确认且符合招标文件要求的最终报价即为投标人的评标价。

（2）投标人开标时确认的最终报价，经评标委员会校核，若有算术上和累加运算上的差错，则按以下原则进行处理：

① 投标人的最终投标价（文字表示的金额）一经开标宣布，无论何种原因，都不准修正。

② 当算术性差错绝对值累计在投标价的 1% 以内时，在投标价不变和注意报价平衡的前提下，允许投标人对相关单价、合价、总额价和暂定金（必须符合招标文件的要求）予以修正。

（3）当算术性差错绝对值累计在投标价的 1%（含）以上时，则为无效标。

（4）要求投标人对上述处理结果进行书面确认，若投标人不接受，则其投标文件不予评审。

（5）评标委员会对报价各细目单价构成和各章合计价构成是否合理以及有无严重不平衡报价进行评审。

（6）当一经开标宣布的最低报价与次低报价相差 10%（含）以上时，应将最低报价视为低于成本价竞标，作废标处理。

（7）投标人的报价应在招标人设定的投标控制价上限以内，投标价超出投标控制价上限的，视为超出招标人的支付能力，作废标处理。

5. 评标基准价的确定

确定方式：将所有被宣读的投标价去掉一个最低值和一个最高值后的算术平均值下降若干百分点（从 1、2、3、4、5 五个值中确定连续的三个值，在现场随机抽取确定），作为评标基准价。

若发现投标人以他人的名义投标、串通投标、以行贿手段谋取中标或者以其他弄虚作假方式投标，则其投标作废标处理。

6. 综合评价

本项目采用综合评分法，即对通过初步评审和详细评审的投标文件，按其投标报价得分和信誉得分按得分之和由高到低进行排序，依次推荐前 3 名投标人作为中标候选人。

该招标项目按投标人投标价和信誉两大部分进行评分，投标价占 80 分，信誉占 20 分。具体评分内容及分值如下：

（1）投标价（80 分）。投标人投标价得分的计算方法如下：

① 投标人的评标价等于评标基准价的得 80 分。

② 投标人的评标价低于评标基准价，且在评标基准价至评标基准价的 95% 之间的，每下浮一个百分点扣 2 分，在评标基准价的 95% 以下的，每下浮一个百分点扣 3 分，中间值按比例内插，扣到 0 分为止。

③ 投标人的评标价高于评标基准价，且在评标基准价至评标基准价的 105%（含）之间的，每上浮一个百分点扣 3 分，在评标基准价的 105% 以上的，每上浮一个百分点扣 4 分，中间值按比例内插，扣到 0 分为止。

（2）企业资质与信誉（20 分）。

① 施工企业主项资质为招标同类工程资质的得 5 分，为施工一级资质的另外加 2 分，为施工特级资质的另外加 3 分，其他每项资质加 1 分。此项最高得分不超过 10 分。

② 取得 ISO 9001 认证证书的加 2 分，取得工商行政部门颁发的"守合同重信誉"证书的加 1 分，每年度或每次加 1 分，累计不超过 3 分。此项总得分最高不超过 5 分。

③ 投标人有同类工程业绩的，1 000 万以上的每项可加 1 分，1 000 万以下的每项加 0.5 分。此项累计最高不超过 5 分。

④ 在近 24 个月内，在招标投标活动中，有劣迹行为被省级或以上单位（部门）书面通报，并在处罚期内或通报中未明确处罚期限的，在资格审查时隐瞒不报的扣 4 分，如实填报的扣 2 分。

⑤ 在近 12 个月内，在工程建设过程中，因质量问题被省级或以上单位（部门）书面通报，在资格审查时隐瞒不报的扣 4 分，如实填报的扣 2 分。

⑥ 凡在近 24 个月内，在工程建设领域中，发生过行贿受贿行为的（以县级及以上法院书面判决书为准）扣 4 分。

⑦ 投标人在投标时，未经招标人同意，项目经理和技术负责人与通过资格预审时相比较，擅自调整其中一人的扣 5 分，若两人皆调整，则投标无效。

9.3.5 评标无效的几种情形

《中华人民共和国招标投标法实施条例》对评标无效的情况作了总结和细化，有下列情形之一的，评标员会应当否决其投标：

（1）投标文件未经投标单位盖章和单位负责人签字。

（2）投标联合体没有提交共同投标协议。

（3）投标人不符合国家或者招标文件规定的资格条件。

（4）同一投标人提交两个以上不同的投标文件或者投标报价，但招标文件要求提交备选投标的除外。

（5）投标报价低于成本或者高于招标文件设定的最高投标限价。

（6）投标文件没有对招标文件的实质性要求和条件作出响应。

（7）投标人有串通投标、弄虚作假、行贿等违法行为。

9.3.6 评标案例分析

9.3.6.1 评审中发表倾向性见解受警告

1. 案例背景

2012 年 12 月 15 日，××市地铁公司（招标人）在××市工程交易中心举行工程评标会。××市地铁公司以公开招标的方式采购地铁 X 号线调度、传输、信号和电话系统及其安装项目。这是一个招标金额过亿的大工程，吸引了众多的国内厂商和合资公司参加投标。××市地铁公司对此次招标非常重视，派出了纪检、监察的同志出席评标会。按相关规定，此次评标在政府的建筑工程交易中心评标专家库中随机抽取 5 名专家，业主（招标人）提供 2 名专家，一共 7 名专家组成评标委员会。

按评标程序，在评标之前，业主（在本案中同时也是评标专家之一）介绍此次招标的范围、细节和采购需求。业主在介绍时，不是客观地介绍工程情况和技术问题，而是有意无意地发表倾向性、诱导性的介绍，如×号线地铁工程要求高，希望采用合资公司的技术和产品，然后话锋一转，说××公司的产品质量好，还用到了某国的军用产品上。业主见其他几个专家似乎没有领会意图，竟然赤裸裸地表示，××市地铁公司前几条地铁线的传输、调度等工程就是××公司做的，为了和以前的设备兼容，减少维修、维护工作量，希望此次招标也能采用××公司的产品。见业主明目张胆地违法违规，某专家腾地站了起来，发出严厉警告，表示要退出评标委员会。另外一位专家则表示，如果再这么介绍下去，就不在评标报告上签字。业主被弄得面红耳赤，非常尴尬。招标代理机构的工作人员赶快起来打圆场，纪检、监察的同志也提醒业主不要再按这个思路进行介绍了。这时，评标才得以继续进行。

透过此案例，有两个问题值得思考：一是业主（招标人）应如何对评标委员会进行项目介绍？二是在评标实践中，如何防止业主"绑架"、诱导专家的评审？

2. 案例分析

（1）业主介绍情况必须客观。我国的评标法律和各地评标细则都规定，任何人不得在评标时发表对评标结果有诱导性、倾向性和提示性的见解。本案例中，7名专家，业主占了2名，如果再发表一点暗示和提示，则评标的公正性根本无从谈起。笔者认为，业主发表倾向性、暗示性的介绍，一种情况是无心之过，不懂法律法规的相关要求，发言时言不由衷，不自觉地发表了不符合规定的不当言论；另一种情况是业主私下和某些投标人有接触，受到了某些不正当的影响。在评标实践中，为防止个别业主的"绑架"、诱导专家的独立客观评审，对评标现场进行录音、录像是比较好的办法。笔者曾经评审过一个示范标，除睡觉和上厕所外，评审吃饭过程中的言论都要全程录像和录音，这就杜绝了不当言论。目前，有些地方甚至把评审进行现场直播，允许投标人观看，不过，由于阻力大，没有得到推广。但至少应给予投标人尤其是未中标的投标人有翻看评审过程录像和录音的权利，这样评审过程就会公正很多。

（2）习惯性操作应予以反思。由于我国的特殊国情，某些招标人盲目追求国外产品，排斥国内投标人和国产货物。他们总认为评审专家不能理解业主的需求，需要"引导"专家思考和评审。笔者评审过一些物业公司的项目，业主在介绍情况时，总是提出对现在合作的物管公司如何熟悉，和他们的关系如何好，如果换一个新的物管公司，则需要重新习惯和磨合。实际上这就是发表了倾向性的见解，会影响评审专家等客观评审。本案例中，业主认为××公司的产品好，且以前用的就是该公司的产品，为了兼容和维修方便，提出要采用和以前一样的系统。看似理由充分，但既然是公开招标，就要按法律、按程序、按规定进行认真评审。任何规避招标、利用制度漏洞的做法都是不允许的。在本案例中，业主专家如果没有被潜规则，那么他的发言说明了他是不称职的评审专家；如果业主私下和投标人接触，接受了投标人的贿赂和馈赠，则已经违法了。

9.3.6.2 评标专家不专业险些出事

1. 案例背景

2012年8月，××市仓库改造工程在该市工程交易中心公开招标。该项目总造价约1000万元，购买了招标文件的投标人共10家。2012年8月3日，在该市工程交易中心公开招标，共有7家投标单位在投标截止时间前递交了投标文件，开标情况正常。在评标过程中，评比委员会发现有两家投标单位的投标文件有问题，即其法人授权委托书的有效期为 30 天，而招标文件中规定的投标有效期为 60 天，两者不同。评标委员会中有几位专家认为其不满足招标文件中"投标文件必须满足招标文件规定的投标有效期"的要求，评标专家以此为由，要将这两家投标单位的投标书定为不合格投标文件，否决其投标。该市工程交易中心工作人员虽然刚来该市建设工程交易中心工作不久，但是刚刚接受过见证人员（即工作人员）上岗的培训，而该情况正好与见证人员考试试题中一个案例的情况相同，于是见证人当即向评标委员会解释了投标有效期和法人授权委托书有效期的概念，专家在听完见证人员解释后仍有质疑，并声称自己以前也遇到过这样的情况，而且都是按废标处理的。见证人员在无法说服评标专家的情况下，只好把考试试题及答案拿来给评标专家看，专家仔细阅读后才搞清楚这两个概念的不同之处，最后判定这两家投标单位的投标文件有效。

2. 案例分析

稍有法律知识和评标经验的专家都知道，法人授权委托书有效期是指法人的被授权人代表参加项目投标的有效期，只要在该时限内被授权人向招标人递交了授权法人的投标文件并出席了开标会，该授权委托即未失效，而投标有效期是指投标文件提交截止日后投标文件的有效期，该时限必须响应招标文件规定。两者是不同的概念，因此其时限不同是正常的。由此案可以看出，一些评标专家由于其专业限制或是其对招标投标法律以及其中的一些概念理解是有限的或者是有偏差的，从而可能导致评标过程中一些误判的情况出现。作为一名交易中心的见证人员，保证招标投标活动公平、公正地进行是正常的工作，也是他们的责任。他们指出专家的过失，并没有干涉专家独立评审。

通过此案例可知，评标专家应不断学习，应该非常熟悉招标投标交易的相关法规规定，清晰掌握每个概念的含义，以便在评标过程中能客观、公正、正确地评审，从而维护各投标人的合法权益，保证招标投标交易活动的公平和公正。否则，评委的误判甚至一个小小的疏忽就可能改变评标结果，这样不仅给当事人带来损失，而且也会影响招标投标交易活动的正常进行。同时，这个案例也说明，交易中心或公共资源交易中心定期举办业务培训是十分必要的，通过举办一些类似的业务培训，对提高工作人员的业务水平是大有帮助的。

9.4　定　标

9.4.1　定标的概念

所谓的定标，就是通过评标委员会的评审，将某个招标项目的中标结果通过某种方式确定下来或将招标授予某个投标人的过程（确定中标人）。定标一般是与评标联系在一起的，评标的过程就是确定招标归属的过程。但是，严格地讲，评标和定标是招标过程中不同的两个环节，也是最为关键的两个环节。

9.4.2　定标的法律规定

《中华人民共和国招标投标法》第四十五条规定："中标人确定后，招标人应当向中标人发出中标通知书，并同时将中标结果通知所有未中标的投标人。"《中华人民共和国招标投标法实施条例》第五十三条规定："评标完成后，评标委员会应当向招标人提交书面评标报告和中标候选人名单。中标候选人应当不超过 3 个，并标明排序。评标报告应当由评标委员会全体成员签字。对评标结果有不同意见的评标委员会成员应当以书面形式说明其不同意见和理由，评标报告应当注明该不同意见，评标委员会成员拒绝在评标报告上签字又不书面说明其不同意见和理由的，视为同意评标结果。"定标后，要编写评标报告。评标报告是评标委员会根据全体评标成员签字的原始评标记录和评标结果编写的报告。其主要内容包括：

（1）招标公告刊登的媒体名称、开标日期和地点。

（2）购买招标文件的投标人名单和评标委员会成员名单。

（3）评标方法和标准。

（4）开标记录和评标情况及说明，包括投标无效投标人名单及原因。

（5）评标结果和中标候选人排序表。

（6）评标委员会的授标建议。

依法必须进行招标的项目，招标人应当自收到评标报告之日起 3 日内公示中标候选人，公示期不得少于 3 日。投标人或者其他利害关系人对依法必须进行招标的项目的评标结果有异议的，应当在中标候选人公示期间提出。招标人应当自收到异议之日起 3 日内作出答复；作出答复前，应当暂停招标投标活动。

9.4.3　定标操作实务

凡授权评委会定标时，招标人不得以任何理由否定中标结果。定标环节，要恪守三个基本原则，即非授权不确定中标人原则、不得恶意否决原则、结果公开原则。

9.4.3.1　非授权不确定中标人原则

确定中标人是招标人的权利。如果没有得到招标人的事先授权，评标委员会是无权确定中标人的。不过，招标人一般会根据评标委员会的推荐结果，选取排名第一的中标候选人作为中标人。《中华人民共和国招标投标法实施条例》第五十五条规定："国有资金占控股或者主导地位的依法必须进行招标的项目，招标人应当确定排名第一的中标候选人为中标人。排名第一的中标候选人放弃中标、因不可抗力不能履行合同、不按照招标文件要求提交履约保证金，或者被查实存在影响中标结果的违法行为等情形，不符合中标条件的，招标人可以按照评标委员会提出的中标候选人名单排序依次确定其他中标候选人为中标人，也可以重新招标。

9.4.3.2　不得恶意否决原则

定标时，要严格按评标报告确定的顺序选择中标人，不得恶意否决排序靠前的投标人的中标资格。招标人确定中标人必须充分尊重评标报告的结论，并发布中标公告，同时报监管部门备案审查。对于特殊招标项目，若确实需要进行资格后审，则招标人在后期资格审查和考察论证中必须以招标文件为依据，不得背离，更不得以所谓新的标准来否决刁难中标人。凡是招标人拒绝与中标人签订合同的，应出具文字证明材料，不能提供而一再要求废标的，政府招标监管部门应及时与同级纪检监察部门取得联系，组成联合工作组进行处理。

9.4.3.3 结果公开原则

评标和定标结果必须在政府招标信息发布指定媒体上公开，接受社会各方监督。公布的信息内容要详细具体，评标委员会人员名单及其工作单位、招标项目概况、中标人名称及中标金额、咨询电话及项目负责人等重要信息不能遗漏。招标人和中标人双方必须等公示期满后再签订中标合同。

9.4.4 定标案例分析

9.4.4.1 中标公告内容不合法惹投诉

1. 案例背景

受××市教育局的委托，某招标代理公司就××中学教学大楼基建项目进行公开招标。2013 年 9 月 27 日，招标代理公司在有关媒体上发布招标公告。根据招标公告，招标起始时间为 2013 年 9 月 27 日至 2013 年 10 月 16 日；投标截止时间及开标时间为 2013 年 10 月 18 日上午 9 点 30 分（北京时间）；中标公布方式为书面通知及在当地所在省的公共资源交易网站上公告。2013 年 10 月 29 日，招标代理公司发布中标公告。中标公告内容包括招标代理机构的名称、地址和联系方式，招标项目名称、用途、数量、简要技术要求，中标人名称、地址和中标金额，招标项目联系人姓名和电话。

"这个项目总算完成了。"中标公告发出后，招标代理公司的项目经理长长地舒了一口气。但就在此时，"麻烦"却开始了。A 公司的投标代表给招标代理公司项目经理打来电话，对评标过程的公正性提出了质疑。由于评标过程有监管部门工作人员现场监督，公证人员现场公证，整个过程也没发现任何异常，因此招标代理公司项目经理自信地解释道："我认为我们的这次招标是非常公正、公平的。您认为不公正，您就找出不公正的证据，也可以向××局去投诉，我们是支持投标人维护自己权利的…"

令招标代理公司项目经理没想到的是，虽然没有任何证据，但 A 公司的投标代表还是向当地××局提出了投诉。投诉内容为：此次招标中，B 公司的中标太牵强，无法令人信服。同时，A 公司要求对某招标代理公司和在此次招标活动中中标的 B 公司的投标资格是否符合招标文件要求进行调查，并给予明确答复，并且还要求对招标代理公司此次中标公告的内容进行审核，要求××局就该次招标是否符合有关法律法规给予答复。

2. 案例分析

（1）被要求重新刊登中标公告。2013 年 1 月 7 日，当地××局开始受理此起投诉。在调查中，××局并没有发现此次招标的开标、评标过程有什么违规之处，并且通过专家论证，也证实 B 公司具备相应资格，是最佳中标人。按照常理，招标代理公司应该就没事了，监管部门却罚了招标代理公司 1 000 元的款。原来是中标公告内容不合法。监管部门在调查了开标、评标过程后，又审查了中标公告，最后认定原评标程序合法、过程有效，维持评标结果，责成招标代理公司补登此项目评标委员会成员名单。

（2）中标公告必须有专家名单。本案例中，虽然没有舞弊和串通围标的嫌疑，但是却给了相关人员一些值得思考的东西。目前，在很多中标公告中，都找不到评标委员会成员名单。对此，有人认为，在中、小城市本来就不应该公布，因为在中、小城市，一旦公布了专家名单，不出 3 个月，所有专家都会被投标人所认识，难保今后评标过程中的公正客观，因此是否公布评标委员会名单要因地商异。大的地方和城市，专家库的容量足够大，大家不容易彼此认识和熟悉，可以公布专家名单，而中、小城市就不宜公布专家名单。

但是，从现实来看，即使公布评审专家的名单，也不会造成评审专家和投标人勾结、因为评审专家违法，已有相应的处罚措施。另外，公布专家名单是否会造成腐败，跟地方的大小和专家库的大小无必然联系。

（3）小细节也应该引起足够重视。对于上述招标项目，虽然当地××局指出的只是一个问题，但在笔者看来，上述招标中的瑕疵不止一处。根据相关法律法规的规定，招标代理公司漏掉的内容不只是评标委员会成员名单、还漏了招标人的名称、地址、联系方式，招标项目合同履行日期，定标日期（注明招标文件编号），该项目招标公告日期等。在业界专家看来，这些原本是一些小细节，但既然法律已经明确提出了要求，代理机构就应该足够重视，依法操作。

9.4.4.2　第一中标候选人造假是废标还是顺延

1. 案例背景

××招标代理有限公司代理某建筑工程招标项目。该招标代理公司在中标候选人名单公示期间接到落选投标人之一的 A 公司的质疑文件，质疑该招标项目中第一中标候选人 F 公司在投标期间有弄虚作假的行为。后经招标代理公司核实，确认第一中标候选人 F 公司确实存在弄虚作假的行为，于是评标委员会依法取消了该公司的中标资格，顺延第二中标候选人为中标人。但此时招标人有异议，因为第二中标候选人的报价比第一中标候选人高了许多，招标人原本对此次招标的价格挺满意，却由于中标人的违规行为使中标价高了很多，很不情愿，要求第一中标候选人弥补其损失，至少要将第一中标候选人和第二中标候选人的两个中标价中的差价弥补上。

这就给招标代理公司出了难题：一是招标人的要求是否合理，有没有法律依据，如果应该赔偿损失，那么直接扣除第一中标候选人的投标保证金来弥补招标人的损失是否可行；二是在第一中标候选人因自身违规而被取消中标资格后，是废标还是顺延第二中标候选人中标，这种情况应该如何通过法律来解决。

2. 案例分析

（1）招标人的要求没有法律依据。在本案例中，评标委员会取消了第一中标候选人的中标资格，顺延第二中标候选人为中标人，只要后者的投标报价没有超出招标人的预算，招标人就应该接受评标委员会的决定，与第二中标候选人签订中标合同。招标人没有任何资格和权力要求评标委员会更改中标结果，更没有权力要求不中标的投标人赔偿损失，不过可以没收其投标保证金。

笔者认为，此案如果造成了损失，也应该是国家的损失，招标人如果认为他的权益受到损失，可以通过法律途径来解决。对于投标人提供虚假材料谋取中标、成交的，《中华人民共和国招标投标法实施条例》第六十八条已有相关处罚规定，如投标人以他人名义投标或者以其他方式弄虚作假骗取中标的、中标无效，情节严重的、由有关行政监督部门取消其 1-3 年内参加依法必须进行招标的项目的投标资格，或者弄虚作假骗取中标情节特别严重的，由工商行政管理机关吊销营业执照。

（2）顺延中标人的做法法律法规是允许的。在本案例中，由第二中标候选人取代第一中标候选的中标资格，即直接顺延中标资格的做法并非不妥当。《中华人民共和国招标投标法实施条例》第五十五条规定："排名第一的中标候选人放弃中标、因不可抗力不能履行合同、不按照招标文件要求提交履约保证金，或者被查实存在影响中标结果的违法行为等情形，不符合中标条件的、招标人可以按照评标委员会提出的中标候选人名单排序依次确定其他中标候选人为中标人，也可以重新招标。"

本案例中，第一中标候选人既不是因不可抗力，也不是不能履行合同，而是因为自己存在弄虚作假的违法行为而被取消了中标资格。既然投标人弄虚作假都能中标，就意味着评标过程或多或少地存在一些问题，相关投标人的造假行为也很可能会影响整个排序，因此重新评标是最好的选择。如果此案进入投诉阶段，结果又会不一样，因为招标监督管理部门如果认定存在违法行为，就可以直接废标。当然，在现实中，大多数招标代理机构会为招标人从时间、财力、项目本身考虑，而采取直接递补的做法。

9.5　本章案例分析

1. 案例背景

××市××区政府委托××招标代理公司，就区政府体育场建筑设备及户外电子显示屏进行公开招标。2013 年 8 月 5 日，区政府如期举行开标和评标会议。区政府作为业主单位，对此次招标极为重视，派出了纪委的一名工作人员进行现场监督。在开标会后，评审专家进入全封闭的评审会场，招标人首先介绍了项目的基本情况，招标代理机构宣读了评标纪律，评标专家认真阅读评标文件和招标文件。

在评标会上有专家提出，业主在招标文件中列出的设备参数互相矛盾，需要修改，另外，一些设备的参数太保守，属于好几年前的产品，现在的同类产品无论性能还是技术指标，都要远高于招标文件列出的条件，而且，这些设备跟此次招标的价格严重不符。这名专家的观点引起了其他专家的共鸣，另外几名专家也热烈地讨论起来，大家一致同意这名专家的观点。在评标现场的招标人听到专家这么说，就提出，花财政的钱，要尽量节约，希望花最少是钱买最好的设备，并要求专家提出一个解决办法。专家说，招标文件已经写明了，恐怕没有办法改正了，除非废除此次招标，修改招标文件后重新招标。招标人代表马上说，这是民生工程，项目要在 2013 年 10 月份竣工并投入使用，重新招标已经来不及了。这时，招标代理机构提出一条"妙计"，说只要把所有的投标人代表叫来，现场跟他们说一下招标文件中的新参数，只要他们同意按新参数提供设备进行投标，应该没有问题，这样既不会耽误工期，也能使招标人采购到最好的产品。现场的招标人和纪委的工作人员经过简短商量，采纳了招标代理机构的"妙计"，并且对这条"妙计"，专家也没有表示异议。于是，代理机构负责人把所有的投标人代表叫到一起，向他们提出修改设备参数的要求，投标人代表全部同意这样做。招标代理机构、招标人，专家都很满意，招标如期进行，经过紧张评审，A 公司如愿以偿地中标。

即使投标人满意，又使招标人满意，看到这么棘手的问题解决了，招标代理机构负责人长长地松了一口气。但是，在中标公告发出的第二天，招标代理机构就收到了 B 公司的质疑投诉，质疑此次招标严重违规。原来，B 公司回去后咨询了公司的法律顾问，法律顾问认为这种做法是违规的，授意 B 公司进行投诉。面对 B 公司的质疑投诉，招标代理机构的负责人怒气冲冲地说："当初你们不是一致同意招标人修改设备参数吗，怎么现在又要反悔了？"然而 B 公司投标代表却说："当时是因为迫不得已，并且认为能中标，何况又没有咨询法律顾问，现在进行质疑是因为我们要维护法律权威。"

此次招标，最终被 B 公司投诉到××市财政局，一个星期后，××市财政局废除了此次招标结果，令重新招标，并发出通报批评。通过此案例，有几个问题值得思考：一是临时改变设备参数是否可行？二是招标人、投标人和评审专家同时同意是否就可以改变评审方法和程序？三是投标人在评标时全部签字同意改变评标程序是否就不能反悔了？

2. 案例分析

（1）临时改变设备参数应公示。本案例中，招标人没有仔细计算设备参数，也没有认真调研设备价格，仅依据过去几年的设备参数进行招标，现在的设备更新换代很快，招标文件所列的设备参数落后于现状也就不足为怪了。专家提出目前的新情况以及招标文件的矛盾之处，招标人提出修改参数是可以理解的。但是，修改招标设备的参数实际上是实质性地改变了招标文件，是对招标文件的澄清。《中华人民共和国招标投标法》第十九条规定："招标人应当根据招标项目的特点和需要编制招标文件。"第二十三条规定："招标人对已发出的招标文件进行必要澄清或者修改的，应当在招标文件要求提交投标文件截止时间至少十五日前，以书面形式通知所有招标文件收受人。该澄清或者修改的内容为招标文件的组成部分。"因此，尽管招标人提出的只是对一些设备的某些参数进行更正，实质上是改变了招标文件，这需要在媒体上发布公告，并且需要满足一定的时间。

按规定，招标文件存在不合理条款的以及招标公告时间及程序不符合规定的、应予废标，并责成招标单位依法重新招标。本案例中，招标文件所列的设备参数矛盾，将使投标人无所适从，最好的做法是废标。

（2）不能随意改变评标程序。本案例中，经专家议论，招标人从节省财政资金的角度出发，临时提出将评审方法改为竞争性谈判，虽然监督的纪委工作人员表示同意，招标人、投标人和评审专家都没有异议，但是这也是违反规定的。本次招标，参与投标的投标人超过三家，满足正常开标的条件，不能临时随意改变评标程序，哪怕出发点是好的。

（3）签字后能否反悔？在本案例中，招标人和招标代理机构为了防止各投标人反悔和投诉，预先留了一手，要求各投标人签字同意更改招标文件、同意更改设备参数、同意更改评标程序，看似天衣无缝，实则留下了隐患。各投标人的想法各异，有签字后真的不投诉的，也有签字后一旦不中标就翻脸不认账的。那么，就算各投标人签字后不反悔，是否就可行和合法呢？答案是否定的。

笔者认为，现实中大量存在的各种违规情况是使各方存在绕心理的主要原因。另外，还有一些人，包括评审专家，认为合理且违规不是很严重的行为，对业主和国家有利，只是不怎么符合程序的做法，是一些小问题，主张不要那么死板，因此，默认乃至支持这种做法，这在客观上也助长了此类违规行为的发生。

思考与练习

1. 单项选择题

（1）对于建筑工程招标项目，在投标截止时间到达时，如果投标人少于 3 个，招标人应当采取的方式是（　　）。

    A. 重新招标 　　　　　　　　B. 直接定标

    C. 继续开标 　　　　　　　　D. 停止开标或评审

（2）下列行为中，表明投标人已参与投标竞争的是（　　）。

    A. 资格预审通过 　　　　　　B. 购买招标文件

    C. 编写投标文件 　　　　　　D. 递交投标文件

（3）下列关于招标公告发布媒介的说法中，不符合《招标公告发布暂行办法》规定的是（　　）。

    A. 依法必须招标项目的招标公告应当在国家指定的媒介上发布

    B. 两个以上的媒介发布的同一招标项目的招标公告的内容应相同

    C. 指定媒介发布机电产品国际招标公告的，不得收取费用

    D. 指定报纸在发布招标公告的同时应如实抄送中国采购与招标网

（4）下列关于工程建设项目招标投标资格审查的说法中，错误的是（　　）。

    A. 资格预审一般在投标前进行，资格后审一般在开标后进行

    B. 资格预审审查办法分为合格制和有限数量制

    C. 资格后审审查办法包括综合评估法和经评审的最低投标价法

    D. 资格后审应由招标人依法组建的评标委员会负责

（5）下列关于投标有效期的说法中，错误的是（　　）。

    A. 拒绝延长投标有效期的投标人有权收回投标保证金

    B. 投标有效期从投标人递交投标文件之日起计算

    C. 投标有效期内，投标文件对投标人有法律约束力

    D. 投标有效期的设定应保证招标人有足够的时间完成评标和与中标人签订合同

（6）下列关于投标人对投标文件修改的说法中，正确的是（　　）。

    A. 投标人提交投标文件后不得修改其投标文件

    B. 投标人可以利用评标过程中对投标文件澄清的机会修改其投标文件，且修改内容应作为投标文件的组成部分

C. 投标人对投标文件的修改，可以使用单独的文件进行密封、签署并提交

D. 投标人修改投标文件的，招标人有权接受较原投标文件更为优惠的修改，并拒绝对招标人不利的修改

（7）下列关于投标文件密封的说法中，错误的是（　　　）。

A. 投标文件的密封可以在公证机关的见证下进行

B. 投标文件未按照招标文件要求密封的，招标人有权不退还该投标人的投标保证金

C. 招标人可以在法律规定的基础上，对密封和标记增加要求

D. 投标文件未密封的不得进入开标程序

（8）根据《中华人民共和国招标投标法》，下列关于开标程序的说法中，错误的是（　　　）。

A. 开标时间和提交投标文件截止时间应为同一时间

B. 修改开标时间时，应以书面形式通知所有招标文件的收受人

C. 投标文件的密封情况可以由投标人或其推选的代表检查

D. 招标人应委托招标代理机构当众拆封收到的所有投标文件

（9）关于建筑工程招标项目的唱标，下列说法中正确的是（　　　）。

A. 唱标时未宣读的价格折扣，评标时可以允许适当地考虑

B. 如果开标一览表的价格与投标文件中明细表的价格不一致，则以投标明细表为准

C. 招标文件未明确允许提供备选投标方案的，开标时无需对投标人提供的备选方案进行唱标

D. 对于投标人在开标之前提交的价格折扣，唱标时应该宣读价格折扣

（10）采用综合评分法评审的建筑工程招标项目，当中标候选人评审得分相同时，其排名应（　　　）顺序排列。

A. 按照投标报价由低到高

B. 按照技术指标优劣

C. 由评标委员会综合考虑投标情况自定

D. 按照投标报价得分由高到低

2. 多项选择题

（1）下列关于工程建设项目评标委员会的说法中，正确的是（　　　）。

A. 评标应当由招标人负责组建的评标委员会负责

B. 评标委员会成员组成必须为 5 人以上的单数

C. 与投标人有利害关系的人已经进入评标委员会的应当更换

D. 评标委员会应当根据招标文件确定的评标标准和方法评标

（2）根据《工程建设项目货物招标投标办法》编制招标文件时应当（　　　）。

A. 按国家有关技术法规的规定编写技术要求

B. 要求标明特定的专利技术和设计

C. 明确规定提交备选方案的投标价格不得高于主选方案

D. 用醒目的方式标明实质性要求和条件

（3）下列关于工程建设项目招标文件的澄清和修改的说法中，正确的是（　　　）。

A. 招标人和投标人均可要求对投标文件进行澄清和修改

B. 招标人对招标文件的澄清和修改应在提交投标文件截止时间至少 15 天前进行

C. 项目招标人对招标文件的澄清和修改应在指定媒体上发布更正公告

D. 项目招标人对招标文件的修改应当在开标 15 天前进行

（4）下列关于联合体投标工程建设项目的说法中，正确的是（　　）。

A. 联合体应当以一个投标人的身份共同投标

B. 联合体各方必须签订共同投标协议且需附在联合投标文件中提交

C. 联合体各方签订共同投标协议后不得再以自己的名义单独投标

D. 联合体的投标保证金应当由联合体的牵头人提交

（5）关于依法必须招标的工程建设项目，下列说法中正确的是（　　）。

A. 联合体中标的，联合体各方应当共同与招标人签订合同

B. 评标和定标应当在开标后 30 个工作日内完成

C. 联合体中标的，各方不得组成新的联合体或参加其他联合体在其他项目中投标

D. 招标人应当确定评标委员会推荐的排名第一的中标候选人为中标人

（6）关于依法必须招标项目的评标专家的选择，下列说法中正确的是（　　）。

A. 应由招标人在规定的专家库或专家名册中确定

B. 可以在招标代理机构的专家库内选择

C. 一般招标项目可以采取随机抽取方式确定

D. 特殊项目可以由招标人直接确定

（7）下列关于开标的说法中，正确的有（　　）。

A. 开标应制作开标记录并作为评标报告的组成部分存档

B. 开标应在招标文件中规定的地点进行

C. 如果招标人需要修改开标时间和地点，则应以书面方式通知所有招标文件的收受人

D. 招标人可以依法推迟开标时间，但不得将开标时间提前

3. 问答题

（1）开标时应注意哪些环节？

（2）招标投标相关法律法规对评标时澄清的规定是什么？

（3）评标无效的几种情形是什么？

（4）在定标环节，招标人对评标委员会的建议该采取什么决定措施？

（5）招标投标相关法律法规对招标人开标前组织的踏勘现场有什么规定？

4. 案例分析题

某市商住楼施工工程采取公开招标的方式招标，项目投资约 1 600 万元。2012 年 8 月 25 日上午 9 点，该项目在该市的工程交易中心 209 室进行了开标，评标地点在 407 室。开标、评标过程都正常，但在出评标报告并且评委会都签完名后，该中心的工作人员发现有一个严重的错误，即评标报告里的第一中标人不是按照该项目的定标原则评出的。该项目的定标原则是：选定投标报价低于且最接近平均参考价（所有有效标的平均值）的投标人作为中标人。评委会忽略了"低于平均价"的字眼，选择了一家高于平均价但最接近平均价的投标人作为第一中标候选人，导致结果错误。工作人员发现问题后马上向评委说明了情况，并要求其改正。评委居然说他们没有仔细看，都是招标代理做的。请分析此次评标评委的过错和责任，应如何处罚。

10 建筑工程合同

本章将介绍合同法的概念、主要条款，订立的基本程序、基本原则、基本形式，以及建筑工程合同订立当事人的权利、义务与违约责任等方面的基本知识，重点介绍建筑工程勘察设计合同、施工合同、工程建设监理委托合同及与工程建设相关的其他合同的订立、履行与违约责任等方面的内容，同时还将介绍建筑工程合同的示范文本。

需要指出的是，除建筑工程合同外，在工程建设过程中，还会涉及很多其他的合同，如设备、材料的合同，工程监理的合同等，只要是通过招标投标中标来签订的，都属于本章的论述范围。

10.1 中标人与中标通知书

10.1.1 中标公示

按相关法律规定，投标人的投标文件应当符合两种情况：一是能够最大限度地满足招标文件中规定的各项综合评价标准；二是能够满足招标文件的实质性要求，并且经评审的投标价格最低，但是投标价格低于成本的除外。

评标委员会完成评标后，应当向招标人出具书面评标报告，并推荐合格的中标候选人，招标人根据评标委员会出具的书面评标报告和推荐的中标候选人确定中标人。招标人也可以授权评标委员会直接确定中标人。一般来讲，招标人都是根据评标委员会的推荐结果确定中标人。国有资金占控股或者主导地位的依法必须进行招标的项目，招标人应当确定排名第一的中标候选人为中标人。排名第一的中标候选人放弃中标、因不可抗力不能履行合同、不按照招标文件要求提交履约保证金，或者被查实存在影响中标结果的违法行为等情形，不符合中标条件的，招标人可以按照评标委员会提出的中标候选人名单排序依次确定其他中标候选人为中标人，也可以重新招标。

在建筑工程招标后，招标人应当自收到评标报告之日起 3 日内公示中标候选人，公示期不得少于 3 日。投标人或者其他利害关系人对依法必须进行招标的项目的评标结果有异议的，应当在中标候选人公示期间提出。招标人应当自收到异议之日起 3 日内作出答复，并且在作出答复前，应当暂停招标投标活动。

在招标人定标后，招标代理机构将向中标人发出中标通知书，同时以书面形式通知所有未中标的投标人。中标人应按照招标文件的规定向招标代理机构交纳招标代理服务费后，领取中标通知书。《中华人民共和国招标投标法》第四十七条规定："依法必须进行招标的项目，招标人应当自确定中标人之日起十五日内，向有关行政监督部门提交招标投标情况的书面报告。"一般招标代理机构都会规定，中标人自招标代理机构在网上发布中标公告之日起超过××日仍未能交纳招标代理服务费的，视为中标人自动放弃包括中标权在内的招标过程中所拥有的所有权利。

10.1.2 中标人的法律责任

10.1.2.1 履行合同

中标人应该按照招标文件的要求和在投标文件中的承诺，与招标人签订合同，履行合同约定的义务，完成所中标的建筑工程项目。中标人无正当理由不与招标人订立合同，在签订合同时提出附加条件，或者不按照招标文件要求交纳履约保证金的，将处以取消其中标资格，投标保证金不予退还的处罚，并且由有关行政监督部门责令改正，可以处中标项目金额 10%以下的罚款。

在实践中，也不乏中标人主动放弃中标资格或被依法取消中标资格的事例。出现这种情况：一般是因为中标人在投标时提供了虚假文件骗取中标，害怕被举报查处，或者对工程估计不足，继续履行合同会亏本，或者缺乏履行合同的条件等。在实践中，中标人由于自身原因而不能签订合同和放弃中标的，一般会被没收投标保证金。

10.1.2.2 不得再次转包分包

中标人不得向他人转让中标项目，也不得将中标项目肢解后分别向他人转让。按规定中标人按照合同约定或者经招标人同意，可以将中标项目的部分非主体、非关键性工作分包给他人完成。法律一般是不允许将占工程量或合同金额 30%以上的工程再次分包的，而转包是法律法规严格禁止的。接受分包的人应当具备相应的资格条件，并不得再次分包。此外，中标人应当就分包项目向招标人负责，接受分包的人就分包项目承担连带责任。《中华人民共和国招标投标法实施条例》第七十六条规定："中标人将中标项目转让给他人的，将中标项目肢解后分别转让给他人的，违反招标投标法和本条例规定将中标项目的部分主体、关键性工作分包给他人的，或者分包人再次分包的，转让、分包无效，处转让、分包项目金额一千分之五以上一千分之十以下的罚款；有违法所得的，并处没收违法所得；可以责令停业整顿；情节严重的，由工商行政管理机关吊销营业执照。"

10.1.2.3 提交履约保证金

招标文件要求中标人提交履约保证金的，中标人应当按照招标文件的要求提交。履约保证金不得超过中标合同金额的 10%。履约保证金在中标以后才能提交，这一点与投标保证金不一致。在实践中，招标人要求投标人在提交投标文件时同时提交履约证金的做法，是对法律的误解或滥用招标人的优势地位。还有的招标人希望用高额的履约保证金来设置投标门槛或吓退某些潜在的投标人，这一般是有不可告人的目的。

10.2 合同的概念与法律特征

10.2.1 合同的概念

合同，又称为契约，是当事人之间确立的一定权利义务关系的协议。广义的合同泛指一切能发生某种权利义务关系的协议。《中华人民共和国合同法》规定："合同是平等主体自然人、法人及其他经济组织之间设立、变更、终止民事权利义务关系的协议。"可见，国家的合同法采用了狭义的合同概念，即合同是平等主体之间确立民事权利义务的协议。

10.2.2 合同的法律特征

合同具有以下法律特征：
（1）合同是一种法律行为。
（2）合同是两个或两个以上的当事人意愿表示一致的法律行为。
（3）合同当事人的法律地位平等。
（4）合同是当事人的合法行为。

1999 年 3 月 15 日，由第九届全国人民代表大会第二次会议通过的《中华人民共和国合同法》对合同的主体及权利义务的范围都作了明确的限定。《中华人民共和国合同法》包括总则、分则和附则三部分，共 23 章，428 条。《中华人民共和国合同法》总则包括 8 章，分别是一般规定、合同的订立、合同的效力、合同的履行、合同的变更与转让、合同的权利与义务的终止、违约责任、其他规定，共 129 条。

建筑工程合同是发包方（招标人）与承包人（中标人）之间确立承包方完成约定的工程项目后，发包方支付价款与酬金的协议。具体一点说，建筑工程合同是指建设单位（业主、发包方或投资责任方）与勘察、设计、建筑安装单位（承包方或承包商）依据国家规定的基本建设程序和有关合同法规，以完成建筑工程为内容，明确双方的权利与义务关系而签订的书面协议。它包括工程勘查合同、设计合同、施工合同。合同与意向书的区别见表 10-1。

表 10-1 合同与意向书的区别

区别项目	概念不同	意向书是有缔约意图的当事人就合同订立的相关事宜进行的约定，一般不涉及合同内容等细节问题；合同是平等主体的自然人、法人、其他组织之间设立、变更、终止民事权利义务关系的协议。
	效力不同	意向书不会对当事人的实体权利、义务产生直接影响，其签订并不直接导致合同的签订；合同规定当事人的实体权利、义务，当事人按合同规定行使权利、履行义务。
	后果不同	违反意向书的约定导致合同未能签订的，要承担履约过失责任；违反合同的约定，要承担违约责任。

目前，我国已进入市场经济时期，政府对建筑工程市场只进行宏观调控，建设行为主体均按市场规律平等参与竞争，各行为主体的权利和义务都必须通过签订合同进行约定。因此，建筑工程合同已成为市场经济条件下保证工程建设活动顺利进行的主要调控手段之一，其对

规范建筑工程交易市场、招标投标市场而言是非常重要的。

建筑工程合同的特征有合同标的的特殊性、合同主体的特殊性、合同形式的要式性、建筑工程合同具有较强的国家管理性等几个方面。

10.3　中标后建筑工程合同的签订

在中标人依法获得建筑工程标的后，招标人和中标人应当自中标通知书发出之日起 30 内，按照招标文件和中标人的投标文件订立书面合同。招标人和中标人不得搞阴阳合同或另行订立背离合同实质性内容的其他协议，即所订立合同的标的、价款、质量、履行期限等主要条款应当与招标文件和中标人的投标文件的内容一致。如果招标人和中标人不按照招标文件和中标人的投标文件订立合同，合同的主要条款与招标文件、中标人的投标文件的内容不一致，或者招标人、中标人订立背离合同实质性内容的协议的，由有关行政监督部门责令改正，可以处中标项目金额千分之五以上千分之十以下的罚款。

10.3.1　建筑工程合同的有效性条件

建筑工程合同要有效，必须具备以下条件：

（1）承包人具有相应的资质等级。

（2）双方的意思表示真实。

（3）合同不违反法律和社会的公共利益。

（4）合同标的必须确定。

但是也有两种情况例外：一种是承包人超越资质等级许可的业务范围签订建筑工程施工合同，在建筑竣工前取得相应的资质等级，当事人请求按照无效合同处理的，不予支持；另外一种是具有劳务作业法定资质的承包人与总承包人、分包人签订的劳务分包合同，当事人以转包建筑工程违反法律规定为由请求确认无效的，不予支持。

通过招标投标过程，由评标委员会评审并经过公示，在此基础上，招标人和中标人双方都在招标文件和投标文件的范围内活动，是双方意思的真实表示，所以中标合同是有法律效力的。

10.3.2　可撤销或可变更的建筑工程合同

合同的撤销是指意思表示不真实，通过撤销权人行使撤销权，使已经生效的合同归于消灭。建筑工程合同无效，但建筑工程经竣工验收合格，承包人请求参照合同约定支付工程价款的，应予支持。建筑工程合同无效且建筑工程经竣工验收不合格的，按照以下情形分别处理：

（1）修复后的建筑工程经竣工验收合格，发包人请求承包人承担修复费用的，应予支持。

（2）修复后的建筑工程经竣工验收不合格，承包人请求支付工程价款的，不予支持。

（3）建筑工程不合格，发包人有过错的，也应承担相应的民事责任。

（4）承包人非法转包、违法分包建筑工程或者没有资质的实际施工人借用有资质的建筑施工企业名义与他人签订建筑工程施工合同的行为无效，人民法院可以收缴当事人已经取得的非法所得。

建筑工程合同的变更是指对已经依法成立的合同，在承认其法律效力的前提下，因为当事人的协商或者法定原因而将合同权利义务关系予以改变的情形。根据施工合同实践，这种变更可能是：

（1）合同项下的任何工作数量上的改变。

（2）合同项下的任何工作质量或者其他特性需要改变。

（3）合同约定的工程技术规格（如标高、位置或尺寸）需要改变。

（4）合同项下任何工作的删减。

（5）工期改变。

（6）工作顺序的改变或者施工方法的改变。

建筑工程合同的变更一般主要是在合同主体不变（主体的变动称为合同的转让）的情况下，对合同内容进行三个方面的变动。

（1）标的条款变更，主要包括标的本身，标的数量、质量、型号、规格以及标的其他方面的条款内容发生变更。

（2）履行条款的变更，主要包括价款或报酬，履行期限、地点、方式和所附加条件等条款内容的变更。

（3）合同责任条款变更，主要是担保、违约责任形式、合同争议解决方式等条款内容的变更。

10.3.3　建筑工程合同的签订程序

订立合同的程序是指订立合同的当事人经过平等协商，就合同的内容取得一致意见的过程。签订合同一般要经过要约与承诺两个步骤，而建筑工程合同的签订有其特殊性，需要经过要约邀请、要约和承诺三个步骤。

要约邀请是指当事人一方邀请不特定的另一方向自己提出要约的意思表示。在建筑工程合同签订的过程中，招标人（业主）发布招标公告或投标邀请书的行为就是一种要约邀请行为，其目的就是邀请承包方投标。

要约就是指当事人一方向另一方提出合同条件，希望另一方订立合同的意思表示。在建筑工程合同的签订过程中，投标人向招标人递交投标文件的投标行为就是一种要约行为。投标文件中应包含建筑工程合同具备的主要条款，如工程造价、工程质量、工程工期等内容。

作为要约的投标文件对承包方具有法律约束力，表现在承包方在投标生效后无权修改或撤回投标文件，以及一旦中标就要与招标人签订合同，否则就要承担相应的法律责任。

建筑工程合同适用《中华人民共和国合同法》。招标人和投标人之间的权利和义务，应当按照平等、自愿的原则以合同的方式约定。招标人可以委托招标代理机构代表其与投标人签订建筑工程合同。由招标代理机构以招标人名义签订合同的，应当提交招标人的授权委托书，作为合同附件。

承诺是指要约人完全同意要约的意思表示。它是要约人愿意按照要约的内容与要约人订立合同的允诺。承诺的内容必须要与要约完全一致，不得有任何修改，否则将视为拒绝要约或反要约。

在招标投标过程中，招标人经过开标、评标和定标过程，最后发出的中标通知书，即受到法律的约束，不得随意变更或解除。在中标公示期过后，就应该通过当事人的平等谈判，在协商一致的基础上由合约各方签订一份内容完备、逻辑周密、含义清晰，同时又保证责、权、利关系平衡的合同，从而最大限度地减少合同执行中的漏洞、不确定性和争端，保证合同顺利实施。建筑工程合同应经过以下步骤订立：

（1）当事人采用合同书形式订立合同的，自双方当事人签字或者盖章时合同成立。

（2）当事人采用信件、数据电文等形式订立合同的，在合同成立之前要求签订确认书的，签订确认书时合同成立。

（3）当事人采用合同书形式订立合同的，双方当事人签字或者盖章的地点为合同成立的地点。

（4）法律、行政法规规定或者当事人约定采用书面形式订立合同，当事人未采用书面形式但一方已经履行主要义务，对方接受的，该合同成立。

（5）采用合同书形式订立合同，在签字或者盖章之前，当事人一方已经履行主要义务，对方接受的，该合同成立。

中标人提交的投标函和报价一览表、资格声明函、中标通知书、其他相关投标文件都是合同的一部分。

中标合同的签订、执行与验收是整个招标工作的重要环节，招标投标双方必须按照合同的约定，全面履行合同，任何一方毁约，都要承担相应的赔偿责任。建筑工程是现代工程技术、管理理论和项目建设实践相结合的产物。建筑工程管理的过程也就是合同管理的过程，即从招标投标开始直至合同履行完毕，包括合同的前期规划、合同谈判、合同签订、合同执行、合同变更、合同索赔等的一个完整的动态管理过程。

10.3.4 建筑工程合同的签订原则

在合同依法成立后，当事人双方必须严格按照合同约定的标的、数量、质量、价款、履行期限、履行地点、履行方式等所有条款全面完成各自承担的合同义务。签订建筑工程合同时，必须遵循《中华人民共和国合同法》所规定的基本原则，如平等原则、自由原则、公平原则和诚信原则等，并不得损害社会利益和公共利益。

10.3.4.1 平等原则

平等原则是指合同的当事人，不论其是自然人还是法人，也不论其经济实力强弱、地位高低，在法律上的地位都一律平等，任何一方都不得把自己的意志强加给对方，同时，法律也给双方提供平等的法律保护和约束。

10.3.4.2 自由原则

自由原则是指合同的当事人在法律允许的范围内享有完全的自由，招标人和中标人可以按自己的意愿签订合同，任何机关、个人、组织都不能非法干预、阻碍或强迫对方签订合同或放弃签订合同。当然，如果中标人故意不签订合同，那么招标人可以按顺序选择排名第二的中标候选人，并没收中标人的投标保证金，也可进一步采取措施，如将中标人纳入不守诚信的黑名单。

10.3.4.3 公平原则

公平原则就是指以利益均衡作为价值判断标准，具体表现为合同的当事人应有同等的进行交易活动的机会，当事人所享有的权利与其所承担的义务应大致相当，所承担的违约责任与其所造成的实际损害也应大致相当。例如，某些建筑工程合同规定，提前一天完工，奖励多少钱，相反，工程滞后一天则要罚多少钱，这就是公平原则的体现。

10.3.4.4 诚信原则

诚信原则是指合同当事人在行使权利和履行义务时，都要本着诚实、信用的原则，不得规避法律或合同规定的义务，也不得隐瞒或欺诈对方。合同双方当事人本着诚实、信用的态度来履行自己的合同义务。欺诈行为和不守信用行为都是《中华人民共和国合同法》所不允许的。《中华人民共和国合同法》第五十二条规定，有下列情况之一的，合同无效：

（1）一方以欺诈、胁迫的手段订立合同，损害国家利益。

（2）恶意串通，损害国家、集体或者第三人利益。

（3）以合法形式掩盖非法目的。

（4）损害社会公共利益。

（5）违反法律，行政规范的强制规定。

10.4 建筑工程合同条款的主要内容

10.4.1 建筑工程施工合同

10.4.1.1 建筑工程施工合同文件的组成

1. 建筑工程合同条款的组成

目前，我国建筑工程合同采用的基本模式是以国家统一出台的《标准施工招标文件》为基础编制的，一般来说，建筑工程合同条款由以下几个部分组成：

（1）合同协议书：应按施工招标文件确定的格式拟定。合同协议书是合同双方的总承诺，具体内容应约定在协议书附件和其他文件中。已标价的工程量清单是投标人在投标阶段的报价承诺，在合同实施阶段用于发包人支付合同价款，在工程完工后用于合同双方结清合同价款。

（2）中标通知书：应由发包人在确定中标人后，按施工招标文件确定的格式拟定。

（3）投标函及投标函附录：投标函及投标函附录中包含订立合同的双方在合同中相互承诺的条件，应附入合同文件。

（4）专用合同条款和通用合同条款：专用合同条款和通用合同条款是整个合同中最重要的合同文件。它根据公平原则，约定了订立合同的双方在履行合同全过程中的工作规则。其中，通用合同条款是要求各建设行业共同遵守的共性规则，专用合同条款则是由各行业根据其行业的特殊情况自行约定的行业规则，但各行业自行约定的行业规则不能违背通用合同条款已约定的通用规则。

（5）技术标准和要求：技术标准和要求是施工合同中根据工程的安全、质量和进度目标，约定合同双方应遵守的内容，对技术标准中的强制性规定必须严格遵守。

（6）图样：图样是指施工合同中用于工程施工的全部工程图样和有关文件。

（7）其他合同文件：其他合同文件是合同双方约定需要进入合同的其他文件。

2. 建筑工程施工标准合同中比较重要的合同条款

（1）合同文件及解释顺序：招标代理机构在编制招标文件的合同部分时，一般都会比较注意通用条款、专用条款、协议书、保修书、安全承诺书、履约保函等合同文件，而往往忽视构成合同文件的其他内容，从而忽略其合同文件的解释优先顺序，直至发生合同争议，才发现解释顺序的重要性。《标准施工招标文件》在通用合同总则中载明了解释优先顺序，是不能更改的。

（2）招标人和中标人的权利与义务：《标准施工招标文件》在合同条件里明确了招标人和中标人的权利与义务。例如，施工前的现场条件中应由招标人承担的部分有水、电接口、道路开通时间，地下管线资料，水准点与坐标控制点校验等；中标人承担的部分有钻孔和勘探性开挖，邻近建筑物、构筑物、文物安全保护，交通、环卫、噪声的管理，转包和分包的情况，材料的保管使用，完工清理等；还有双方共同承担的内容，如双方风险损失、保险、专利、临时设施等。招标人和中标人的权利与义务应按照国家相关要求和建筑行业的行规认真编制，要显示公平、公正、合理、合法。

（3）工期延误：应分清是招标人的原因还是投标人的原因。通用条款对工期延误条件已经在《标准施工招标文件》合同中规定，专用条款中还需载明招标人造成工期延后的，投标人有权要求延长工期和/或增加费用，并由招标人支付合理的利润，以及投标人造成工期延误时逾期竣工的违约金计算方法。通用条款中应注明支付违约金也不能免除投标人完成工程及修补缺陷的义务。

（4）验收方法和标准：验收执行国家标准和/或各行业颁布的标准，应载明验收时段和方法。

（5）质量、安全、环保、节能条款：这是国家大环境的要求，应在合同中单独签订，或要求投标人在投标文件中作出书面承诺。

（6）计量与支付：计量与支付是招标投标各方比较注意的内容，与招标文件中载明的报价方式密切相关，对投标人的报价有着极其重要的影响。在专用合同条件中需提前约定的内容比较多，其中需注意：

① 价款是否调整，如何调整，应在合同中说明。

② 工程预付款的支付方式。数额（一般按工程合同总价款的比例）、抵扣方式。

③ 按进度支付时的工程量确认。

④ 支付进度款的时间和所占比例。

⑤ 保修金的比例和支付时间、方式。

⑥ 其他应在专用合同条件中确定的条件。

10.4.1.2 通用条款与专用条款

1. 通用条款

前面已经介绍，建筑工程合同条款由通用条款和专用条款构成。就建筑工程施工合同来说，通用合同条款是参照 FIDIC 合同条件，融进我国管理体制和以往工程合同管理经验，以及参照英国 ICE 和世界银行合同文本，同时结合我国各行业合同条款的通用条件，依据国家法律法规的规定编写的。招标文件中的合同通用条款部分，一般会完全使用《标准施工招标文件》中载明的条款。

2. 专用条款

合同专用条款是招标投标的重要内容。《标准施工招标文件》中载明的合同主要条件是双方签订合同的依据，一般不允许更改。编制合理、合法的专用合同条款是招标代理机构比较重要的工作，要与招标人协商，对招标人所提出的不合理要求不能一味迁就，要讲道理说服。招标文件中的合同条款是招标人单方面订立的，投标人同意了才能参加投标，即由要约人（投标人或合同中的承包人）向受要约人（招标人或合同中的发包人）发出要约，而一旦选定中标人，招标文件里的合同条件就成为受要约人的"承诺"，具有了法律约束力。

工程招标不像其他项目招标，它在招标文件中由招标人制定和载明的合同专用条件常规上一般不允许存在偏差。如果投标人在投标时不同意合同条款，那么其中标的可能性基本为零（中标后合同签订时的变更除外）。所以，招标文件中合同专用条件的编制必须公平、合理，不得含有霸王条款或一边倒的条件，《标准施工招标文件》的通用条款中已制定的，不允许更改，因为它是依据相关法律法规的规定合理编制的。专用条款中不得再制定与通用条款相抵触的内容，通用条款中说明另有约定的，应在专用条款中约定，以免造成签订合同时和实施过程中不必要的麻烦。

10.4.2 编制通用合同条款的指导原则

《建筑工程施工标准合同》是编制好的合同示范文本，已明确了工程范围、建设工期、中间交工工程、质量标准、工程造价、材料和设备供应责任、工程款支付、工程变更管理、竣工验收、竣工结算等主要条款。依法必须招标的建设项目的招标人，应当严格按照法律规定及招标文件的约定签订合同。同时，招标人应当按照相关法律法规，将合同签订情况和合同价在指定媒介上公开，以方便群众监督。

对招标人或招标代理机构来说，编制通用合同条款时要遵守以下指导原则：

（1）遵守我国的法律、行政法规和部门规章，遵守工程所在地的地方法规，自治条例，单行条例和地方政府规章，遵守合同有效性的必要条件。

（2）按合同法的公平原则设定合同双方的责任、权利和义务。公正、公平的合同理念是工程顺利实施的重要保障。合同双方的责任、权利、义务以及各项合同程序和条款内容的设定均应贯彻合同法的公平原则。

（3）根据我国现行的建设管理制度设定合同管理的程序和内容。我国现行的建设管理制度包括项目法人责任制、招标投标制和建设监理制等，以及国家和相关部门有关建设管理的规章和规定。合同条款设定的各项管理程序不能违背现行的建设管理制度。

（4）学习 FIDIC 合同条件的精华，编制适合我国国情的合同条款。FIDIC 合同涉及的工作内容能基本覆盖工程建设过程中遇到的各种合同问题。合同的基本属性即公平原则要比较到位；合同双方的责任、权利和义务的约定要比较清晰；设定的各项合同程序要比较严密，科学，操作性要强；要强调解决合同事宜的及时性，在履约过程中及时解决好支付、合同变更和争议等问题。

10.4.3　建筑工程合同的示范文本

10.4.3.1　施工合同示范文本

1999 年，我国颁布《中华人民共和国合同法》以后，原建设部和国家工商行政管理局对原有的几种示范文本根据合同法的要求又制定了新的建设工程合同示范文本（适用于建筑工程），即 1999 年发布了第 2 版《建设工程施工合同（示范文本）》。

我国《建设工程施工合同管理办法》明确指出，签订施工合同，必须按照《建设工程施工合同（示范文本）》中的合同条件，明确约定合同条款。该《建设工程施工合同（示范文本）》由协议书、通用条款、专用条款三部分组成。

协议书是《建设工程施工合同（示范文本）》中总纲性的文件。协议书的内容包括工程概况、工程承包范围、合同工期、质量标准、合同价款、组成合同的文件等。通用条款具有很强的通用性，基本适用于各类建设工程。通用条款由 11 部分 47 条组成，专用条款对其作必要的修改和补充。

10.4.3.2　监理合同示范文本

原建设部、国家工商行政管理局在 2000 年联合制定并颁布了第 2 版《工程建设监理合同》的示范文本。该示范文本由建设工程委托监理合同、标准条件和专用条件三部分组成。

（1）建设工程委托监理合同是一份标准的格式化文件，其主要内容是双方确认的监理工程的概况、合同文件的组成、委托的范围、价款与酬金、合同生效与订立时间等。

（2）监理合同的标准条件共 49 条，是通用条款，适用于各类工程监理委托。它是合同双方应遵守的基本条件，包括双方的权利、义务、责任，合同生效、变更与终止，监理报酬等方面。

（3）监理合同专用条件是指对监理合同的地域特点、项目特征、监理范围、监理内容、委托人的常驻代表、监理报酬、赔偿金额，根据双方当事人意愿而进行补充与修订的一些特殊条款。

10.4.3.3　勘察设计合同示范文本

原建设部和国家工商行政管理局在 2000 年印发了第 2 版《建设工程勘察合同（示范文本）》和《建设工程设计合同（示范文本）》。

第 2 版《建设工程勘察合同（示范文本）》共 10 条，分别为工程概况、发包人按时向勘察人提供的资料文件、勘察人向发包人提供勘察成果的方法、取费标准与拨付办法、双方责任、违约责任、补充协议、合同纠纷解决方式、合同生效时间、签证等。

《建设工程设计合同（示范文本）》一共有 8 条，分别为合同签订的依据，设计项目的名称、阶段、规模、投资、设计内容及标准，甲方向乙方提交的资料和文件，乙方向甲方交付设计文件的方法，设计费支付方式，双方责任，违约责任，其他条款等。

10.5　建筑工程合同的执行

合同的执行是招标过程的重要组成部分。招标单位的领导干部应按照政策法规要求，坚持民主决策、科学决策，在招标投标的准备阶段、招标投标阶段、合同执行阶段的不得违规干预和插手。

在合同执行过程中，若需修改和补充合同内容，则可由双方协商，并在监督领导小组同意的情况下，另签署书面修改补充协议，并作为主合同不可分割的一部分。在合同执行期间，因特殊原因需变更内容的，应由招标代理机构负责提交书面申请，按合同签订程序对合同进行变更。

但是，在实践中，我国的工程项目由于从招标到合同的执行都很不规范，发生纠纷和打官司的也屡见不鲜。因此，加强对合同的管理，规范合同的执行，对降低合同风险乃至维护招标人、中标人的信誉都具有重要意义。

10.5.1　建筑工程合同正常执行的管理

在合同执行过程中，招标人、中标人都要进行合同各条款的跟踪管理，通过检查发现问题并及时协调解决，提高合同履约率。合同执行检查的主要内容有检查《中华人民共和国合同法》及有关法规的贯彻执行情况、检查合同管理办法及有关规定的贯彻执行情况、检查合同履行情况，以减少和避免合同纠纷的发生。根据检直结果确定己方和对方是否有违反合同的现象。如果己方违反合同，则要立即提出补救措施并定期纠正；如果是对方违反合同，则应向对方提供合同管理的各种报告，提醒其履行合同。

招标人、投标人为保护各自的利益，除了在合同条款上应作出各自在对方不能履行或可能不履行义务时所拥有的权利和应该采取的补救措施外，在实际执行合同的过程中还必须运用合同或法律赋予己方的权利。在实际合同管理中，一方的工程延期、工程质量有严重问题、拖欠付款等都可能导致另一方运用抗辩权进行自我保护。在实际工程中，大多是通过对合同的分析、对自身和对方的监督、事前控制、提前发现问题并及时解决等方法来进行履约控制的，这符合合同双方的根本利益。同时，还经常采用控制论的方法，预先分析目标偏差的可能性并采取各项预防性措施来保证合同的履行。

10.5.2　建筑工程合同变更执行的管理

广义上说，合同的变更是指任何对原合同内容的修改和变化。频繁地变更是大型建筑工程合同的显著特点之一。常见的变更类型有三种，即费用变更、工期变更和合同条款变更。对于业主来说，必须尽量避免太多的变更，尤其是图样设计错误等引起的返工、停工、窝工，原则上只补偿实际发生的直接损失而不倾向于补偿间接损失。

10.5.2.1　建筑工程合同变更的原则

建筑工程合同的变更必须坚持协商一致的原则、法定事由的原则和须具备法定形式的原则，禁止单方擅自或者任意变更合同。当事人对合同变更的内容，应当达到"约定明确"或者"裁判明确"的法定要求，否则，不发生合同变更的法律效力。在合同生效后，当事人不得因其主体名称的变更或者法定代表人、负责人、承办人的变动而主张和请求合同变更。

10.5.2.2　建筑工程合同变更的原因

建筑工程合同变更的原因有：基于法律直接规定变更合同，如债务人违约致使合同不能履行，履行合同的债务变为损害赔偿债务；在合同因重大误解而成立的情况下，当事人可诉请变更合同；在情势变更使合同履行显失公平的情况下，当事人诉请变更合同；当事人各方协商同意变更合同。

10.5.2.3　建筑工程合同变更的管理

实施阶段的合同管理本质上是合同履行的管理，是对合同当事人履行合同义务的监督和管理。要防止合同变更过多，要始终围绕质量、工期、造价三项目标开展工作。在项目实施过程中，通过各方面具体的合同管理工作，对合同进行跟踪检查，使质量、工期、造价得以有效地控制。

在实践中，笔者发现有些建设项目签订的合同与招标文件约定的要求不一致，有些合同的部分条款自相矛盾，有些合同执行不严肃，需要变更的地方太多。

10.5.3　建筑工程合同索赔的执行

10.5.3.1　建筑工程合同索赔执行实务

索赔是指由于合同一方违约而使对方遭受损失时，由无违约方向违约方提出的费用补偿要求。任何项目，不可预见的风险是客观存在的，并且外部环境也是动态变化的，因此在项目实施过程中，特别是在大型工程实施过程中，索赔是不可避免的。索赔是合同文件赋予合同双方的权利，通过索赔，弥补己方的损失。索赔同时建立了合同双方相互制约的一种机制，以促进双方提高各自的管理水平。

鉴于索赔对工程本身及合同双方的巨大影响，当事人处理索赔事件时应本着积极、公正、合理的原则，处理索赔事件的人员更应具备良好的职业道德、丰富的理论知识、敏锐的应变能力。招标人、中标人要分析可能发生索赔的原因，制定防范性对策，以减少对方索赔事件的发生。

尽管招标人、中标人双方对合同条款的理解和观点不一致的任何原因都可能导致争议，但是争议主要集中于招标人与中标人之间的经济利益上。合同变更或索赔处理不当以及双方对经济利益的处理意见不一致等都可能发展为争议。争议的解决方式主要包括友好协商（双方在不借助外部力量的前提下自行解决）、调解（借助非法院或仲裁机构的专业人士调解）、仲裁（借助仲裁机构的判定，属于正式法律程序）和诉讼（进入司法程序）。根据合同的不同属性选择合适的争议解决方式是快速、有效地解决争议的关键。

另外，有些招标合同的执行需要较长的时间，在执行合同的过程中，当事人双方难免遇到一些纠纷，不愿意诉诸法律，希望有一个中间人从中协调解决。在实际工作中，招标机构在组织双方签订合同后，可以说已完成了招标代理工作。但在执行合同的过程中，当双方出现矛盾时，往往需求助于招标机构来解决。招标机构出于对双方负责和提高自身信誉的目的，要尽最大努力使矛盾得到解决。

10.5.3.2　建筑工程合同索赔举例

某市通过招标投标计划修建某项水利工程。该招标投标工程计划将河道进行拓宽，并修建两座小型水坝。后来，通过竞争性招标，业主（招标人）于 2012 年 11 月与选中的承包公司（中标人）签订了施工合同，合同额约 4 000 万元人民币，工期为 3 年。

因为该河流上游有一个大湖泊，属于自然保护区，大量的动植物在这块潮湿地区繁育生长。在将河道拓宽后，湖泊向下游的泄水量将大增，势必导致湖水位下降，对生态环境造成不良影响。因此，有关人员和组织不断向该市政府及有关人员施加压力，要求终止此项工程，取消已签订的施工合同。

在该市的市长办公会上，业主方同意停止该水利工程的建设，于 2013 年 1 月解除了此项水利工程的施工合同。承包公司对此提出了索赔，要求业主补偿已发生的所有费用以及完成全部工程所应得的利润。由于此项合同的终止不是承包商的过失，是因业主终止合同而给承包商造成了损失，因此业主应对承包商的损失予以合理补偿。经过谈判，业主付给承包商 1 200 万元人民币的补偿。

10.5.4　建筑工程合同的违约行为和违约责任

10.5.4.1　违约行为

违约行为是指违反合同债务的行为，也称为合同债务不履行。这里的合同债务，既包括当事人在合同中约定的义务，又包括法律直接规定的义务，也包括根据法律原则当事人必须遵守的义务。建筑工程合同违约行为的种类见表 10-2。

表 10-2　建筑工程合同违约行为的种类

预期违约	明示毁约		
	默示毁约		
实际违约	不履行		
	迟延履行	迟延给付	
		迟延受领	
	不完全履行	瑕疵履行	瑕疵给付
			加害给付
		部分履行	
	其他违约形态		

10.5.4.2　违约责任

建筑工程合同的违约责任是指建筑工程合同当事人不履行合同义务或者履行合同义务不符合约定时，依法产生的法律责任。违约责任基本上是一种财产责任。当事人不履行合同义务时，应当向另一方给付一定金钱或财物。规定违约责任的主要目的在于填补合同当事人因违约行为所遭受的损失。违约责任只能是合同一方当事人向合同另一方当事人承担的民事责任，非合同当事人间一般不发生违约责任的请求与承担问题。违约责任的可约定性是合同自由原则的必然要求。

10.5.5　合同条款与招标文件条款相违背时的处理办法

一般来说，合同条款是对招标文件、投标文件的确认和承诺，因此要确认招标文件和投标文件的全部内容和条款，即合同的标的、价款、质量、履行期限等主要条款应当与招标文件和中标人的投标文件的内容一致，不能只确认、承诺主要条款，并且用词要确切，不允许有保留或留有其他余地。

通过以上分析可以知道，建筑工程施工合同要服从招标文件的约定和投标文件的约定。但是，在实际签订合同时，合同条款与招标文件条款也许并不一致，那么这种情况如何处理呢？

通过招标的建筑工程，其合同可以对招标文件进行补充和细化，在不影响招标投标实质性内容的情况下，可以双方协商进行局部修改。这是因为签订合同的时间在编制招标文件之后，如果编制招标文件的时间比较提前，那么签订合同的时间甚至会滞后编制招标文件的时间半年乃至一年之久，这时，社会环境、外界条件可能已发生了比较大的变化。因此，签订合同时对招标文件进行局部修改，在不影响实质性内容的条件下，不能简单地看作合同违背了招标文件的约束。在这种情况下，可以参照当地政府的规定执行。例如，有的地方规定，当建筑工程施工合同的金额变更 10% 以内时，只要业主同意，报政府有关建筑行政主管部门备案即可；变更超过 10% 属于重大变更，一般需要重新招标或者办理相关审批手续。

如果当地政府没有执行的细则，则建筑工程施工合同可以参照执行《中华人民共和国政府采购法》第四十九条规定："政府采购合同履行中，采购人需追加与合同标的相同的货物工程或者服务的，在不改变合同其他条款的前提下，可以与供应商协商签订补充合同，自所有补充合同的采购金额不得超过原合同采购金额10%。"也就是说，在实际签订合同时，可以根据实际情况，在相关部门履行审批手续的前提下，是可以对招标文件进行补充的。

如果合同只违背了招标文件中的一些无关紧要的条款，如招标文件要求设备验收在安装调试完成后5个正常工作日进行，在签订合同时招标人要求10个工作日之内完成，或投标文件原要求业主提供5份样图，现在要求提供8份样图，这些都是可以协商的，总的说来，合同的修改如果有利于中标人，涉及违反公平竞争原则的肯定不行，这对其他未中标人不公平，例如，提高中标合同价，放宽工期要求，降低质量标准，提高预付款额度，减少质保金等。如果招标人在与中标人签订合同时大幅度修改招标文件中的内容和条款，严重损害中标人的利益，也是不行的。此时中标人可以与招标人协商，如果协商不行，可以提出投诉、仲裁乃至诉讼。

值得一提的是，在实践中，招标代理机构应做好招标人与中标人签订合同的协调工作。这是由于招标人处于主动的地位，容易将招标以外的一些条件强加给中标人，产生不平等的协议；另一方面，有时中标人也有各种理由拒绝或拖延签订合同。对于上述问题，如果没有一个中间人从中协调是很难解决的。由于招标代理机构是招标的组织者，因此其承担此角色最为适宜。

10.5.6　建筑工程合同执行时的注意事项

为了应对各种纠纷或者避免纠纷的发生，最好的办法是成立合同管理机构，尽量规范合同的执行。特别是对大型的建筑工程来说，招标人中标人应有专门的合同管理部门。合同管理部门应对供应、施工、招标投标等从准备标书一直到合同执行结束的全过程进行合同管理工作。根据合同性质的不同，合同管理部门将与技术部门、采购部门等各个部门相互协作，分别负责合同的商务和技术两大部分的管理工作；进度控制部门、公司审计部门、财务部门等将分别根据公司程序规定的管理权限，参与标书的编写审查、潜在承包商的资格评定、招标投标、合同谈判、合同款支付、合同变更的确定和支付、承包商索赔处理、重大争议的处理，分别从各自的职能角度对合同管理部门进行监督。

10.6　售后服务与项目验收

10.6.1　售后服务与质量保证

中标人是要提供售后服务和质量保证的。一般招标人也会要求中标人提供质量保证金，或者在项目质保期过后才能结算全部的工程款项。中标人应提供合同中所承诺的售后服务和质量保证，除非发生不可抗力。不可抗力是指战争、严重火灾、洪水、台风、地震等或其他双方认定的不可抗力事件。如果签约双方中任何一方由于不可抗力而影响合同的执行，则发生不可抗力的一方应尽快将事故通知另一方。在此情况下，双方应通过友好协商尽快解决合同的执行问题。

签约双方在履约期间若发生争执和分歧，则双方应通过友好协商解决，当经协商不能达成协议时，应向合同签订地或招标人所在地人民法院提起诉讼。在诉讼受理期间，双方应继续执行合同其余部分。

10.6.2 项目验收与结算

10.6.2.1 项目验收

在合同执行完毕后，中标人应提出项目验收，招标人应组织有关技术专家和使用单位对合同的履约结果进行验收，以确定建筑工程项目是符合合同约定的规格、技术、质量要求。对验收结果不符合合同约定的，应当通知中标人在规定期限内达到合同约定的要求。在验收结束后，各方代表应在验收报告上签署验收意见以作为支付工程款的必要条件。

对工程质量的要求，应按照《建筑工程施工质量验收统一标准》（GB50300—2001）坚持"验评分离、强化验收、完善手段、过程控制"的指导思想，制定合理的抽样检验方案，对标准中强制性的条文必须严格执行。

招标文件中对工程质量的要求应执行现行的国家标准，工程质量应为合格，不合格的不予竣工验收。但在投标时往往会出现投标企业所报质量标准为"优良"或"××奖"，或招标人也要求其招标工程的质量为"优良"的情况。当遇到这种情况时，招标代理机构应与招标人讨论和协商，应先说明现行国家标准的要求，然后看是否参照比国家标准高的企业标准，如果同意达到中标人企业标准合格率百分之几作为"优良"评定标准，或参照原国家标准的"优良"评定标准，则合同中就应加以约定和明确说明。

在实践中，大量事实说明，对中标人在投标时承诺的达到国家"鲁班奖""詹天佑奖"以及各省的奖项，如北京的"长城杯"、上海的"白玉兰杯"、山东的"泰山杯"等，或达到"省优""样板工程"等承诺，此类承诺不应作为评标加分的理由。工程竣工验收后奖项能评上更好，可以证明投标人的管理能力、技术水平和协调能力比较强，但是万一评不上也不至于太失望，当然有特别要求的除外。

在项目验收合格后，中标人要向招标人递交有关合同管理的报表和报告，并将相关资料、报告、手册、文件归档保管和移交给招标人。

10.6.2.2 项目结算

在项目竣工后，就可以进行工程结算了。结算时，双方当事人应审核是否按合同约定条款执行，除专用合同条款约定期限外。一般可按照通用条款执行。

在实践中，一般建筑工程的结算价格与合同价格有一定出入，特别是单价包干的建筑工程，几乎会毫无例外的会增加结算价格。

对政府投资建设的项目，竣工结算应严格按照国家法律法规和国家、省、市政府规定执行。招标人应当自竣工结算完成之日起 15 个工作日内将竣工结算价与概算、预算价（或最高限价）、中标价在项目审批部门门户网站和指定网络媒介上公开，以方便群众监督，防止腐败现象。

10.6.3 建筑工程结算价格的执行标准

在建筑工程招标中，如果合同与投标文件一致，则相当理想。但是，在实践中，工程款按合同结算与按投标文件结算一般都有一定的差距，有的差距还比较大。例如，某项建筑工程款在结算时，中标人（施工单位）与审计单位有不同的意见，审计单位认为应按照投标文件结算，中标人则拿出合同，认为应按合同结算，那么究竟是按照合同结算还是按照投标文件结算呢？

在建筑工程招标中，特别是按综合单价包干的建筑工程，结算价一般与合同价乃至投标文件中的价格有较大的出入，有的甚至远远超过投标文件中的价格和中标价格。但是一些建筑工程项目的结算价格超过预算价或招标限价的是需要审批的，因此，给结算造成很大的麻烦。

按照《中华人民共和国合同法》，合同对合同各方是有最高法律效力的。《中华人民共和国政府采购法》第四十三条明确规定："政府采购合同适用合同法。"因此，从这方面讲，建筑工程结算时应该按合同执行，因为合同是对招标文件的细化和补充，是中标单位和招标人双方同意后签订的。如果在合同执行过程中遇到问题，发生争执，则应先按合同规定解决。合同双方都必须十分重视招标投标阶段的合同。

但是在实践中，很多人却把投标文件当作法律效力很高的合同文件来看，并且认为合同文件也包括投标文件的条款，执行投标文件也就是执行合同，所以应按该投标文件规定的价格进行结算。

那么结算时是按合同还是投标文件？如果此问题走司法程序，结果会如何？笔者认为，合同作为招标投标文件的一部分，是对招标投标文件的具体细化和补充、调整、完善，招标文件没有细化结算的方式。但是，先有招标投标文件，后有合同，签订合同最重要的依据是招标投标文件，除非有特殊规定或要求，合同是不能违反招标投标文件的，因此，合同中详细的内容应该在招标投标文件范围之内。如果合同与招标投标文件有本质的差异，对项目的其他投标人来说是有失公平的，笔者认为这样的合同已经违反了《中华人民共和国招标投标法》，这样，是否还执行合同条款就值得商榷了。当然，合同条款是否违法要由司法部门来认定。何况，在实践中，当合同结算价款远超招标文件的限价时，必然会引起审计部门和财政部门的反对，中标人未必能拿到工程款项。因此，如果工程结算款没有超过招标文件的限价，则可以按合同价或按实际价格结算。

在实践中，目前已有一些地方政府注意到了这个问题，如有的地方规定，工程款按招标文件规定的方法结算，材料运费按有关文件规定的方法结算，材料价按实际施工时间的建材信息价结算。

10.6.4　工程量清单中有漏项时合同执行的方法

招标时，如果招标文件中的工程量清单有漏项，则应按合同条款进行工程量变更。在合同执行期，工程量清单的内容发生变化（包括缺项、漏项和其他变化）时，都是用变更的办法处理的。因为招标文件对工程量清单中的各项目都应明确说明其内容、工序、使用的规范、材料的标准、项目质量标准、计量方式等，这些都是投标人的投标报价条件，也是合同执行期监理工程师给中标人结算的条件。工程清单的任何变化都会改变报价条件，因此应进行变更处理。尤其值得一提的是，如果工程量增加后合同价格已超过了原招标限价的规定，则也要执行新的价格。在实践中，也有因招标人的图样或工程量清单不准确而造成结算价格大幅度超过招标限价的事例，还有招标人和中标人勾结起来，通过在招标文件中漏项来降低中标价格，而在实际结算时追加财政预算，套取国家财政资金。

一般在合同当中都应规定变更的范围和内容。下面以国际咨询工程师联合会编制的第一版《施工合同条例》为例介绍合同变更的范围和内容：

（1）合同中包括的任何工作内容的数量改变（但此类改变不一定构成变更）。

（2）任何工作内容的质量或其他特性的改变。

（3）任何部分工程的标高、位置和尺寸的改变。

（4）任何工作的删减，但要交他人实施的工作除外。

（5）永久工程所需的任何附加工作、生产设备、材料或服务，包括任何有关的竣工检验、钻孔和其他试验和勘探工作。

（6）实施工程的顺序或时间安排的改变。

只要监理工程师认为必要，对于以上的变更，承包人是不能拒绝的。在变更以后，应该依据合同的规定对中标人进行合理的补偿。

10.6.5　建筑工程合同执行完后合同保证金的退回

对于一般的建筑工程，在发出中标通知书后、签订合同之前，招标人或招标代理机构会要求中标人缴纳一笔钱作为合同保证金或履约保证金。合同保证金一般不超过合同总价的10%。如果中标人不能履行其在合同条款下任何一项义务而造成违约责任，则招标人有权用履约保证金补偿其任何直接损失。

有的招标文件规定，在投标单位确定中标后，其投标保证金自动转为履约保证金，不再另外提交履约保证金。在招标项目验收合格后，可以将履约保证金无息退还给中标人，实践中一般在验收合格后 7 ~ 30 个工作日内完成。

10.7 本章案例分析

某中标人自动放弃中标资格

1. 案例背景

某省重点工程××体育馆建筑设备招标，委托××招标代理公司代理全部招标工作。招标项目在有关媒体发布公告后，共有 6 家投标人前来投标。经过评审专家的认真评审，最后 A 公司以微弱优势中标。在招标结果公示 10 天后，招标代理公司签发中标通知书，并通知 A 公司来领取中标通知书。但是，令人奇怪的是，A 公司并没有来领取中标通知书，反而向招标代理公司提出了质疑，提出自己不想要中标资格，要求撤销中标通知书。这是为什么呢？

2. 案例分析

（1）中标后无独家授权证书。原来，招标文件规定，该次招标的设备共有 30 项，单个建筑设备价格在 10 万以上的以及设备总价 30 万以上的，必须提供该项建筑设备制造商的授权证书。A 公司虽然在投标文件中附上了制造商的授权证书，并通过了专家的评审，但是该授权证书是伪造的。该建筑设备在南方地区只有一家授权销售商，即独家授权证书，该授权证书刚好被另外一家参与投标该项目的 B 公司获得。B 公司在得知没有中标后，公开宣称，A 公司的授权是假的，A 公司没有授权证书，本项目只有 B 公司才有资格中标。A 公司害怕 B 公司举报，经过思考后，就找了个理由不履行评标结果，要求撤销中标通知书，于是就出现了上述一幕。

（2）A 公司的行为违反的规定。A 公司的行为属于以其他方式弄虚作假骗取中标。根据《中华人民共和国招投标法实施条例》第六十八条的规定，此次中标无效，并可以处中标项目金额千分之五以上千分之十以下的罚款，对直接负责投标的主管人员和其他直接责任人员处单位罚款数额 5%以上 10%以下的罚款。投标人伪造、变造资格和资质证书或者其他许可证件骗取中标，属于《中华人民共和国招标投标法》第五十四条规定的情节严重行为，应由有关行政监督部门取消其 1~3 年内参加依法必须进行招标的项目的投标资格。

中标后无正当理由不与招标人签订合同，按照《中华人民共和国招标投标法实施条例》第五十五条的规定："排名第一的中标候选人放弃中标、因不可抗力不能履行合同、不按照招标文件要求提交履约保证金，或者被查实存在影响中标结果的违法行为等情形，不符合中标条件的，招标人可以按照评标委员会提出的中标候选人名单排序依次确定其他中标候选人为中标人，也可以重新招标。"因此，招标人可以选排名第二的公司替补中标，也可以选择废除本次招标结果，重新招标。

（3）A 公司的策略。A 公司的策略是希望保证金不要了，也不愿意把事情闹大，这是 A 公司的如意算盘。因为如果 A 公司不中标，就是 B 公司中标（B 公司排名第二），这样，B 公司也就不会投诉 A 公司了。如果 B 公司投诉，将会由监管部门将 A 公司列入不良行为记录名单，在 1~3 年内禁止参加投标活动，并予以通报，情节严重的，还会由工商行政管理机关吊销其营业执照。因此，A 公司的策略是尽量将影响缩小，两害相权取其轻。

未明确履行时间的合同是否有效

1. 案例背景

某市建筑工程交易中心组织专家，依正常程序对该市某市政建筑工程进行了公开招标。在招标结束后，招标人与中标人签订了建筑工程施工合同。按照该合同的约定，该建筑工程所需要的设备由中标人负责采购。2013 年 5 月 20 日，招标人与中标人签订了设备供应合同，就建筑设备供应的主要条款作了规定，但未约定明确的履行时间。招标人于 2013 年 11 月 10 日在未付款的情况下要求中标人供应设备，遭中标人拒绝。

问题：该中标人的做法是否符合《中华人民共和国合同法》的规定？

2. 案例分析

本案的情况比较特殊。在招标人和中标人所订立的合同中，不约定明确而具体的设备购买履约和付款时间，这是合同签订的失误。招标人的意思是要中标人先垫资购买设备，待工程完工后与建筑工程一起结算，而中标人不愿意先行垫付设备款，希望与招标人一手交钱一手交货。对于这种情况，合同是有效的。招标人与中标人可以行使同时履行抗辩权，即如果中标人不交货，则招标人可以行使履行抗辩权而拒绝支付货款；同样，如果招标人不支付货款，则中标人也可以行使履行抗辩权而拒绝交货。这样，问题就会变得复杂和僵化。因此，在签订合同时，一定要约定好明确的交货时间和支付货款的方式。在本案例中，问题已经发生了，招标人和中标人只能各退一步，友好协商解决这个问题。

董事会的内部决议是否有效

1. 案例背景

2013 年，某建筑装饰公司通过投标，获得了某高校食堂和实验室的装饰、装修资格。该工程中标价格为 1 000 万元。后来，该公司拒绝履行合同，理由是该公司股东大会通过的决议，即公司的董事长只有签订标的额在 600 万元以下合同的权力。尽管该公司董事长在装饰、装修合同上签了字，但是因为其违反了公司内部的规定，所以该公司要求该合同无效。

2. 案例分析

实际上，该公司签订合同后，发现没有实验室的装修资格，不能按时完整地达到履行中标合同的要求，因此，该公司临时起意，希望和平而又"体面"地解除合同。这只不过是该公司逃避合同义务和逃脱监管部门处罚的伎俩。

该案例中，双方签订的合同既不是以欺诈、胁迫的手段订立的合同，又不是损害国家利益的合同，当然也不是恶意串通，损害国家、集体或者第三人利益的合同，因此该合同是有效的。该公司的内部决定不为他人所知，是不能改变或取消依法订立的合同的，况且公司内部的决议日期可以随意更改。

如果中标人超越资质等级许可的业务范围签订建筑工程施工合同，在建筑工程竣工前取得相应资质等级，当事人请求按照无效合同处理的，不予支持；具有劳务作业法定资质的承包人与总承包人、分包人签订的劳务分包合同，当事人以转包建筑工程违反法律规定为由请求确认无效的，不予支持。本案例中，该公司的行为违反了《中华人民共和国招标投标法》第五十四条的规定和《中华人民共和国招标投标法实施条例》第六十八条的规定，应该受到处分和处罚。

思考与练习

1. 单项选择题

（1）招标人最迟应当在书面合同签订后（　　　　）内向中标人和未中标的投标人退还投标保证金及银行同期存款利息。

    A. 3 日   B. 5 日

    C. 7 日   D. 10 日

（2）履约保证金不得超过中标合同金额的（　　　　）。

    A. 10%   B. 20%

    C. 3%   D. 5%

（3）根据《中华人民共和国合同法》，下列关于招标投标行为的法律性质的说法，正确的是（　　　　）。

    A. 发出招标文件的属于要约邀请

    B. 投标人购买招标文件属于要约行为

    C. 投标人提交投标文件属于承诺行为

    D. 评标委员会推荐中标候选人属于承诺行为

（4）在招标投标活动中，当事人签订建筑工程合同应遵守（　　　　）原则。

    A. 受限   B. 透明

    C. 平等、诚信   D. 公开

（5）根据《中华人民共和国合同法》，下列关于要约和承诺的说法中，正确的是（　　　　）。

    A. 投标人在开标前撤回投标文件的，视为要约的撤销

    B. 承诺延迟到达要约人时，该承诺无效

    C. 招标人对投标文件的投标限价作变更的应当视为新要约

    D. 资格预审申请文件属于要约邀请

（6）根据《中华人民共和国民法通则》，下列关于建筑工程合同的无效情形的说法中，错误的是（　　　　）。

    A. 恶意串通，损害国家、集体或者第三人利益的

    B. 以合法形式掩盖非法目的的

    C. 显失公平的

    D. 一方以欺诈、胁迫的手段或者乘人之危，是另一方在违背真实意思的情况下所为的

（7）根据《中华人民共和国合同法》，下列关于可撤销的建筑工程合同的说法中，正确的是（　　）。

  A. 合同履行中发生重大分歧的，可以申请撤销该合同

  B. 中标人在签合同后不久将破产

  C. 可撤销合同不可以选择请求变更

  D. 当事人在合同订立一年内不行使撤销权的，撤销权消灭

2. 多项选择题

（1）关于依法必须招标的建筑工程项目的合同签订和效力，下列说法中正确的有（　　）

  A. 中标合同应当按照投标人的投标文件和中标通知书的内容订立

  B. 在中标合同订立后，招标人和中标人不得再订立背离合同实质性内容的补充协议

  C. 中标合同备案后方可产生合同效力

  D. 中标合同应当自中标通知书发出之日起 30 日内订立

（2）甲在投标某施工项目时，为减少报价风险，与乙签订了一份塔吊租赁协议。协议约定，甲中标后，乙按照协议约定的租金标准向甲出租塔吊，如甲方未中标，则协议自动失效。该协议是（　　）。

  A. 既未成立又未生效的合同

  B. 附条件合同

  C. 已成立但未生效的合同

  D. 有效合同

（3）下列关于建筑工程合同转让的说法中，正确的有（　　）。

  A. 合同的义务转让必须征得债权人同意后才可有效

  B. 合同的权利转让必须征得债权人同意后才可有效

  C. 合同的权利和义务的概括转让可以转让全部或部分的权利和义务

  D. 通过招标发包订立的建筑工程施工合同，中标人不可以进行转让

（4）评标后，第一中标候选人公司破产，但尚未签订中标合同，招标人可以（　　）。

  A. 由第二中标候选人替补中标

  B. 重新招标

  C. 直接选定第三中标候选人中标

  D. 不能重新招标

（5）建筑工程合同的（　　）等主要条款应当与招标文件和中标人的投标文件的内容一致。

  A. 标的   B. 价款

  C. 质量   D. 履行期限

3. 问答题

（1）中标人不签订中标合同有哪些法律责任？

（2）建筑工程合同签订的有效性条件是什么？

（3）建筑工程合同的签订程序是什么？

（4）建筑工程合同条款的主要内容是什么？

（5）建筑工程合同的变更原因是什么？

4. 案例分析题

某城市拟新建一大型火车站，地方政府各有关部门组织成立建设项目法人，在项目建议书、可行性研究报告、设计任务书等经省发展和改革部门审核后，向国家发展和改革委员会申请国家重大建设工程立项。

在审批过程中，项目法人（招标人）以公开招标的方式与三家中标的一级建筑单位签订建筑工程总承包合同，约定该三家建筑单位（中标人）共同为车站主体工程承包商，承包形式为一次包干，估算工程总造价为18亿元人民币。但合同签订后，国家发展和改革委员会公布该工程为国家重大建筑工程项目，批准的投资计划中主体工程部分仅为15亿元人民币。因此，该立项下达后，项目法人要求建筑单位修改合同，降低包干造价，建筑单位不同意，委托方诉至法院，要求解除合同。

问题：

（1）招标人能否要求修改合同或解除合同？

（2）如果中标人不同意修改合同，那么如何对招标人进行索赔？

11 建筑工程招标投标的监管、投诉、违法责任与处理

本章将介绍建筑工程招标投标监管部门与监管对象，重点介绍《中华人民共和国招标投标法实施条例》关于招标投标的监管要求与监管实务，介绍串标、围标、陪标的认定与处罚。本章还将分析和介绍招标投标活动中的各种质疑和投诉的处理方法，并对各方的法律责任进行解读。

11.1 建筑工程招标投标监管机构

11.1.1 行业主管部门

《中华人民共和国招标投标法》第七条规定："有关行政监督部门依法对招标投标活动实施监督，依法查处招标投标活动中的违法行为。"

《中华人民共和国招标投标法实施条例》第四条规定："国务院发展改革部门指导和协调全国招标投标工作，对国家重大建设项目的工程招标投标活动实施监督检查。国务院工业和信息化、住房城乡建设、交通运输、铁道、水利、商务等部门，按照规定的职责分工对有关招标投标活动实施监督。县级以上地方政府发展改革部门指导和协调本行政区域的招标投标工作。县级以上地方人民政府有关部门按照规定的职责分工，对招标投标活动实施监督，依法查处招标投标活动中的违法行为。县级以上地方人民政府对其所属部门有关招标投标活动的监督职责分工另有规定的，从其规定。"

因此，建筑工程招标投标活动的主管部门，《中华人民共和国招标投标法实施条例》统一规定为发展改革部门，即国家发展和改革委员会和各地的发展和改革部门。当然，以前由财政部门、建设部门统管的各种评标专家库或出台的各种评标细则等，如果地方人民政府规定不变的，也不违反《中华人民共和国招标投标法实施条例》的规定。

11.1.2 纪检和监察部门

《中华人民共和国招标投标法实施条例》第四条规定："财政部门依法对实行招标投标的政府采购工程建设项目的预算执行情况和政府采购政策执行情况实施监督。监察机关依法对与招标投标活动有关的监察对象实施监察。"因此，纪检和监察部门是招标投标活动的监察机关。

按规定，依法必须进行招标的项目的招标投标活动，如果违反《中华人民共和国招标投标法》和《中华人民共和国招标投标法实施条例》的规定，对中标结果造成实质性影响，且不能采取补救措施予以纠正的，招标、投标、中标无效，应当依法重新招标或者评标。

11.1.3 招标投标服务场所

在《中华人民共和国招标投标法实施条例》出台以后，我国有加速成立公共资源交易中心的趋势。《中华人民共和国招标投标法实施条例》第五条规定："设区的市级以上地方人民政府可以根据实际需要，建立统一规范的招标投标交易场所，为招标投标活动提供服务。招标投标交易场所不得与行政监督部门存在隶属关系，不得以营利为目的。"目前，一些地方设立了开展招标投标活动的场所，如工程交易中心、公共资源交易中心等。《中华人民共和国招标投标法实施条例》将其称为招标投标交易场所。

在功能定位上，《中华人民共和国招标投标法实施条例》规定招标投标交易场所应立足于为招投标活动提供服务。在与行政监督部门的关系上，《中华人民共和国招标投标法实施条例》规定招标投标交易场所不得与行政监督部门存在隶属关系。在设立的层级上，《中华人民共和国招标投标法实施条例》规定设区的市级以上地方人民政府可以根据实际需要建立统一规范的招标投标交易场所。同时，《中华人民共和国招标投标法实施条例》规定招标投标交易场所不得以营利为目的。

11.2 招标投标监管范围与监管责任

11.2.1 监管范围

国家有关行政监督部门和地方人民政府所属部门，按照国家有关规定需要履行项目审批、核准手续的，依法审核招标项目。这些建筑工程项目的招标范围、招标方式、招标组织形式应当按投资规模的大小和性质报项目审批和核准部门审批和核准，一般报国家发展和改革委员会或地方发展和改革部门审核和核准；其他项目由招标人申请有关行政监督部门作出认定。

11.2.2 监管责任

《中华人民共和国招标投标法实施条例》的一大亮点是对监管者也提出了新的要求。项目审批、核准部门不依法审批、核准项目的招标范围、招标方式、招标组织形式的，对单位直接负责的主管人员和其他直接责任人员依法给予处分。

有关行政监督部门不依法履行职责，对违反《中华人民共和国招标投标法》和《中华人民共和国招标投标法实施条例》规定的行为不依法查处，或者不按照规定处理投诉以及不依法公告对招标投标当事人违法行为的行政处理决定等，将对直接负责的主管人员和其他直接责任人员依法给予处分。项目审批、核准部门和有关行政监督部门的工作人员徇私舞弊、滥用职权、玩忽职守，构成犯罪的，依法追究其刑事责任。

11.3 招标投标的投诉与处理

11.3.1 国家法律法规对招标投标投诉的规定

《中华人民共和国招标投标法实施条例》专门增加了关于投诉与处理的章节。此外，《工程建设项目招标投标活动投诉处理办法》和《招标投标违法行为记录公告暂行办法》等法规和规章制度也规定了对招标投标投诉的处理办法。在《中华人民共和国招标投标法实施条例》出台后，各省市先后制定了在本省市范围内施行的招标投标投诉处理办法。这些法律法规和规定，可以供读者在处理投诉的时候援引和参考。

11.3.2 投标人投诉的方法

11.3.2.1 投诉期限

投标人或者其他利害关系人认为招标投标活动不符合法律、行政法规规定的，可以自知道之日起 10 日内向有关行政监督部门投诉。什么叫自"应当知道之日"起呢？就是公告了读者就应当知道，或者应当去查阅相关网站。

不过，投标人对开标有异议的，应当先在开标现场向招标人或招标代理人提出投诉。潜在投标人或者其他利害关系人对资格预审文件有异议的，应当在提交资格预审申请文件截止时间 2 日前提出；对招标文件有异议的，应当在投标截止时间 10 日前提出。对此，招标人应当自收到异议之日起 3 日内作出答复，并且在作出答复前，应当暂停招标投标活动。

如果投标人或者其他利害关系人对依法必须进行招标的项目的评标结果有异议的，则应当在中标候选人公示期间提出。对此，招标人应当自收到异议之日起 3 日内作出答复，并且在作出答复前，应当暂停招标投标活动。

11.3.2.2 投诉受理部门

投标人可以向有关行政监督部门投诉，如建筑行政主管部门、纪检监察部门和政府部门等。当然，也可以向媒体爆料，但这不是投诉。向招标投标监管部门投诉例外的三种情况是：一是开标前对资格预审文件或招标文件有异议的，应先向招标人提出投诉；二是未按规定的时间地点开标，投标人少于三个，投标人应在开标现场提出，招标人应做好记录，并当场答复；三是投标人对评标结果有异议的，应当在中标候选人公示期间提出。招标人应当自收到异议之日起 3 日内作出答复，并且在作出答复前，应当暂停招标投标活动。

值得注意的是，投诉人还可以连环投诉。

11.3.2.3　投诉方式

投诉人投诉时，应当提交书面材料，即投诉书（现场提出口头投诉的除外），否则有关部门可能不予受理。投诉书有关材料是外文的，投诉人应当同时提供其中文译本。另外，如果投诉人不是投标人而是跟投标有利害关系的第三人，则还应当提供与招标项目或招标活动存在利害关系的证明。投诉人是法人的，投诉书必须由其法定代表人或者授权代表签字并加盖公章。其他组织或个人投诉的，投诉书必须由其主要负责人或投诉人本人签字，并附有效身份证明复印件。

投诉人可以直接投诉，也可以委托代理人办理投诉事务。代理人办理投诉事务时，应将授权委托书连同投诉书一并提交给行政监督部门。授权委托书应当明确有关委托代理权限和事项。当然，如果与本次招标无直接关系的社会公众进行投诉，则属于举报的范畴。按法律规定，任何人都可以进行举报，如果是实名举报，则任何单位都必须受理。

11.3.2.4　投诉材料

投诉人投诉时，应当提交投诉书。投诉书应当包括下列内容：

（1）投诉人的名称、地址及有效联系方式。

（2）被投诉人的名称、地址及有效联系方式。

（3）投诉事项的基本事实。

（4）相关请求及主张。

（5）有效线索和相关证明材料。

11.3.3　招标人和监管机构对投诉的处理方法

投诉人就同一事项向两个以上有权受理的行政监督部门投诉的，由最先收到投诉的行政监督部门负责处理。行政监督部门应当自收到投诉之日起 3 个工作日内决定是否受理投诉，并自受理投诉之日起 30 个工作日内作出书面处理决定；需要检验、检测、鉴定、专家评审的，所需时间不计算在内。投诉人捏造事实、伪造材料或者以非法手段取得证明材料进行投诉的，行政监督部门应当予以驳回。

有下列情形之一的投诉，不予受理：

（1）投诉人不是所投诉招标投标活动的参与者，或者与投诉项目无任何利害关系。

（2）投诉事项不具体，且未提供有效线索，难以查证的。

（3）未署投诉人真实姓名、签字和有效联系方式的，以法人名义投诉的，投诉书未经法定代表人或授权代表签字并加盖公章的。

（4）超过投诉期限或异议期限的。

（5）已经作出处理决定，并且投诉人没有提出新的证据的。

（6）投诉事项已进入行政复议或行政诉讼程序的。

但是，在实践中，许多投诉未能提供名称、地址、有效联系方式、投诉事项的基本事实、请求及主张、有效线索和相关证明材料，使得受理投诉的部门无法受理或受理后无法答复。

其中有相当一部分质疑，既没署名，也没留联系方法，多采用网络等媒体发出，提供信息不完整，相关单位一般无法处理也无法反馈，增加了投诉处理的难度。

11.3.4　投诉受理机关的责任、权利和义务

行政监督部门处理投诉时，有权查阅、复制有关文件资料，调查有关情况，相关单位和人员应当予以配合。必要时，行政监督部门可以责令暂停招标投标活动。行政监督部门的工作人员对监督检查过程中知悉的国家秘密、商业秘密应当依法予以保密。行政监督部门应当根据调查核实的情况，按照下列规定作出处理决定：

（1）投诉缺乏事实根据或者法律依据的，驳回投诉。

（2）投诉情况属实，招标投标活动确实存在违法行为的，在职权范围内依法作出处理或行政处罚。

（3）虽未投诉，但在调查中发现存在其他违法违规行为，且属于本部门职权范围内的，应一并进行处理；属于其他部门职权范围的，移交有权部门处理。

（4）认定属于虚假恶意投诉予以驳回的，依法对投诉人作出行政处罚。

11.3.5　投诉的处理结论

对于投诉处理结论，国家法律法规没有给出具体的规定，可以参考以下格式：

（1）投诉人和被投诉人的名称、住址。

（2）投诉人的投诉事项及主张。

（3）被投诉人的答辩及请求。

（4）调查认定的基本事实。

（5）行政监督部门的处理意见及依据。

（6）处理机关签章及日期。

此外，涉及行政处罚的，应当按照行政处罚法律法规的程序作出处罚决定。

11.3.6　投诉人中途不投诉时的处理方法

在作出投诉处理决定前，投诉人要求撤回投诉的，应当以书面形式提出并说明理由，由受理机关根据以下情况，决定是否准予撤回：

（1）已经查实有明显违法行为的，应当不准撤回，并继续查处直至作出处理决定。

（2）撤回投诉不损害国家利益、社会公共利益或其他当事人合法权益的，应当准予撤回，投诉处理过程终止。投诉人不得以同一事实和理由再次提出投诉。

随着招标投标事业的发展，投诉人主体的法律意识和维权意识不断提升，投诉渠道更加广泛，投诉成本逐渐降低，使招标投标恶意投诉事件的发生率和复杂性不断提高，招标投标恶意投诉处理已经逐渐成为招标投标行政监督工作中的一大难题。

11.3.7 招标投标恶意投诉的特征与处理方法

11.3.7.1 招标投标恶意投诉的特征

实践中，很多投诉都是有一定道理和证据的，但是也不乏有些恶意投诉的例子。对于是否是恶意投诉，不要轻易和草率地下结论，以免激化矛盾。一般来说，有下列特征之一的，有恶意投诉的嫌疑：

（1）未按规定向投诉处理部门投诉或向不同部门多方投诉的。

（2）不符合投诉受理条件，被告知后仍进行投诉的。

（3）投诉处理部门受理投诉后，投诉人仍就同内容向其他部门进行投诉的。

（4）捏造事实、伪造材料进行投诉或在网络等媒体上进行失实报道的。

（5）投诉经查失实并被告知后仍然恶意缠诉的。

（6）一年内三次以上失实投诉的。

11.3.7.2 招标投标恶意投诉的处理方法

招标投标投诉是招标投标活动中长时间存在且无法避免的，因此，需要改进对招标投标投诉及恶意投诉的管理，创新监管方法。面对恶意投诉的总体思路应该是：快速处理，增加恶意投诉的投诉成本；做好招标投标投诉方法的宣传工作，细化投诉处理流程。

（1）完善法规，使招标投标投诉处理规范化。通过明确招标投标投诉的有关制度和程序来规范投诉人的行为，进一步细化投诉处理程序，将投诉受理前置程序、投诉受理制度、投诉处理程序、投诉处理决定的执行四个步骤进一步细化和规范。

（2）广泛宣传，加大投诉方式方法宣传工作。招标投标主管部门应当向社会公布负责受理投诉的机构及其电话、传真、电子信箱和通信地址，加大宣传力度，使投诉人能够掌握投诉的正确方法。

（3）严肃处理，增加恶意投诉成本。对故意捏造事实、伪造证明材料及恶意缠诉等恶意投诉，投诉处理部门应当驳回，并予公示。属于投标人的，记录不良行为一次；情节严重的，限制进入本地区招标投标市场 3~12 个月，并依法处一定数额的罚款；影响招标投标进程，给招标人造成重大损失的，可长期禁止其在本地区范围内投标，并由招标人依照有关民事法律规定追究其相关民事责。

（4）快速处理，积极消除匿名投诉（举报）的不良影响。要合情处理匿名投诉。匿名投诉是指信访者不具真实姓名的来信或通过其他渠道转来的投诉信。要坚持实事求是的原则，根据来信内容区别对待：对某一方面工作提出批评、意见或建议的，要做好调查研究或及时采纳有益的内容；对有重要线索或重要内容的揭发检举信件，先要初步核实情况，认为需要查处的，按程序办理；对揭发检举有具体根据、事实清楚的，要及时查处；对反映一般问题、情节轻微的，可通过座谈会等方式，请被反映人说明情况；慎重处置重大事件的匿名投诉；对检举重点工程围标、串标等恶意行为的，应及时通报公安部门及时妥善处置。

处理质疑是一项政策性、法律性很强的工作，如何合理、合法地处理好质疑，真正维护招标投标当事人，需要接诉人员具有很高的政策水平、法律和业务知识及工作技巧。投诉质疑处理不当极易引起行政复议和诉讼。

11.3.8 投诉的避免

11.3.8.1 招标人应当根据招标项目的特点和需要编制招标文件

招标文件应当包括招标项目的技术要求、对投标人资格审查的标准、投标报价要求和评标标准等所有实质性要求、条件以及拟签订合同的主要条款。

国家对招标项目的技术、标准有规定的，招标人应当按照规定在招标文件中提出相应要求。招标项目需要划分标段、确定工期的，招标人应当合理划分标段、确定工期，并在招标文件中载明。

招标文件的内容要明白、严谨、细致。招标文件在确定需求时，不得要求或者标明特定的生产供应者以及含有倾向或者排斥潜在投标人的其他内容。需求标准要尽量规范、实用，避免过于苛刻。

11.3.8.2 坚持论证和三公原则

对重大、特殊、热点、重点建筑工程项目的招标，应坚持专家论证，坚持公平、公开、公正的三公原则，在发布公告前采取公开征求意见或标前答疑会的方式进行公开和论证。在招标文件发售前，将招标文件意见征求稿在网上发布，公开征求社会各界、潜在投标人及相关专家意见，并将收到的反馈意见组织专家研讨，最终确定招标文件的编制标准。公开征求意见时将可能出现问题的潜在环节请大家提出意见，可以在开标前解决相关热点问题，从而减少投诉的发生。

11.3.8.3 认真做好签字、核对工作

在招标文件编写、开标、评标、废标通知书发放等重要环节做好签字确认工作，各环节只有在签字确认后才能进行下一步工作，通过进一步责权划分，使其在投诉受理后更准确，方便相关当事人了解处理结果。

11.3.8.4 加强评标纪律

在评标环节，招标投标监督工作人员向评标委员会成员宣读评标程序和评标纪律，以增加评标专家的责任感。招标投标监督人员在开标、评标过程中应做好会议记录。

11.4 招标投标违法的法律责任与处理

11.4.1 招标人违法的法律责任与处理

11.4.1.1 规避招标

1. 规避招标的表现

任何单位和个人不得将依法必须进行招标的项目化整为零或者以其他任何方式规避招

标。按《中华人民共和国招标投标法》和《中华人民共和国招标投标法实施条例》的规定，凡依法应公开招标的项目，采取化整为零或弄虚作假等方式不进行公开招标的，或不按照规定发布资格预审公告或者招标公告且又构成规避招标的，都属于规避招标的情况。例如，明招暗定、回避招标而直接发包等情形是最常见的规避招标。

2. 对规避招标的处理

必须进行公开招标的项目而不招标的，将必须进行公开招标的项目化整为零或者以其他任何方式规避招标的，责令限期改正，可以处项目合同金额 5‰以上 10‰以下的罚款；对全部或者部分使用国有资金的项目，可以暂停项目执行或者暂停资金拨付；对单位直接负责的主管人员和其他直接责任人员依法给予处分，是国家工作人员的，可以进行撤职、降级或开除，情节严重的，依法追究刑事责任。

11.4.1.2 限制或排斥潜在投标人或者投标人

招标人不得以不合理的条件限制、排斥潜在投标人或者投标人。

1. 限制或排斥潜在投标人的表现

招标人有下列行为之一的，属于以不合理条件限制、排斥潜在投标人或者投标人：

（1）就同一招标项目向潜在投标人或者投标人提供有差别的项目信息。

（2）设定的资格、技术、商务条件与招标项目的具体特点和实际需要不相适应或者与合同履行无关。

（3）对依法必须进行招标的项目，以特定行政区域或者特定行业的业绩、奖项作为中标条件。

（4）对潜在投标人或者投标人采取不同的资格审查或者评标标准。

（5）限定或者指定特定的专利、商标、品牌、原产地或者供应商。

（6）对依法必须进行招标的项目，非法限定潜在投标人或者投标人的所有制形式或者组织形式。

（7）以其他不合理条件限制、排斥潜在投标人或者投标人。

2. 对限制或排斥潜在投标人或者投标人的处理

招标人以不合理的条件限制或者排斥潜在投标人或者投标人的，对潜在投标人或者投标人实行歧视待遇的，强制要求投标人组成联合体共同投标的，或者限制投标人之间竞争的，责令改正，可以处 1 万元以上 5 万元以下的罚款。

11.4.1.3 招标人多收保证金

招标人超过规定的比例收取投标保证金或者不按照规定退还投标保证金及银行同期存款利息的，由有关行政监督部门责令改正，可以处 5 万元以下的罚款，给他人造成损失的，依法承担赔偿责任。

11.4.1.4 招标人不按规定与中标人订立中标合同

招标人不按规定与中标人订立中标合同的情形：

（1）无正当理由不发出中标通知书。

（2）不按照规定确定中标人。

（3）在中标通知书发出后无正当理由改变中标结果。

（4）无正当理由不与中标人订立合同。

（5）在订立合同时向中标人提出附加条件。

对于此种情况，由有关行政监督部门责令改正，可以处中标项目金额10‰以下的罚款；给他人造成损失的，依法承担赔偿责任；对单位直接负责的主管人员和其他直接责任人员依法给予处分。

11.4.2　投标人串标违法的处理

11.4.2.1　投标人之间相互串标

投标人有下列情形之一的，视为投标人之间相互串通投标：

（1）不同投标人的投标文件由同一单位或者个人编制。

（2）不同投标人委托同一单位或者个人办理投标事宜。

（3）不同投标人的投标文件载明的项目管理成员为同一人。

（4）不同投标人的投标文件异常一致或者投标报价呈规律性差异。

（5）不同投标人的投标文件相互混装。

（6）不同投标人的投标保证金从同一单位或者个人的账户转出。

投标人相互串通投标的，投标人以向招标人或者评标委员会成员行贿的手段谋取中标的，中标无效，处中标项目金额的5‰以上10‰以下的罚款，对单位直接负责的主管人员和其他直接责任人员处单位罚款金额的5%以上10%以下的罚款；有违法所得的，并处没收违法所得；情节严重的，取消其1~2年内参加依法必须进行招标的项目的投标资格并予以公告，直至由工商行政管理机关吊销营业执照；构成犯罪的，依法追究刑事责任；给他人造成损失的，依法承担赔偿责任。

11.4.2.2　招标人与投标人之间串标

禁止招标人与投标人串通投标。有下列情形之一的，属于招标人与投标人串通投标：

（1）招标人在开标前开启投标文件并将有关信息泄露给其他投标人。

（2）招标人直接或者间接向投标人泄露标底、评标委员会成员等信息。

（3）招标人明示或暗示投标人压低或者抬高投标报价。

（4）招标人授意投标人撤换、修改投标文件。

（5）招标人明示或者暗示投标人为特定投标人中标提供方便。

（6）招标人与投标人为谋求特定投标人中标而采取的其他串通行为。

关于招标人与投标人串通投标，对招标人的处罚，无论是《中华人民共和国招标投标法》还是《中华人民共和国招标投标法实施条例》，都没有进行具体的规定。当然，各地有一些具体的处罚细节。而招标人和投标人串通投标，对投标人的处罚与投标人之间相互串标的处罚是一致的。

11.4.2.3 投标人弄虚作假骗取中标

投标人以行贿手段谋取中标，属于《中华人民共和国招标投标法》第五十三条规定的情节严重行为的，由有关行政监督部门取消其1～2年内参加依法必须进行招标的项目的投标资格。

11.4.2.4 投标人以他人名义投标

投标人有下列行为之一的，属于《中华人民共和国招标投标法》第五十四条规定的情节严重行为，由有关行政监督部门取消其1～3年内参加依法必须进行招标的项目的投标资格：

（1）伪造或变造资格、资质证书或者其他许可证件骗取中标。

（2）3年内2次以上使用他人名义投标。

（3）弄虚作假骗取中标，给招标人造成直接经济损失有在30万元以上。

（4）其他弄虚作假骗取中标情节严重的行为。

投标人以他人名义投标或者以其他方式弄虚作假骗取中标的，中标无效；构成犯罪的，依法追究刑事责任；尚不构成犯罪的，依照《中华人民共和国招标投标法》第五十四条的规定处罚。出让或者出租资格、资质证书供他人投标的，依照法律、行政法规的规定给予行政处罚；构成犯罪的，依法追究刑事责任。

11.4.3 对招标代理机构违法的处理

招标代理机构违反规定，在所代理的招标项目中向该项目投标人提供咨询的，接受委托编制标底的中介机构为该项目的投标人编制投标文件、提供咨询的，泄露应当保密的与招标投标活动有关的情况和资料的，与招标人或投标人串通损害国家利益、社会公共利益或者他人合法权益的，处5万元以上25万元以下的罚款，对单位直接负责的主管人员和其他直接责任人员处单位罚款数额的5%以上10%以下的罚款；有违法所得的，并处没收违法所得；情节严重的，暂停直至取消招标代理资格；构成犯罪的，依法追究刑事责任；给他人造成损失的，依法承担赔偿责任。如果招标代理机构的违法行为影响中标结果，则中标无效。

11.4.4 评标专家违法的处理

评标委员会成员有下列行为之一的，由有关行政监督部门责令改正；情节严重的，禁止其在一定期限内参加依法必须进行招标的项目的评标，情节特别严重的，取消其担任评标委员会成员的资格：

（1）应当回避而不回避。

（2）擅离职守。

（3）不按照招标文件规定的评标标准和方法评标。

（4）私下接触投标人。

（5）向招标人征询确定中标人的意向，或者接受任何单位或个人的明示或者暗示提出的倾向或者排斥特定投标人的要求。

（6）对依法应当否决的投标不提出否决意见。

（7）暗示或者诱导投标人作出澄清、说明，或者接受投标人主动提出的澄清、说明。

（8）其他不客观、不公正履行职务的行为。

评标委员会成员收受投标人的财物或者其他好处的，没收收受的财物，处 3 000 元以上 5 万元以下的罚款，取消其担任评标委员会成员的资格，不得再参加依法必须进行招标的项目的评标；构成犯罪的，依法追究刑事责任。

11.4.5　监管机构违法的处理

项目审批和核准部门不依法审批和核准项目招标范围、招标方式、招标组织形式的，对单位直接负责的主管人员和其他直接责任人员依法给予处分。

有关行政监督部门不依法履行职责，对违反《中华人民共和国招标投标法》和《中华人民共和国招标投标法实施条例》规定的行为不依法查处，对直接负责的主管人员和其他直接负责人员依法给予处分。

项目审批和核准部门以及有关行政监督部门的工作人员徇私舞弊、滥用职权、玩忽职守，构成犯罪的，依法追究刑事责任。

11.4.6　国家工作人员违法的处理

国家工作人员利用职务便利，以直接或者间接，明示或者暗示等方式非法干涉招标投标活动，下列情形之一的，依法给予记过或者记大过处分；情节严重的，依法给予降级或者被撤职处分；情节特别严重的，依法给予开除处分；构成犯罪的，依法追究刑事责任：

（1）要求对依法必须进行招标的项目不进行招标，或者要求对依法应当公开招标的项目不进行公开招标。

（2）要求评标委员会成员或者招标人将其指定的投标人作为中标候选人或者中标人，或者以其他方式非法干涉评标活动，影响中标结果。

（3）以其他方式非法干涉招标投标活动。

11.5　本章案例分析

1. 案例背景

2012 年 9 月 28 日，某省的 N 县发布招标公告，就该县投资 800 万元的市政道路进行招标。招标文件在该县的公共资源交易中心购买，购买招标文件的时间是 2012 年 9 月 30 日至 2012 年 10 月 8 日，招标文件每本 500 块。招标文件中规定要交 8 万元的投标保证金。但投标人在购买招标文件时，临时被告知要想投标，需要向招标人缴纳 200 万的诚信保证金。

因为在公告发出的第二天（也就是 2012 年 9 月 29 日）投标人才看到公告，所以第二天来购买标书的投标人比较少，而 3 天后就是国庆假期，国庆期间放假 7 天，所以直到 2012 年 10 月 8 日才有很多投标人到现场来购买招标文件。但是，很多投标人已无法购买到招标文件，因为这天已经是购买招标文件的最后一天了。于是，现场投标人激愤，局面几乎失控。众多投标人聚众讨要说法，迫不得已，N 县公共资源交易中心召开紧急会议，防止事态扩大。

2. 案例分析

经过调查分析，这是一起比较典型的违反招标法律法规的假招标案件，是既应付上级部门的检查，把各手续和程序完善，让相关监管机关抓不到把柄，又充满了内幕交易的招标。不过，这造假的招标，掩盖的痕迹很明显。

第一，招标文件的发售和购买时间就有问题。相关法律法规规定，招标文件的发售时间应不少于 5 日。虽然法律没有明确规定是 5 个日历日还是 5 个工作日，但是一般都不少于 5 日。如果 5 日包括休息日，那就应该在休息日内保证投标人能购买到招标文件。本案例中，招标公告发出时间是 2012 年 9 月 28 日下午，投标人一般在第二天才能看到网上的公告，再加上国庆期间放假，实际上留给投标人购买招标文件的时间只有 9 月 29 日和 9 月 30 日两天时间。这是招标人故意打的擦边球，明摆着就是不让潜在的投标人来购买招标文件。

第二，招标公告和招标文件中没有规定要交诚信保证金，却又口头告知要交 200 万的诚信保证金。这是采取的瞒天过海的伎俩。因为，招标文件和招标公告上没有写，纪委和监察部门查无实据，万一被举报，招标人留有后路好找借口。

第三，200 万的诚信保证金是没有法律依据的。法律法规只规定了要交履约保证金，没有所谓的诚信保证金的说法。由于履约保证金不得超过中标合同金额的 10%，因此本案例中 800 万元的项目，只能交不超过 80 万元的履约保证金。不过，既然是履约保证金，那就在中标以后才能交，而不是在递交投标文件之后、开标之前递交。

第四，履约保证金即使要交，也要在招标文件中说明，而不能私下告知，并且履约保证金要交纳到受监控的账户。

总之，本案例是一件彻头彻尾的招标人想串通内定，进行走过场、假招标的案件。招标人设置高额保证金，就是设置门槛，想吓退别的投标人来投标。此事后来被监察机关纠正处理。

思考与练习

1. 单项选择题

（1）招标人和中标人应当自中标通知书发出之日起（　　　　）日内，按照招标文件和中标人的投标文件订立书面合同。

  A. 7   B. 10

  C. 20   D. 30

（2）评标委员会成员收受投标人的财物或者其他好处的，没收收受的财物，处 3 000 元以上（ ）元以下的罚款。

A. 5 000   B. 10 000

C. 20 000   D. 50 000

（3）项目审批和核准部门以及有关行政监督部门的工作人员徇私舞弊、滥用职权、玩忽职守，构成犯罪的，依法（ ）。

A. 通报批评   B. 行政记过

C. 降级或撤职   D. 追究刑事责任

（4）投标人相互串通投标或者与招标人串通投标的，中标无效，处中标项目金额（ ）的罚款。

A. 5‰以上 10‰以下   B. 5%以上 10%以下

C. 1‰以上 5‰以下   D. 1%以上 5%以下

（5）招标人将公开招标改为邀请招标的，由有关行政监督部门责令改正，可以处（ ）万元以下的罚款。

A. 1   B. 5

C. 0   D. 20

2. 多项选择题

（1）招标人对必须进行招标的项目而不招标的，或者化整为零规避招标的，可以进行的处罚为（ ）。

A. 责令限期改正

B. 处以项目合同金额 5‰以上 10‰以下的罚款

C. 将直接责任人撤职

D. 追究刑事责任

（2）投标人有（ ）行为之一的，属于《中华人民共和国招标投标法》第五十三条规定的情节严重行为，由有关行政监督部门取消其 1～2 年内参加依法必须进行招标的项目的投标资格。

A. 以行贿谋取中标

B. 3 年内 2 次以上串通投标

C. 串通投标行为使招标人直接经济损失在 30 万元以上

D. 其他串通投标情节严重的行为。

（3）评标委员会成员有（ ）行为之一的，由有关行政监督部门责令政正；情节严重的，禁止其在一定期限内参加依法必须进行招标的项目的评标；情节特别严重的，取消其担任评标委员会成员的资格。

A. 应当回避而不回避

B. 擅离职守

C. 不按照招标文件规定的评标标准和方法评标

D. 对依法应当否决的投标不提出否决意见

（4）招标人有（　　）情形之一的，由有关行政监督部门责令改正，可以处中标项目金额10‰以下的罚款。

    A. 无正当理由不发出中标通知书

    B. 不按照规定确定中标人

    C. 中标通知书发出后无正当理由改变中标结果

    D. 在订立合同时向中标人提出附加条件

（5）国家工作人员利用职务便利，以直接或者间接，明示或者暗示等方式非法干涉招标投标活动，有（　　）情形之一的，依法给予记过或者记大过处分。

    A. 要求对依法必须进行招标的项目不进行招标

    B. 要求对依法应当公开招标的项目不进行公开招标

    C. 要求评标委员会成员或者招标人将其指定的投标人作为中标候选人或者中标人

    D. 非法干涉评标活动，影响中标结果

3. 问答题

（1）建筑工程招标监管机构的职责是如何划分的？

（2）相关法律法规对投标人的投诉期限是如何规定的？

（3）向招标投标监管机构进行投诉的方式有哪些？

（4）作为招标投标监管机构，如何防止投标人恶意投诉？

（5）招标人规避招标的法律责任是什么？

（6）投标人串通投标的行为如何认定？

（7）国家机关工作人员非法干涉招标的法律责任是什么？

（8）招标人与投标人串通投标的行为有哪些？

4. 案例分析题

案例一：某医院决定投资1亿元，兴建一幢现代化的住院综合楼。其中土建工程采用公开招标的方式选定施工单位，但招标文件对省内的投标人与省外的投标人提出了不同的要求，也明确了投标保证金的数额。该医院委托某造价咨询公司为该项工程编制标底。在2012年10月6日招标公告发出后，共有A、B、C、D、E、F 6家省内的建筑单位参加了投标。投标文件规定2012年10月30日为提交投标文件的截止时间，2012年11月13日举行开标会。其中，E单位在2012年10月30日提交了投标文件，但2012年11月1日才提交投标保证金。

开标会由该省建委主持。开标会上，招标人公开了某造价咨询公司为其所编制的标底，为4 200多万元，而参与投标的A、B、C、D等4家投标人的投标报价均在5 200万元以上，与标底相差1 000万余元，引起了这些投标人的异议，D投标人临时撤回投标文件以示抗议。A、B、C、D这4家投标单位还向该省建委投诉，称某造价咨询公司擅自更改招标文件中的有关规定，漏算了多项材料价格。为此，该医院请求省建委对原标底进行复核。2013年1月28日被指定进行标底复核的省建筑工程造价总站（以下简称总站）拿出了复核报告，证明某造价咨询公司在编制标底的过程中确实存在这4家投标单位所提出的问题，复核标底额与原标底额相差近1 000万元。

由于问题久拖不决，导致中标书在评标 3 个月后一直未能发出。为了能早日开工，该院在获得了省建委的同意后，更改了中标金额和工程结算方式，确定 F 单位为中标单位。

问题：

（1）上述招标程序中，有哪些不妥之处？请说明理由。

（2）E 单位的投标文件应当如何处理？为什么？

（3）对 D 单位撤回投标文件的要求应当如何处理？为什么？

（4）问题久拖不决时，某医院能否要求重新招标？为什么？

（5）如果重新招标，给投标人造成的损失能否要求该医院赔偿？为什么？

案例二：某房地产公司计划在北京开发金额为 4 000 万元的某住宅建设项目，采用公开招标的形式。发出招标公告后，共有 A、B、C、D、E 5 家施工单位购买了招标文件。招标文件规定：2013 年 1 月 20 日上午 10 时 30 分为提交投标文件的截止时间；投标人在提交投标文件的同时，需向招标单位提供投标保证金 20 万元。

在 2013 年 1 月 20 日，A、B、C、D 4 家投标单位在上午 10 时 30 分前将投标文件送达，F 单位在上午 11 时送达。各单位均按招标文件的要求提交了投标保证金。

在上午 10 时 25 分，B 单位向招标人递交了一份投标价格下降 5%的书面说明。

在开标过程中，招标人发现 C 单位的投标袋密封处仅有投标单位公章，没有法定代表人印章或签字。

问题：

（1）B 单位向招标人递交的书面说明是否有效？

（2）C 单位的投标文件是否无效？

（3）在通常情况下，废标的条件有哪些？

12 建筑工程招标的代理与代理机构

本章将介绍建筑工程招标代理的相关法律法规与实务，重点介绍招标代理机构的资格管理与资质认定。本章还将对招标制度进行介绍，并对招标代理机构的监管与法律责任进行阐述。

12.1 建筑工程招标的委托与代理

建筑工程招标代理是指招标代理机构接受招标人的委托，从事工程的勘察、设计、施工、监理以及与工程建设有关的重要设备（进口机电设备除外）、材料采购招标的代理业务。

12.1.1 概　述

在建筑工程招标时，招标人如果具备自行招标资格且希望自行招标，则可以自行招标。依法必须进行招标的项目，招标人自行办理招标事宜的，应当向有关行政监督部门备案。当然，招标人也可以将建筑工程招标业务委托给更专业的、有资质的招标代理机构。《中华人民共和国招标投标法》第十二条规定："招标人有权自行选择招标代理机构，委托其办理招标事宜。任何单位和个人不得以任何方式为招标人指定招标代理机构。"因此，任何单位和个人不得强制招标人委托招标代理机构办理招标事宜。不过，值得注意的是，目前一些地方政府在对招标项目进行监管时，让招标人在相关部门的监督下，随机抽签决定由哪家招标代理机构代理招标的做法，并没有违反"不得强制招标人委托招标代理机构办理招标事宜"的规定。

12.1.2 建筑工程招标的委托

一般来讲，招标人具有编制招标文件和组织评标能力的，可以自行办理招标事宜。但在建筑工程的招标实践中，招标人往往没有足够的人力和物力或者没有资格，也没有评标专家库，为避免出现招标风险，招标人更倾向于将招标业务委托给招标代理机构。

招标人将建筑工程招标委托给代理机构，应当与被委托的招标代理机构签订书面委托合同。招标代理机构一旦接受招标人的委托，就不得在所代理的招标项目中投标或者代理投标，也不得为所代理的招标项目的投标人提供咨询。

12.1.3 建筑工程招标代理的收费标准

招标代理服务实行谁委托谁付费的原则，但目前实际上由中标人付费给招标代理机构。招标人与招标代理机构签订委托合同，收费标准应在合同中约定。合同约定的收费标准应当符合国家有关规定。2011年，国家发展和改革委员会下发《国家发展改革委关于降低部分建设项目收费标准规范收费行为等有关问题的通知》（发改价格〔2011〕534号），降低了中标金额在5亿元以上招标代理服务的收费标准，并设置收费上限。货物、服务、工程招标代理服务收费差额费率：中标金额在5~10亿元的为0.035%，中标金额在10~50亿元的为0.008%，中标金额在50~100亿元的为0.006%，中标金额在100亿元以上的为0.004%。工程一次招标（完成一次招标投标全流程）代理服务费最高限额为450万元，并按各标段中标金额比例计算各标段招标代理服务费。建筑工程招标代理的收费标准见表12-1。

表12-1 建筑工程招标代理的收费标准

序号	中标金额/万元	费率/%
1	<100	1.0
2	100~500	0.7
3	500~1 000	0.55
4	1 000~5 000	0.35
5	5 000~10 000	0.2
6	10 000~50 000	0.05
7	50 000~100 000	0.035
8	100 000~500 000	0.008
9	500 000~100 000	0.006
10	>1 000 000	0.004

中标金额在5亿元以下的招标代理服务收费基准价仍按原国家计委《招标代理服务收费管理暂行办法》（计价格〔2002〕1980号）规定执行，此收费额为招标代理服务全过程的收费基准价格，并不含工程量清单、工程标底或工程招标控制价的编制费用。

不过，当前招标代理业务竞争激烈，很多招标代理机构的收费远低于国家有关部委的收费标准。

建筑工程招标代理服务收费按差额定率累进法计算。例如，某工程招标代理业务中标金额为6 000万元，招标代理服务收费额为

$100 \times 1.0\% + （500-100）\times 0.7\% + （1 000-500）\times 0.55\% + （5 000-1 000）\times 0.35\% + （6 000-5 000）\times 0.2\% = 22.55$ 万元

12.2 建筑工程招标代理机构

12.2.1 招标代理机构的定义与基本条件

招标代理机构是依法设立，从事招标代理业务并提供相关服务的社会中介组织。招标代理机构应当具备下列条件：

（1）有从事招标代理业务的营业场所和相应资金。

（2）有能够编制招标文件和组织评标的相应专业力量。

（3）有符合《中华人民共和国招标投标法》规定的可以作为评标委员会成员人选的技术、经济等方面的专家库。

招标代理机构与行政机关和其他国家机关不得存在隶属关系或者其他利益关系。

12.2.2 招标代理机构的从业资格与资质

12.2.2.1 招标代理机构的类别及资质

《中华人民共和国招标投标法》第十四条规定："从事工程建设项目招标代理业务的招标代理机构，其资格由国务院或者省、自治区、直辖市人民政府的建设行政主管部门认定。具体办法由国务院建设行政主管部门会同国务院有关部门制定。从事其他招标代理业务的招标代理机构，其资格认定的主管部门由国务院规定。"

招标代理机构的资格依照法律和国务院的规定由有关部门认定。目前，我国有四种类别的招标代理资质，见表 12-2。建筑工程招标主要由住房和城乡建设部和各省住建厅认定的工程建设项目招标代理机构来承担。近年来，由于国家投资了大量的铁路、高速公路和机场建设项目，这些投资以中央投资为主。国家发展和改革委员会对中央投资项目招标的代理机构进行专门的资质管理。有关中央投资项目代理机构资质管理将后文进行专门介绍，这里仅介绍一般工程建设项目招标代理机构的资质级别与执业范围。

表 12-2 招标代理类别、资质分类与管理部门

序号	招标代理类别	资质分级	管理部门
1	工程建设项目招标	分甲级、乙级、暂定级	住房和城乡建设部和各省住建厅
2	政府采购招标	分甲级和乙级	财政部和各省财政厅
3	机电产品国际招标	分甲级、乙级和预乙级	商务部和各省商务厅
4	中央投资项目招标	分甲级、乙级和预备级	国家发展和改革委员会

12.2.2.2 建筑工程招标代理机构的资质与执业范围

从事建筑工程招标代理业务的机构，应当依法取得国务院建设主管部门或者省、自治区、直辖市人民政府建设主管部门认定的工程招标代理机构资格，并在资格许可的范围内从事相应的工程招标代理业务。《中华人民共和国招标投标法实施条例》第十三条规定："招标代理

机构在其资格许可和招标人委托的范围内开展招标代理业务，任何单位和个人不得非法干涉。"还规定："招标代理机构也不得涂改、出租、出借、转让资格证书。"

国务院建设主管部门负责全国建筑工程招标代理机构资格认定的管理。省、自治区、直辖市人民政府建设主管部门负责本行政区域内的建筑工程招标代理机构资格认定的管理。

建筑工程招标代理机构资格分为甲级、乙级和暂定级。甲级建筑工程招标代理机构可以承担各类建筑工程的招标代理业务。乙级建筑工程招标代理机构只能承担总投资在 1 亿元人民币以下的建筑工程招标代理业务。暂定级建筑工程招标代理机构只能承担总投资在 6 000 万元人民币以下的建筑工程招标代理业务。

建筑工程招标代理机构可以跨省、自治区、直辖市承担建筑工程招标代理业务。任何单位和个人不得限制或者排斥建筑工程招标代理机构依法开展建筑工程招标代理业务。

12.2.2.3　建筑工程招标代理机构应具备的条件

按照原建设部令第 154 号颁布的《工程建设项目招标代理机构资格认定办法》，申请工程招标代理资格的机构应当具备下列基本条件：

（1）是依法设立的中介组织，具有独立法人资格
（2）与行政机关和其他国家机关没有行政隶属关系或者其他利益关系。
（3）有固定的营业场所和开展工程招标代理业务所需设施及办公条件。
（4）有健全的组织机构和内部管理的规章制度。
（5）具备编制招标文件和组织评标的相应专业力量。
（6）具有可以作为评标委员会成员人选的技术、经济等方面的专家库。
（7）法律、行政法规规定的其他条件。

1. 甲级工程招标代理机构

申请甲级工程招标代理资格的机构，除具备上述基本条件还应当具备下列条件：
（1）取得乙级工程招标代理资格需满 3 年。
（2）近 3 年内累计工程招标代理中标金额在 16 亿元人民币以上（以中标通知书为依据，下同）。
（3）具有中级以上职称的工程招标代理机构专职人员不少于 20 人，其中具有工程建设类注册执业资格的人员不少于 10 人（其中注册造价工程师不少于 5 人），从事工程招标代理业务 3 年以上的人员不少于 10 人。
（4）技术经济负责人为本机构专职人员，具有 10 年以上从事工程管理的经验，具有高级技术经济职称和工程建设类注册执业资格。
（5）注册资本金不少于 200 万元。

2. 乙级工程招标代理机构

申请乙级工程招标代理资格的机构，除具备工程招标代理机构的基本条件外，还应当具备下列条件：
（1）取得暂定级工程招标代理资格满 1 年
（2）近 3 年内累计工程招标代理中标金额在 8 亿元人民币以上。

（3）具有中级以上职称的工程招标代理机构专职人员不少于 12 人，其中具有工程建设类注册执业资格的人员不少于 6 人（其中注册造价工程师不少于 3 人），从事工程招标代理业务 3 年以上的人员不少于 6 人。

（4）技术经济负责人为本机构专职人员，具有 8 年以上从事工程管理的经历，具有高级技术经济职称和工程建设类注册执业资格。

（5）注册资本金不少于 100 万元。

3. 暂定级工程招标代理机构

新设立的工程招标代理机构，除具有招标投标代理机构的基本条件外，符合以下条件的，可以申请暂定级工程招标代理资格。

（1）具有中级以上职称的工程招标代理机构专职人员不少于 12 人，其中具有工程建设类注册执业资格的人员不少于 6 人（其中注册造价工程师不少于 3 人），从事工程招标代理业务 3 年以上的人员不少于 6 人。

（2）技术经济负责人为本机构专职人员，具有 8 年以上从事工程管理的经历，具有高级技术经济职称和工程建设类注册执业资格。

（3）注册资本金不少于 100 万元。

12.2.2.4 建筑工程招标代理机构资格的认定

1. 甲级工程招标代理机构

甲级工程招标代理机构资格由国务院建设主管部门认定。

申请甲级工程招标代理机构资格的，应当向机构工商注册所在地的省、自治区、直辖市人民政府建设主管部门提出申请。省、自治区、直辖市人民政府建设主管部门应当自受理申请之日起 20 日内初审完毕，并将初审意见和申请材料报国务院建设主管部门。国务院建设主管部门应当自省、自治区、直辖市人民政府建设主管部门受理申请材料之日起 40 日内完成审查，公示审查意见，公示时间为 10 日。

甲级工程招标代理机构资格证书的有效期为 5 年。

工程招标代理机构资格证书分为正本和副本，由国务院建设主管部门统一印制，正本和副本具有同等法律效力。

2. 乙级、暂定级工程招标代理机构

乙级、暂定级工程招标代理机构资格由工商注册所在地的省、自治区、直辖市人民政府建设主管部门认定。

乙级、暂定级工程招标代理机构资格的具体实施程序，由省、自治区、直辖市人民政府建设主管部门依法确定。省、自治区、直辖市人民政府建设主管部门应当将认定的乙级、暂定级工程招标代理机构的名单在认定后 15 日内，报国务院建设主管部门备案。

乙级工程招标代理机构资格证书的有效期为 5 年，暂定级工程招标代理机构资格证书的有效期为 3 年。

3. 资质证书的延续

甲级、乙级工程招标代理机构的资格证书有效期届满，需要延续资格证书有效期的，应当在其工程招标代理机构资格证书有效期届满 60 日前，向原资格许可机关提出资格延续申请。对于在资格有效期内遵守有关法律、法规、规章、技术标准，信用档案中无不良行为记录，且业绩、专职人员满足资格条件的甲级、乙级工程招标代理机构，经原资格许可机关同意，有效期延续 5 年。暂定级工程招标代理机构的资格证书有效期届满，需继续从事工程招标代理业务的，应当重新申请暂定级工程招标代理机构资格。

12.3 中央投资项目的招标代理资格与资质管理

12.3.1 中央投资项目的概念与范围

中央投资项目是指使用了中央预算内投资、专项建设基金、统借国际金融组织和外国政府贷款以及其他中央财政性投资的固定资产投资项目。使用国家主权外债资金的中央投资项目，除了国际金融机构或贷款国政府对项目招标与采购有不同规定的，也属于中央投资项目。

中央投资项目的招标代理业务是指中央投资项目的项目业主招标代理业务、专业化项目管理单位招标代理业务、政府投资规划编制单位招标代理业务，以及项目的勘察、可行性研究、设计、设备、材料、施工、监理、保险等方面的招标代理业务。

采用委托招标方式的中央投资项目，应委托具备相应资格的中央投资项目招标代理机构办理相关招标事宜。按照《中央投资项目招标代理资格管理办法》（国家发展和改革委员会〔2012〕第 13 号令），凡在中华人民共和国境内从事中央投资项目招标代理业务的招标代理机构，应专门进行资格认定和管理。国家发展和改革委员会是中央投资项目招标代理资格认定的行政管理部门。

12.3.2 资质分类与执业范围

中央投资项目招标代理资格分为甲级、乙级和预备级。甲级中央投资项目招标代理机构可以从事所有中央投资项目的招标代理业务。乙级中央投资项目招标代理机构可以从事总投资为 5 亿元人民币及以下中央投资项目的招标代理业务。预备级中央投资项目招标代理机构可以从事总投资为 2 亿元人民币及以下中央投资项目的招标代理业务。

12.3.3 中央投资项目招标代理机构的资格条件

12.3.3.1 基本条件

中央投资项目招标代理机构应具备下列基本条件：

（1）是依法设立的社会中介组织，具有独立企业法人资格。

（2）与行政机关和其他国家机关没有隶属关系或者其他利益关系。

（3）有固定的营业场所，具备开展中央投资项目招标代理业务所需的办公条件。

（4）有健全的组织机构和良好的内部管理制度。

（5）具备编制招标文件和组织评标的专业力量。

（6）有一定规模的评标专家库。

（7）近 3 年内机构没有因违反《中华人民共和国招标投标法》《中华人民共和国政府采购法》及有关管理规定，受到相关管理部门暂停资格、降级或撤销资格的处罚。

（8）近 3 年内机构主要负责人没有受到刑事处罚。

（9）国家发展和改革委员会规定的其他条件。

12.3.3.2 甲级中央投资项目招标代理机构的资格条件

甲级中央投资项目招标代理机构除具备规定的基本条件外，还应具备以下条件：

（1）注册资本金不少于 1 000 万元人民币。

（2）招标从业人员不少于 60 人。其中，具有中级及以上职称的不少于 50%，已登记在册的招标师不少于 30%

（3）评标专家库的专家人数在 800 人以上。

（4）开展招标代理业务 5 年以上。

（5）近 3 年内从事过的中标金额在 5 000 万元以上的招标代理项目个数在 60 个以上，或累计中标金额在 60 亿元人民币以上。

12.3.3.3 乙级中央投资项目招标代理机构的资格条件

乙级中央投资项目招标代理机构除具备规定的基本条件外，还应具备以下条件：

（1）注册资本金不少于 500 万元人民币。

（2）招标从业人员不少于 30 人。其中，具有中级及以上职称的不少于 50%，已登记在册的招标师不少于 30%。

（3）评标专家库的专家人数在 500 人以上。

（4）开展招标代理业务 3 年以上

（5）近 3 年内从事过的中标金额在 3 000 万元以上的招标代理项目个数在 30 个以上，或累计中标金额在 30 亿元人民币以上。

12.3.3.4 预备级中央投资项目招标代理机构的资格条件

预备级中央投资项目招标代理机构除具备规定的基本条件外，还应具备以下条件：

（1）注册资本金不少于 300 万元人民币。

（2）招标从业人员不少于 15 人。其中，具有中级及以上职称的不少于 50%，已登记在册的招标师不少于 30%。

（3）评标专家库的专家人数在 300 人以上。

12.3.4　中央投资项目招标代理机构的资质监管与法律责任

12.3.4.1　资质监管

省级发展改革部门对在本行政区域内从事招标活动的所有中央投资项目招标代理机构实施监督检查，并将监督检查情况予以记录归档。在监督检查过程中发现违法违规行为的，应依法处理或向有关监管机构提出处理建议。

中央投资项目招标代理机构应建立自查制度，确保在资格证书有效期内始终符合规定的资格条件。国家发展和改革委员会采取定期或不定期检查、抽查等方式，对中央投资项目招标代理机构是否符合资格条件进行监督检查。

中央投资项目招标代理机构变更机构名称、工商注册地和法定代表人的，应在办理变更后30个工作日内，向国家发展和改革委员会申请变更资格证书。经审查符合条件的，对资格证书予以相应变更。中央投资项目招标代理机构发生分立、合并、兼并、改制、转让等重大变化的，应在相关变更手续完成后30个工作日内向国家发展和改革委员会提出资格重新确认申请。不提出资格重新确认申请的，按自动放弃资格处理。国家发展和改革委员会对机构的组织机构变化、人员变动等情况进行审核。符合相应条件的，授予相应资格；不符合相应条件的，予以降级或撤销资格。

中央投资项目招标代理机构因解散、破产或其他原因终止中央投资项目招标代理业务的，应当自情况发生之日起30个工作日内交回资格证书，并办理注销手续。省级发展和改革部门应协助做好相关工作。

中央投资项目招标代理机构不得出借、出租、转让、涂改资格证书，不得超越规定范围从事中央投资项目招标代理业务。

中央投资项目招标代理机构从事中央投资项目招标代理业务的，应在招标工作结束、发出中标通知书后15个工作日内，按相关要求向国家发展和改革委员会报送中央投资项目招标情况。

12.3.4.2　法律责任

中央投资项目招标代理机构在招标代理活动中有以下行为的，将视情节轻重，依法给予警告、罚款、暂停资格、降级直至撤销资格的行政处罚；构成犯罪的，由司法机关依法追究刑事责任。

（1）泄露应当保密的与招标代理业务有关的情况和资料。

（2）与招标人、投标人相互串通损害国家利益、社会公共利益或他人合法权益。

（3）与投标人就投标价格、投标方案等实质性内容进行谈判。

（4）擅自修改招标文件、投标报价、中标通知书。

（5）不在依法指定的媒体上发布招标公告。

（6）招标文件或资格预审文件发售时限不符合有关规定。

（7）评标委员会组成和专家结构不符合有关规定。

（8）投标人数量不符合法定要求不重新招标。

（9）以不合理条件限制或排斥潜在投标人，对潜在投标人实行歧视待遇或限制投标人之间的竞争。

（10）其他违反法律法规和有关规定的行为。

12.4　招标师管理制度

招标代理机构应当拥有一定数量的取得招标职业资格的专业人员。招标师管理制度由人力资源和社会保障部、国家发展和改革委员会共同组织实施。根据《中华人民共和国招标法》和国家职业资格证书制度的有关规定，自行办理招标事宜的单位和在依法设立的招标代理机构中专门从事招标活动的专业技术人员，应通过职业水平评价，取得招标采购专业技术人员职业水平证书，具备招标采购专业技术岗位工作的水平和能力。

2013 年 3 月 4 日，人力资源和社会保障部与国家发展和改革委员会以人社部发〔2013〕19 号文的形式，下发了《关于印发招标师职业资格制度暂行规定和招标师职业资格考试实施办法的通知》，出台了新的《招标师职业资格制度暂行规定》和《招标师职业资格考试实施办法》。国家对依法从事招标工作的专业技术人员实行准入类职业资格制度，纳入全国专业技术人员职业资格证书制度统一规划。

12.4.1　招标师的工作职责

招标师是指经考试取得招标师职业资格证书，并依法注册后，从事招标活动的专业技术人员。其工作职责有：

（1）编制招标采购计划和方案、招标采购公告、招标资格预审文件，组织投标资格审查。

（2）组织招标文件和合同文本（其中的技术规范、工程量清单由其他专业技术人员为主进行编制）的编制，组织现场踏勘、开标和评标活动。

（3）主持或协助合同谈判并参与签订合同

（4）采用其他方式组织采购活动。

（5）参与招标采购活动结算和验收

（6）解决招标活动及合同履行过程中的争议与纠纷。

招标专业人员职业资格分为招标师和高级招标师。目前，国家仅制定了招标师的评价办法，高级招标师的评价办法还没有制定。

12.4.2　招标师的考试与注册制度

12.4.2.1　考试制度

招标师职业资格实行全国统一大纲、统一命题、统一组织的考试制度。考试原则上每年举行一次。招标师职业资格考试为滚动考试，滚动周期为两个考试年度，参加 4 个科目考试的人员必须在连续两个考试年度内通过应试科目。

国家发展和改革委员会负责拟定考试科目，考试大判、考试题，建立和管理考试试题库，提出考试合格标准建议。具体工作委托中国招标投标协会承担。

人力资源和社会保障部组织专家审定考试科目、考试大纲和考试试题，会同国家发展和改革委员会确定考试合格标准，并对考试工作进行指导、监督和检查。凡是以不正当手段取得招标师职业资格证书的，由发证机关收回证书，2 年内不得再次参加招标师职业资格考试。

目前，招标师考试科目分为招标采购法律法规与政策、项目管理与招标采购、招标采购专业实务和招标采购案例分析四个科目。

招标师职业资格考试合格后，由人力资源和社会保障部、国家发展和改革委员会委托省、自治区、直辖市人力资源和社会保障行政主管部门颁发人力资源和社会保障部统一印制，人力资源和社会保障部与国家发展和改革委员会共同用印的中华人民共和国招标师职业资格证书。该证书在全国范围内有效。

12.4.2.2　注册制度

国家对招标师资格实行注册执业管理制度。取得招标师职业资格证书的人员，经过注册方可以招标师的名义执业。

国家发展和改革委员会是招标师资格的注册审批部门。省、自治区、直辖市人民政府发展和改革部门负责招标师资格注册的初步审查工作。

取得招标师职业资格证书并申请注册的人员，应当受聘于一个具有招标项目或者代理机构资质的单位，并通过聘用单位所在地（聘用单位属企业的，则为企业工商注册所在地）的发展和改革部门，向省、自治区、直辖市人民政府发展和改革部门提交注册申请材料。

省、自治区、直辖市发展和改革部门在收到申请人的申请材料后，对申请材料不齐全或者不符合法定形式的，应当当场或者在 5 个工作日内，一次告知申请人需要补正的全部内容，逾期不告知的，自收到申请材料之日起即为受理。对受理或者不予受理的注册申请，均应出具加盖省、自治区、直辖市发展和改革部门专用印章和注明日期的书面凭证。

省、自治区、直辖市发展和改革部门自受理注册申请之日起 20 个工作日内，按规定条件和程序完成申报材料的初审工作，并将申报材料和审查意见报国家发展和改革委员会审核。国家发展和改革委员会自收到省级发展和改革部门报送的注册申请人的申请材料和初步审查意见之日起，20 个工作日内作出是否批准的决定。

在规定的期限内不能作出决定的，应将延长的期限和理由告知申请人。对作出不予批准决定的，应当书面说明理由，并告知申请人享有依法申请行政复议或者提起行政诉讼的权利。

国家发展和改革委员会自作出批准决定之日起 10 个工作日内，将批准决定颁发或送达批准注册的申请人，并核发统一制作的中华人民共和国招标师注册证。注册证的每一注册有效期为 3 年。注册证在有效期限内是招标师的执业凭证，由招标师本人保管、使用。

12.4.3 招标师执业制度

12.4.3.1 执业范围

招标师应当在一个招标项目单位或者具有招标代理机构资质的单位，开展与该单位资质许可范围和本人注册的专业范围相适应的招标执业活动。招标师的执业范围是：

（1）策划招标方案，组织实施和指导管理招标全过程，处理异议，协助解决争议。

（2）招标活动的咨询和评估。

（3）协助订立和管理招标合同。

（4）国家规定的其他招标采购业务。

12.4.3.2 招标师的执业能力

招标活动中形成的相关文件，应当由招标师签字，并承担相应法律责任。因此，招标师应具有以下执业能力：

（1）掌握招标采购有关法律、法规、规章、政策、标准规范以及技术经济知识，能够分析、判断和解决相关专业问题。

（2）组织策划、实施和管理招标全过程，编写、审核有关招标文件及合同，协助指导与管理招标合同的谈判、订立和履行，运用电子信息技术组织招标活动。

（3）了解国际、国内招标行业发展状况，开展招标专业技术研究、交流、咨询等工作。

12.4.3.3 招标师的义务

招标师必须履行下列义务：

（1）遵守法律、法规和有关管理规定，恪守职业道德。

（2）执行招标法律、法规、规章及有关技术标准。

（3）履行岗位职责，保证招标活动的质量，并承担相应责任。

（4）保守知悉的国家秘密和聘用单位的商业、技术秘密。

（5）不得允许他人以本人名义执业。

（6）不断更新知识，提高招标工作能力。

（7）协助注册管理部门开展相关工作。

12.5 招标代理机构的监管与法律责任

12.5.1 招标代理机构的监管

国家建立招标投标信用制度。国务院发展和改革部门指导和协调全国招标投标工作，对国家重大建设项目的工程招标投标活动实施监督检查。但对于招标投标的代理机构，由国务院住房和城乡建设、商务、发展和改革、工业和信息化等部门，按照规定的职责分工对招标代理机构依法实施监督管理。有关行政监督部门应当依法公告对招标代理机构及其工作人员等当事人违法行为的行政处理决定。

建设主管部门应当建立工程招标代理机构信用档案，并向社会公示。工程招标代理机构应当按照有关规定，向资格许可机关提供真实、准确、完整的企业信用档案信息。工程招标代理机构的信用档案信息应当包括机构基本情况、业绩、工程质量和安全、合同违约等情况。

12.5.2　招标代理机构的法律责任

招标代理机构是依法设立，从事招标代理业务的社会中介机构，应当在招标人的委托范围内办理招标事宜。因此，招标代理机构应当遵守法律法规及部门规章中关于招标人的相关规定。但招标代理机构在招标投标活动中又具有独立的法律地位，因此法律法规及部门规章对招标代理机构的法律责任又作出了一些特殊规定。

招标代理机构的法律责任是指招标代理机构在招标过程中对其所实施的行为应当承担的法律后果。招标代理机构不得向所代理的招标项目投标、代理投标或者向该项目投标人提供咨询，也不能参加受托编制标底项目的投标或者为该项目的投标人编制投标文件、提供咨询，否则，招标代理机构的行为属于违法行为。

《中华人民共和国招标投标法》第五十条作出了对招标代理机构法律责任的相关规定，即招标代理机构泄露应当保密的与招标投标活动有关的情况和资料的或者与招标人、投标人串通损害国家利益、社会公共利益或者他人合法权益的，处 5 万元以上 25 万元以下的罚款，对单位直接负责的主管人员和其他直接责任人员处单位罚款数额 5%以上 10%以下的罚款；有违法所得的，并处没收违法所得；情节严重的，暂停直至取消招标代理资格；构成犯罪的，依法追究刑事责任。并且，由于招标投标代理机构的违法行为而影响中标结果的，中标无效。该条款既规定了招标代理机构的民事责任，又规定了招标代理机构的刑事责任和行政责任。依据这一条款的规定，招标代理机构承担民事责任的主要方式表现为赔偿责任和中标无效。对招标代理机构的违法行为进行处罚的方式有：警告，责令改正，通报批评，对单位及直接负责人的主管人员和其他直接责任人员罚款（罚款额度根据违法行为的程度及所造成的后果确定），取消代理资格（根据违法行为的程度给予不同的处罚期限），暂停招标代理资格等。构成犯罪的依法追究刑事责任。

除《中华人民共和国招标投标法》中对招标代理机构的法律责任作出相关规定外，在其他一些法律法规及部门规章中，如《工程建设项目货物招标投标办法》《中央投资项目招标代理机构资格认定管理办法》《工程建设项目招标投标活动投诉处理办法》《工程建设项目施工招标投标办法》《工程建设项目招标代理机构资格认定办法》《机电产品国际招标投标实施办法》《进一步规范机电产品国际招标投标活动有关规定》《机电产品国际招标机构资格审定办法》等，对招标代理机构的行政法律责任也作出了详细的规定。

12.6 本章案例分析

1. 案例背景

某市拟建设垃圾压缩站 3 座以及配套工程等，并采购一批环卫垃圾车，预算达 2 000 万元，招标人为该市环卫局。2012 年 3 月，该项目在某市的建筑工程交易中心开标。到开标截止时间为止，只有本地的三家投标单位参与投标。唱标结束后，三家公司的投标报价非常接近，只相差 500 多元。当时，开标结果犹如一个"定时炸弹"，引发了众多的质疑。因为按正常情况，几千万元的工程招标，并且不是非常复杂的招标，不可能只有三家公司投标，而且只有本地的投标人参与投标，何况三家投标人的报价如此接近。

开标后，招标人和招标代理机构按正常程序组织了评标，并撰写了评标报告。事情发生 2 个月后，该市所处的省委、省政府开展"反商业贿赂"的"三打两建"专项行动。该市检察院接到了有关这次招标的举报，于是会同监察局、建设局组成联合调查组及时介入，发现了重大违法和违规事实。后来，该招标结果被认定无效，经重新招标后，工程造价平均下浮 35%，为财政节约支出约 700 万元。

2. 案例分析

为保障政府资金安全，维护招标投标市场的公正和公平，该市检察院根据交易中心的请求，与建设局、监察局组成联合调查组对该项目的招标过程进行调查核实。

通过调查分析和比较，调查组发现了重大线索。经过深入调查，一个严重违法的招标行为被扯下了面纱。招标投标代理机构——××监理工程有限公司为承揽该项目的招标代理业务向该市环卫局某主管副局长行贿。该副局长答应让该监理工程有限公司代理该项目的招标业务，但要该监理工程有限公司听从安排组织围标和陪标，并向其介绍了该市的××机电设备有限公司，因为该市的××机电设备有限公司事先也找到了该副局长行贿，意图谋取中标。然而，该机电设备有限公司只是一个代理垃圾环卫车的贸易商，并没有建筑工程施工的资质。

该监理工程有限公司如愿以偿地承了该项目的招标代理业务，按程序发布了招标公告，并按招标人的要求为××机电设备有限公司量身定做了招标文件。同时，该监理工程有限公司还替××机电设备有限公司制作了三份投标文件。由于该监理工程有限公司认为不会出什么差错，因此放松了警惕，致使三份投标文件中，除投标人名称不一致外，很多内容雷同，连电话号码、保修期限都一致。不过，正是三份标书某些内容相同这一事实，使调查组找到了充分的证据。

此案例中，事情的核心是主管副局长受贿，该副局长收取××机电设备有限公司的钱时，允许该机电公司找两家公司来围标。实际上，购买标书的除了包括××机电设备有限公司在内的本地三家公司外，还有真正想投标的 S 市的三家公司和 D 市的三家公司。××机电设备有限公司通过招标代理机构找到另外这六家公司，说他们根本不可能中标，不如放弃投标。由于××机电设备有限公司的威胁和贿赂，另外的六家公司都没有提交投标文件而"自动"

放弃投标。作为放弃投标的补偿，××机电设备有限公司给予每家放弃投标的公司 3 万元。为弥补这些损失，××机电设备有限公司将投标价调高到接近招标底价，仅象征性的下浮 500 元。

依据调查结果，调查组根据《中华人民共和国招标投标法》的规定，认为该市××监理工程有限公司在垃圾站工程项目的招标投标活动中存在系列违规违法问题，该公司招标代理业务直接负责人黄某有串通投标的重大嫌疑，建议公安部门立案侦查，同时，停止黄某在该市从事招标代理业务的资格。该招标代理公司被通报批评，并进入省招标代理机构黑名单库，停止招标代理半年。最终，涉嫌此次招标腐败的该市环卫局副局长和建设科长落马。

思考与练习

1. 单项选择题

（1）在确定中标人后，招标人即向中标人发出中标通知书。中标通知书（　　）具有法律效力。

　　A. 对招标人和中标人

　　B. 只对招标人

　　C. 只对投标人

　　D. 对招标人和招标代理机构

（2）招标代理机构对中标金额在 100 万元以下的收取费率为（　　）。

　　A. 1%　　　　　　　　　　　　B. 2%

　　C. 0.5%　　　　　　　　　　　D. 0.8%

（3）招标代理机构收取服务费，工程一次招标（完成一次招标投标全流程）代理服务费最高限额为（　　）元。

　　A. 100 万　　　　　　　　　　B. 200 万

　　C. 450 万　　　　　　　　　　D. 500 万

（4）建筑工程招标代理资质由（　　）部门统一管理。

　　A. 住建部门　　　　　　　　　B. 发改部门

　　C. 财政部门　　　　　　　　　D. 商务部门

（5）乙级工程招标代理机构只能承担工程总投资（　　）元以下的工程招标代理业务。

　　A. 5 000 万　　　　　　　　　B. 6 000 万

　　C. 1 亿　　　　　　　　　　　D. 5 亿

（6）甲级工程招标代理机构资格证书的有效期为（　　）年。

　　A. 1　　　　　　　　　　　　B. 2

　　C. 3　　　　　　　　　　　　D. 5

（7）甲级工程招标代理机构的注册资本金不得少于（　　　）元。

　　A. 100 万　　　　　　　　　　B. 200 万

　　C. 450 万　　　　　　　　　　D. 500 万

（8）招标代理机构泄露应当保密的与招标投标活动有关的情况和资料的，处（　　　）的罚款。

　　A. 5 万元以上 25 万元以下

　　B. 1 万元以上 5 万元以下

　　C. 5 万元以上 10 万元以下

　　D. 1 万元以上 10 万元以下

2. 多项选择题

（1）招标代理机构应当具备（　　　）条件。

　　A. 有从事招标代理业务的营业场所和相应资金

　　B. 有能够编制招标文件和组织评标的相应专业力量

　　C. 有符合《中华人民共和国招标投标法》规定的可以作为评标委员会成员人选的技
　　　术、经济等方面的专家库

　　D. 招标代理机构与行政机关和其他国家机关不得存在隶属关系或者其他利益关系

（2）中央投资项目的招标代理机构发生（　　　）等重大变化的，应在相关变更手续完成后 30 个工作日内向国家发展和改革委员会提出资格重新确认申请。

　　A. 分立　　　　　　　　　　　B. 合并或兼并

　　C. 改制　　　　　　　　　　　D. 转让

（3）招标代理机构因违法行为应承担的行政责任方式有（　　　）。

　　A. 警告　　　　　　　　　　　B. 责令改正

　　C. 通报批评　　　　　　　　　D. 对单位及直接负责人罚款

（4）招标师的执业范围是（　　　）。

　　A. 策划招标方案，组织实施和指导管理招标全过程，处理异议，协助解决争议

　　B. 招标活动的咨询和评估

　　C. 协助订立和管理招标合同

　　D. 国家规定的其他招标采购业务

（5）招标专业人员职业资格分为（　　　）。

　　A. 招标师　　　　　　　　　　B. 高级招标师

　　C. 初级招标师　　　　　　　　D. 中级招标师

3. 问答题

（1）甲级招标代理机构应具备哪些条件？

（2）中央投资项目的招标代理机构应满足哪些基本条件？

（3）招标代理机构的法律责任有哪些？

（4）简述招标师考试制度的规定。

（5）工程招标的甲级招标代理机构在资格认定时有哪些程序和规定？

4. 案例分析题

当前，一些招标代理机构不依法代理，过分迁就和迎合招标人的要求。在项目招标时，招标代理机构利用所掌握的招标投标知识，不惜钻空子，设门槛，做"裁缝"，当"说客"，以满足招标人的特定要求。另外，一些招标代理人员盲目屈从于招标人，将实际违规操作合法化，向招标人做一些不切实际的承诺，甚至帮助招标人规避招标或肢解发包，弄虚作假。有些招标代理人员业务水平低下，法律意识淡薄。更有甚者，有些招标代理机构自行牵线搭桥，为投标人围标、串标充当"枪手"和"说客"，谋取非法暴利，完全丧失了独立性和公正性。如果你是监管招标代理机构的政府部门负责人，请给出你对规范和发展招标代理机构的对策和建议。

参考文献

［1］ 刘黎红，赵丽丽，伏玉编. 建设工程招投标与合同管理. 北京：化学工业出版社.

［2］ 王宇静，杨帆. 建设工程招投标与合同管理. 北京：清华大学出版社.

［3］ 刘营.《中华人民共和国招标投标法实施条例》实务指南与操作技巧. 北京：法律出版社.

［4］ 李志生. 建筑工程招投标实务与案例分析. 北京：机械工业出版社.

［5］ 张启浩，张鲁婧. 招投标法律法规适用研究与实践——投标文件编制要点与技巧. 北京：电子工业出版社.

［6］ 危道军. 招投标与合同管理实务. 北京：高等教育出版.